浙江省十一五重点教材建设项目

环 境 监 测

郭敏晓　张彩平　主编

ZHEJIANG UNIVERSITY PRESS
浙江大学出版社

图书在版编目（CIP）数据

环境监测 / 郭敏晓,张彩平主编. —杭州：浙江
大学出版社,2011.12(2022.7重印)
 ISBN 978-7-308-09357-6

Ⅰ.①环⋯ Ⅱ.①郭⋯②张⋯ Ⅲ.①环境监测
Ⅳ.①X83

中国版本图书馆 CIP 数据核字（2011）第 246071 号

环境监测

郭敏晓 张彩平 主编

责任编辑 秦 瑨
封面设计 刘依群
出版发行 浙江大学出版社
         （杭州市天目山路 148 号 邮政编码 310007）
         （网址：http://www.zjupress.com）
排　　版 杭州青翊图文设计有限公司
印　　刷 杭州杭新印务有限公司
开　　本 787mm×1092mm　1/16
印　　张 17.25
字　　数 420 千
版 印 次 2011 年 12 月第 1 版　2022 年 7 月第 7 次印刷
书　　号 ISBN 978-7-308-09357-6
定　　价 42.00 元

前　言

环境监测是环境保护工作的重要基础与有效手段。环境监测力求准确、及时、全面地反映环境质量现状及发展趋势，为环境管理、污染源控制、环境规划等提供科学依据。掌握从事环境监测的基本技能，是环境保护第一线高素质劳动者必须具备的职业能力之一。

本书按照社会工作岗位对环境监测人员专业水平与能力的要求编写，针对高职高专环境类专业人才培养目标及教学要求，注重理论与实践相结合，突出技能性，力求内容全面，反映当前国内外环境监测的发展水平。

全书共分十一章，主要内容包括水和废水监测、大气和废气监测、环境噪声监测、固体废物监测、土壤污染监测、生物污染监测、放射性监测等。涉及的主要内容有环境监测基础知识，环境样品的采集、保存、制备及预处理，监测项目的测定，环境监测的质量保证，环境监测的新技术，环境监测综合实训等。

本教材章前有学习目标，包括知识目标与能力目标，使学生明确本项目学习的主要内容与要求；课程内容采用知识导入、任务分析的启发式教学形式，配合技能训练使学生认清教学重点，达到理论与实践相结合的学习目的；章后有复习思考题是对理论知识的复习巩固；全书最后安排了环境监测综合实践训练，是对本课程主要内容的一个很好的总结与复习，并可以大大提高学生的操作技能，为更好地走向岗位打下坚实的基础。

本教材由嘉兴职业技术学院郭敏晓\张彩平合作编写。郭敏晓编写理论部分，张彩平编写技能操作部分。全书由郭敏晓统稿。

本书中的示意图均参考自奚旦立等主编的《环境监测》（高等教育出版社），在此向作者深表谢意。

本书由嘉兴市环境监测中心高级工程师富江主审，并邀请嘉兴市环保局高级工程师陈群伟、嘉兴联合污水处理有限公司高级工程师孙振杰对书稿进行审阅，提出了许多宝贵意见。在此一并表示感谢。

由于编者水平有限，本书可能存在疏漏和错误之处，敬请批评指正。

编　者

2011 年 9 月

目　　录

第 3 章　大气和废气监测 …………………………………………………………………… 113

项目导入

任务分析

技能训练

第 4 章　固体废物监测 …………………………………………………………………… 172

项目导入

任务分析

第 5 章　土壤污染监测 …………………………………………………………………… 181

项目导入

任务分析

任务分析

环境监测综合实训指导

第 1 章

绪 论

知识目标

1. 了解环境监测的目的和基本程序;
2. 了解环境监测的分类与特点;
3. 了解环境监测的基本原则与要求;
4. 了解我国的环境标准的分类。

环境监测是环境科学的一个重要分支学科。环境化学、环境物理学、环境地学、环境工程学、环境医学、环境管理学、环境经济学以及环境法学等所有环境科学的分支学科,都需要在了解、评价环境质量及其变化趋势的基础上,才能进行各项研究和制订有关管理、经济的法规。"监测"一词的含义可理解为监视、测定、监控等,因此环境监测就是通过对影响环境质量因素的代表值的测定,确定环境质量(或污染程度)及其变化趋势。随着工业和科学的发展,监测含义的内容也扩展了,由工业污染源的监测逐步发展到对大环境的监测,即监测对象不仅是影响环境质量的污染因子,还延伸到对生物、生态变化的监测。

判断环境质量,仅对某一污染物进行某一地点、某一时刻的分析测定是不够的,必须对各种有关污染因素、环境因素在一定范围、时间、空间内进行测定,分析其综合测定数据,才能对环境质量作出确切评价。因此,环境监测包括对污染物分析测试的化学监测(包括物理化学方法);对物理(或能量)因子热、声、光、电磁辐射、振动及放射性等强度、能量和状态测试的物理监测;对生物由于环境质量变化所发出的各种反映和信息,如受害症状、生长发育、形态变化等测试的生物监测;对区域群落、种落的迁移变化进行观测的生态监测等。

环境监测的基本程序一般为:接受任务→现场调查→监测计划设计→布点→样品采集→保存→分析测试→数据处理→综合评价等。具体如下:

(1)受领任务 环境监测的任务主要来自环境保护主管部门的指令,单位、组织或个人的委托、申请和监测机构的安排三个方面。环境监测是一项政府行为和技术性、执法性活动,所以必须要有确切的任务依据。

(2)明确目的 根据任务下达者的要求和需求,确定针对性较强的监测工作具体目的。

(3)现场调查 根据监测目的,进行现场调查研究,主要摸清主要污染源的性质及排放规律,污染受体的性质及污染源的相对位置以及水文、地理、气象等环境条件和历史情况等。

(4)方案设计 根据现场调查情况和有关技术规范要求,认真做好监测方案设计,并据此进行现场布点作业,做好标识和必要准备工作。

(5)采集样品 按照设计方案和规定的操作程序,实施样品采集,对某些需现场处置的样品,应按规定进行处置包装,并如实记录采样实况和现场实况。

(6)运送保存 按照规范方法需求,将采集的样品和记录及时安全地送往实验室,办好交接手续。

(7)分析测试 按照规定程序和规定的分析方法,对样品进行分析,如实记录检测。

(8)数据处理 对测试数据进行处理和统计检验,整理入库。

(9)综合评价 依据有关规定和标准进行综合分析,并结合现场调查资料对监测结果作出合理解释,写出研究报告,并按规定程序报出。

(10)监督控制 依据主管部门指令或用户需求,对监测对象实施监督控制,保证法规政令落到实处。

从信息技术角度看,环境监测是环境信息的捕获→传递→解析→综合的过程。只有在对监测信息进行解析、综合的基础上,才能全面、客观、准确地揭示监测数据的内涵,对环境质量及其变化作出正确的评价。

第一节 环境监测的目的和分类

一、环境监测的目的

环境监测的目的是准确、及时、全面地反映环境质量现状及发展趋势,为环境管理、污染源控制、环境规划等提供科学依据。具体可归纳为:

(1)根据环境质量标准,评价环境质量。

(2)根据污染特点、分布情况和环境条件,追踪寻找污染源、提供污染变化趋势,为实现监督管理、控制污染提供依据。

(3)收集本底数据,积累长期监测资料,为研究环境容量、实施总量控制、目标管理、预测预报环境质量提供数据。

(4)为保护人类健康、保护环境,合理使用自然资源、制订环境法规、标准、规划等服务。

(5)通过监测确定环保设施运行效果,以便采取措施和管理对策,达到减少污染、保护环境的目的。

(6)为环境科学研究提供科学依据。

二、环境监测的任务

针对上述环境监测的目的,具体来说,环境监测的任务主要有相应的5项。

(1)确定环境中污染物质的浓度或污染因素的强度,判断环境质量是否合乎国家制订的环境质量标准,定期提出环境质量报告。

（2）确定污染物质的浓度或因素的强度、分布现状、发展趋势和扩散速度,以追究污染途径,确定污染源。

（3）确定污染源造成的污染影响,判断污染物在事件和空间上的分布迁移、转化和发展规律;掌握污染物作用大气、水体、土壤和生态系统的规律性,判断浓度最高的时间和空间,确定污染潜在危害最严重的区域,以确定控制和防治的对策,评价防治措施的效果。

（4）为环境科学研究提供数据资料,以便研究污染扩散模式,发展新污染源,进行污染源对环境质量影响的预测,评价及环境污染的预测预报。

（5）收集环境本底数据,积累长期监测资料,为研究环境容量、实施总量控制和完善环境管理体系、保护人类健康,保护环境提供基础数据。

三、环境监测的分类

环境污染物的种类庞大、性质各异,污染物在环境中的形态多样迁移转化复杂,污染源的多样性,环境介质及被污染对象的多样性和复杂性,加之环境监测的目的与任务有多层次的要求等多种因素决定了环境监测的类型划分方式的多样性和环境监测类型的多样性。

（一）按监测目的或监测任务划分

1. 监视性监测（例行监测、常规监测）

是指按照预先布置好的网点对指定的有关项目进行定期的、长时间的监测,包括对污染源的监督监测和环境质量监测,以确定环境质量及污染源状况,评价控制措施的效果、衡量环境标准实施情况和环境保护工作的进展。这是监测工作中量最大、面最广的工作,是纵向指令性任务,是监测站第一位的工作,其工作质量是环境监测水平的主要标志。

2. 特定目的监测（特例监测、应急监测）

（1）污染事故监测　是在环境应急情况下,为发现和查明环境污染情况和污染范围进行的环境监测。包括:在发生污染事故时及时深入事故地点进行应急监测,确定污染物的种类、扩散方向、速度和污染程度及危害范围,查找污染发生的原因,为控制污染事故提供科学依据。这类监测常采用流动监测（车、船等）、简易监测、低空航测、遥感等手段。

（2）纠纷仲裁监测　主要针对污染事故纠纷、环境执法过程中所产生的矛盾进行监测,提供公证数据。

（3）考核验证监测　包括人员考核、方法验证、新建项目的环境考核评价、排污许可证制度考核监测、"三同时"项目验收监测、污染治理项目竣工时的验收监测。

（4）咨询服务监测　为政府部门、科研机构、生产单位所提供的服务性监测。为国家政府部门制订环境保护法规、标准、规划提供基础数据和手段。如建设新企业应进行环境影响评价,需要按评价要求进行监测。

3. 研究性监测（科研监测）

是针对特定目的科学研究而进行的高层次监测,是通过监测了解污染机理、弄清污染物的迁移变化规律、研究环境受到污染的程度,例如环境本底的监测及研究、有毒有害物质对从业人员的影响研究、为监测工作本身服务的科研工作的监测（如统一方法和标准分析方法的研究、标准物质研制、预防监测）等。这类研究往往要求多学科合作进行。

4. 本底值监测（背景值监测）

环境本底值是指在环境要素未受污染影响的情况下环境质量的代表值,简称本底值。

本底值监测是一类特殊的研究型监测,是环境科学的一项重要基础工作,能为污染物阈值的确定、环境质量的评价和预测、污染物在环境中迁移转化规律的研究和环境标准的制订等提供依据。

（二）按环境监测的介质与对象划分

可分为大气污染监测、水质污染监测、土壤污染监测、生物污染监测以及固体废物监测和包括四种环境要素在内的生态监测等。

（三）按环境监测的工作性质划分

1. 环境质量监测

分为大气、水、土壤生物等环境要素以及固体废物的环境质量,主要由各级环境监测站负责,都有一系列环境质量标准以及环境质量监测技术规范等。

2. 污染源监测（排放污染物监测）

由各级监测站和企业本身负责。按污染源的类型划分为:工业污染源、农业污染源、生活污染源（包括交通 污染源）、集中式污染治理设施和其他产生、排放污染物的设施。

（四）按其他方式划分

按进行环境监测的专业部门划分,可分为气象监测、卫生监测、生态监测、资源监测等。按环境监测的区域划分,可分为厂区监测和区域监测。

上述各种分类方式不是孤立的和一成不变的,在实际环境监测工作中,常根据需要进行多种方式相结合的监测。

第二节　环境监测特点与环境监测技术概述

一、环境监测的发展

（一）被动监测

环境污染虽然自古就有,但环境科学作为一门学科是在 20 世纪 50 年代才开始发展起来。最初危害较大的环境污染事件主要是由于化学毒物所造成,因此,对环境样品进行化学分析以确定其组成和含量的环境分析就产生了。由于环境污染物通常处于痕量级甚至更低,并且基体复杂,流动性、变异性大,又涉及空间分布及变化,所以对分析的灵敏度、准确度、分辨率和分析速度等提出了很高的要求。因此,环境分析实际上是促进分析化学的发展。这一阶段称之为污染监测阶段或被动监测阶段。

（二）主动监测

20 世纪 70 年代,随着科学的发展,人们逐渐认识到影响环境质量的因素不仅是化学因素,还有物理因素,例如,噪声、振动、光、热、电磁辐射、放射性等,所以用生物（动物、植物）的受害症状等的变化作为判断环境质量的标准更为确切可靠,于是出现了生物监测,并从生物监测向生态监测发展,即在时间和空间上对特定区域范围内生态系统或生态系统组合体的类型、结构和功能及其组合要素进行系统的观测和测定,以了解、评价和预测人类活动对生态系统的影响,为合理利用自然资源、改善生态环境提供科学依据。此外,某一化学毒物的含量仅是影响环境质量的因素之一,环境中各种污染物之间、污染物与其他物质、其他因素之间还存在着相加和拮抗作用,所以环境分析只是环境监测的一部分。因此,环境监测的手段除了化学的,还发展了物理的、生物的等等。同时,监测范围也从点污染的监测发展到面污染以及区域性的立体监测,这一阶段称之为环境监测的主动监测或目的监测阶段。

（三）自动监测

监测手段和监测范围的扩大,虽然能够说明区域性的环境质量,但由于受采样手段、采样频率、采样数量、分析速度、数据处理速度等限制,仍不能及时地监视环境质量变化,预测变化趋势,更不能根据监测结果发布采取应急措施的指令。20 世纪 80 年代初,发达国家相继建立了自动连续监测系统,并使用了遥感、遥测手段,监测仪器用电子计算机遥控,数据用有线或无线传输的方式送到监测中心控制室,经电子计算机处理,可自动打印成指定的表格,画成污染态势、浓度分布;可以在极短时间内观察到空气、水体污染浓度变化、预测预报未来环境质量;当污染程度接近或超过环境标准时,可发布指令、通告,并采取保护措施。这一阶段称为污染防治监测阶段或自动监测阶段。

二、环境污染和环境监测的特点

（一）环境污染的特点

环境污染是各种污染因素本身及其相互作用的结果。同时,环境污染还受社会评价的影响而具有社会性。它的特点可归纳为:

1. 时间分布性

污染物的排放量和污染因素的强度随时间而变化。例如,工厂排放污染物的种类和浓度往往随时间而变化。由于河流的潮汛和丰水期、枯水期的交替,都会使污染物浓度随时间而变化。随着气象条件的改变会造成同一污染物在同一地点的污染浓度相差高达数十倍。交通噪声的强度随着不同时间内车辆流量的变化而变化。

2. 空间分布性

污染物和污染因素进入环境后,随着水和空气的流动而被稀释扩散。不同污染物的稳定性和扩散速度与污染物性质有关。因此,不同空间位置上污染物的浓度和强度分布是不同的。为了正确表述一个地区的环境质量,单靠某一点监测结果是不完整的,必须根据污染物的时间、空间分布特点,科学地制订监测计划(包括监测网点设置,监测项目和采样频率设计等),然后对监测数据进行统计分析,才能得到较全面而客观的反映。

3. 环境污染与污染物含量(或污染因素强度)的关系

有害物质引起毒害的量与其无害的自然本底值之间存在一界限。所以,污染因素对环境的危害有一阈值。对阈值的研究,是判断环境污染及污染程度的重要依据,也是制订环境标准的科学依据。

4. 污染因素的综合效应

环境是一个由生物(动物、植物、微生物)和非生物所组成的复杂体系,必须考虑各种因素的综合效应。从传统毒理学的观点看,多种污染物同时存在对人或生物体的影响有以下几种情况:

（1）单独作用　即只是由于混合物中某一组分对机体中某些器官发生危害,没有因污染物的共同作用而加深危害的,称为污染物的单独作用。

（2）相加作用　混合污染物各组分对机体的同一器官的毒害作用彼此相似,且偏向同一方向,当这种作用等于各污染物毒害作用的总和时,称为污染的相加作用。如大气中二氧化硫和硫酸气溶胶之间、氯和氯化氢之间,当它们在低浓度时,其联合毒害作用即为相加作用,而在高浓度时则不具备相加作用。

(3)相乘作用　当混合污染物各组分对机体的毒害作用超过个别毒害作用的总和时,称为相乘作用。如二氧化硫和颗粒物之间、氮氧化物与一氧化碳之间,就存在相乘作用。

(4)拮抗作用　当两种或两种以上污染物对机体的毒害作用彼此抵消一部分或大部分时,称为拮抗作用。如动物试验表明,当食物中有 30mg/kg 甲基汞,同时又存在 12.5mg/kg 硒时,就可能抑制甲基汞的毒性。

环境污染还会改变生态系统的结构和功能。

5.环境污染的社会评价

环境污染的社会评价与社会制度、文明程度、技术经济发展水平、民族的风俗习惯、哲学、法律等问题有关。有些具有潜在危险的污染因素,因其表现为慢性危害,往往不引起人们注意,而某些现实的、直接感受到的因素容易受到社会重视。如河流被污染程度逐渐增大,人们往往不予注意,而因噪声、烟尘等引起的社会纠纷却很普遍。

(二)环境监测的特点

环境监测就其对象、手段、时间和空间的多变性、污染组分的复杂性等,其特点可归纳为:

1. 环境监测的综合性

环境监测的综合性表现在以下几个方面:

(1)监测手段　包括化学、物理、生物、物理化学、生物化学及生物物理等一切可以表征环境质量的方法。

(2)监测对象　包括空气、水体(江、河、湖、海及地下水)、土壤、固体废物、生物等客体,只有对这些客体进行综合分析,才能确切描述环境质量状况。

(3)监测数据的处理　对监测数据进行统计处理、综合分析时,需涉及该地区的自然和社会各个方面的情况,因此,必须综合考虑才能正确阐明数据的内涵。

2.环境监测的连续性

由于环境污染具有时空性等特点,因此,只有坚持长期测定,才能从大量的数据中揭示其变化规律,预测其变化趋势,数据样本越多,预测的准确度就越高。因此,监测网络、监测点位的选择一定要科学,而且一旦监测点位的代表性得到确认,必须长期坚持监测,以保证前后数据的可比性。

3.环境监测的追踪性

环境监测包括监测目的的确定、监测计划的制订、采样、样品运送和保存、实验室测定到数据整理等过程,是一个复杂而又有联系的系统,任何一步的差错都将影响最终数据的质量。特别是区域性的大型监测,由于参加人员众多、实验室和仪器的不同,必然会存在技术和管理水平不同。为使监测结果具有一定的准确性,并使数据具有可比性、代表性和完整性,需要建立环境监测的质量保证体系,以对监测量值追踪体系予以监督。

三、环境监测技术

监测技术包括采样技术、测试技术和数据处理技术。关于采样以及噪声、放射性等方面的监测技术将在后面有关章节中叙述,这里以污染物的测试技术为重点做一概述。

（一）化学分析法

化学分析法用于对污染组分的化学分析，包括容量分析（酸碱滴定、氧化还原滴定、络合滴定和沉淀滴定）和重量分析。容量分析被广泛用于水中酸度、碱度、化学需氧量、溶解氧、硫化物、氰化物的测定；重量法常用作残渣、降尘、油类、硫酸盐等的测定。这类方法的主要特点为准确度高，相对误差一般为 0.2%；所需仪器设备简单；但是灵敏度低，适用高含量组分的测定，对微量、痕量组分则不宜使用。

（二）仪器分析法

仪器分析法种类很多，其原理多为物理和物理化学原理，是污染物分析中采用最多的方法，可用于污染物化学组分分析和其他污染因素强度的测定。它包括光谱分析法（可见分光光度法、紫外分光光度法、红外光谱法、原子吸收光谱法、原子发射光谱法、X 荧光射线分析法、荧光分析法、化学发光分析法等）、色谱分析法（气相色谱法、高效液相色谱法、薄层色谱法、离子色谱法、色谱质谱联用技术）、电化学分析法（极谱法、溶出伏安法、电导分析法、电位分析法、离子选择电极法、库仑分析法）、放射分析法（同位素稀释法、中子活化分析法）和流动注射分析法等。仪器分析方法被广泛用于对环境中污染物进行定性和定量的测定，如分光光度法常用于大部分金属、无机非金属的测定；气相色谱法常用于有机物的测定；对于污染物状态和结构的分析常采用紫外光谱、红外光谱、质谱及核磁共振等技术。仪器分析法的共同特点是：灵敏度高，可用于微量或痕量组分的分析；选择性强，对试样预处理简单；响应速度快，容易实现连续自动测定；有些仪器组合使用效果更好。

（三）生物监测法

生物（微生物）法是利用生物个体、种群或群落对环境污染或变化所产生的反应阐明环境污染状况，从生物学角度为环境质量的监测和评价提供依据的一种方法，也叫生物监测。生物监测手段很多，包括生物体内污染物含量的测定；观察生物在环境中受伤害症状；生物的生理生化反应；生物群落结构和种类变化等，可用于大气与水体污染生物监测。一般地讲，生物监测应与化学、仪器监测结合起来，才能取得更好的效果。

四、环境优先污染物和优先监测

有毒化学污染物的监测和控制，无疑是环境监测的重点。世界上已知的化学品有 700 万种之多，而进入环境的化学物质已达 10 万种以上。因此，不论从人力、物力、财力或从化学毒物的危害程度和出现频率的实际情况，某一实验室不可能对每一种化学品都进行监测、实行控制，而只能有重点、针对性地对部分污染物进行监测和控制。这就必须确定一个筛选原则，对众多有毒污染物进行分级排队，从中筛选出潜在危害性大，在环境中出现频率高的污染物作为监测和控制对象。这一筛选过程就是数学上的优先过程，经过优先选择的污染物称为环境优先污染物，简称为优先污染物。对优先污染物进行的监测称为优先监测。

在初期，人们控制污染的主要对象是一些进入环境数量大（或浓度高）、毒性强的物质如重金属等，其毒性多以急性毒性反映，且数据容易获得。而有机污染物则由于种类多、含量低、分析水平有限，故以综合指标 COD、BOD、TOD 等来反映。但随着生产和科学技术的发展，人们逐渐认识到一批有毒污染物（其中绝大部分是有机物），可在极低的浓度下在生物体内累积，对人体健康和环境造成严重的甚至不可逆的影响。许多痕量有毒有机物对综合指标 COD、BOD、TOD 等贡献甚小，但对环境的危害很大。此时，常用的综合指标已不能

反映有机污染状况。这些就是需要优先控制的污染物,它们具有如下特点:

(1) 难以降解;

(2) 在环境中有一定残留水平;

(3) 出现频率较高;

(4) 具有生物积累性;

(5) "三致"物质(致癌、致畸、致突变)、毒性较大的污染物;

(6) 现代已有检出方法的污染物等。

美国是最早开展优先监测的国家。早在 20 世纪 70 年代中期,就在"清洁水法"中明确规定了 129 种优先污染物,它一方面要求排放优先污染物的工厂采用最佳可利用技术,控制点源污染排放;另一方面制订环境质量标准,对各水域实施优先监测。其后又提出了 43 种空气优先污染物名单。

"中国环境优先监测研究"也提出了"中国环境优先污染物黑名单",包括 14 种化学类别共 68 种有毒化学物质,其中有机物占 58 种,见表 1-1。

表 1-1　中国环境优先污染物黑名单

化学类别	名　　称
1. 卤代(烷、烯)烃	二氯甲烷、三氯甲烷、四氯化碳、1,2-二氯乙烷、1,1,1-三氯乙烷、1,1,2-三氯乙烷、1,1,2,2-四氯乙烷、三氯乙烯、四氯乙烯、三溴甲烷
2. 苯系物	苯、甲苯、乙苯、邻二甲苯、间二甲苯、对二甲苯
3. 氯代苯类	氯苯、邻二氯苯、对二氯苯、六氯苯
4. 多氯联苯类	多氯联苯
5. 酚类	苯酚、间甲酚、2,4-二氯酚、2,4,6-三氯酚、五氯酚、对硝基酚
6. 硝基苯类	硝基苯、对硝基苯、2,4-二硝基苯、三硝基苯、对三硝基苯、三硝基甲苯
7. 苯胺类	苯胺、二硝基苯胺、对硝基苯胺、二氯硝基苯胺
8. 多环芳烃类	萘、荧蒽、苯并(b)荧蒽、苯并(k)荧蒽、苯并(a)芘、茚并(1,2,3,c,d)芘
9. 酞酸酯类	酞酸二甲酯、酞酸二丁酯、酞酸二辛酯
10. 农药	六六六、滴滴涕、敌敌畏、乐果、对硫磷、甲基对硫磷、除草醚、敌百虫
11. 丙烯腈	丙烯腈
12. 亚硝胺类	N-亚硝基二乙胺、N-亚硝基二正丙胺
13. 氰化物	氰化物
14. 重金属及其化合物	砷及其化合物、铍及其化合物、镉及其化合物、铬及其化合物、铜及其化合物、铅及其化合物、汞及其化合物、镍及其化合物、铊及其化合物

五、环境监测的要求

为确保环境监测结果准确可靠、正确判断并能科学地反映实际,环境监测要满足以下几方面要求:

1. 代表性

主要是指要取得具有代表性的能够反映总体真实状况的样品,所以样品必须按照有关规定的要求、方法采集。

2. 完整性

主要是指强调总体工作规划要切实完成,既保证按预期计划取得有系统性和连续性的有效样品,而且要无缺漏地获得这些样品的监测结果及有关信息。

3. 可比性

主要是指不同实验室之间,同一实验室不同人员之间,相同项目历年的资料之间可比。

4. 准确性

主要是指测定值与真值的符合程度。

5. 精密性

主要是指多次测定值要有良好的重复性和再现性。

第三节　环境标准

环境标准是为了保护人群健康、防治环境污染、促使生态良性循环,同时又合理利用资源,促进经济发展,依据环境保护法和有关政策,对有关环境的各项工作(例如,有害成分含量及其排放源规定的限量阈值和技术规范)所做的规定。环境标准是政策、法规的具体体现。

一、环境标准的作用

(1)环境标准是环境保护的工作目标:它是制订环境保护规划和计划的重要依据。

(2)环境标准是判断环境质量和衡量环保工作优劣的准绳:评价一个地区环境质量的优劣、评价一个企业对环境的影响,只有与环境标准相比较才能有意义。

(3)环境标准是执法的依据:不论是环境问题的诉讼、排污费的收取、污染治理的目标等执法的依据都是环境标准。

(4)环境标准是组织现代化生产的重要手段和条件:通过实施标准可以制止任意排污,促使企业对污染进行治理和管理;采用先进的无污染、少污染工艺;更新设备;资源和能源的综合利用等。

总之,环境标准是环境管理的技术基础。

二、环境标准的分类和分级

我国环境标准分为环境质量标准、污染物排放标准(或污染控制标准)、环境基础标准、环境方法标准、环境标准物质标准和环保仪器、设备标准等六类。环境标准分为国家标准和地方标准两级,其中环境基础标准、环境方法标准和标准物质标准等只有国家标准,并尽可能与国际标准接轨。

(一)环境质量标准

环境质量标准是为了保护人类健康,维持生态平衡和保障社会物质财富,并考虑技术经济条件、对环境中有害物质和因素所作的限制性规定。它是衡量环境质量的依据、环保政策的目标、环境管理的依据,也是制订污染物控制标准的基础。

(二)污染物控制标准

污染物控制标准是为了实现环境质量目标,结合技术经济条件和环境特点,对排入环境的有害物质或有害因素所作的控制规定。由于我国幅员辽阔,各地情况差别较大,因此不少省(市)制订了地方排放标准。地方标准应该符合以下两点:一是国家标准中所没有规定的项目;二是地方标准应严于国家标准,以起到补充、完善的作用。

(三)环境基础标准

环境基础标准是在环境标准化工作范围内,对有指导意义的符号、代号、指南、程序、规范等所作的统一规定,是制订其他环境标准的基础。

(四)环境方法标准

环境方法标准是在环境保护工作中以试验、检查、分析、抽样、统计计算为对象制订的标准。

(五)环境标准样品标准

环境标准样品是在环境保护工作中,用来标定仪器、验证测量方法、进行量值传递或质量控制的材料或物质。对这类材料或物质必须达到的要求所作的规定称为环境标准样品标准。

(六)环保仪器、设备标准

这是为了保证污染治理设备的效率和环境监测数据的可靠性和可比性,对环境保护仪器、设备的技术要求所作的规定。

三、制订环境标准的原则

环境标准体现国家的技术经济政策。因此,它的制订要充分体现科学性和现实性相统一,才能满足既保护环境质量的良好状况,又促进国家经济技术发展的要求。

(一)要有充分的科学依据

标准中指标值的确定,要以科学研究的结果为依据。如环境质量标准,要以环境质量基准为基础。所谓环境质量基准,是指经科学试验确定污染物(或因素)不会对人或生物产生不良或有害影响的最大剂量或浓度。例如,经研究证实,大气中二氧化硫年平均浓度超过 0.115mg/m^3 时对人体健康就会产生有害影响,这个浓度值就是大气中二氧化硫的基准。制订监测方法标准要对方法的准确度、精密度、干扰因素及各种方法的比较等进行试验。制订控制标准的技术措施和指标,要考虑它们的成熟程度、可行性及预期效果等。

(二)既要技术先进、又要经济合理

基准和标准是两个不同的概念。环境质量基准是由污染物(或因素)与人或生物之间的剂量反应关系确定的,不考虑社会、经济、技术等人为因素,也不随时间而变化。而环境质量标准是以环境质量基准为依据,注重社会、经济、技术等因素的影响,它既具有法律强制性,又可以根据技术、经济以及人们对环境保护的认识变化而不断修改、补充。

污染控制标准制订的焦点是如何正确处理技术先进和经济合理之间的矛盾,标准要定在最佳实用点上。这里有"最佳实用技术法"(简称 BPT 法)和"最佳可行技术法"(简称 BAT 法)两种。BPT 法是指工艺和技术可靠,从经济条件上国内能够普及的技术。BAT 法是指技术上证明可靠、经济上合理,但属于代表工艺改革和污染治理方向的技术。环境污染从根本上讲是资源、能源的浪费,因此标准应促使工矿企业技术改造,采用少污染、无污染的先进工艺。按照环境功能、企业类型、污染物危害程度、生产技术水平区别对待,这些也应在标准中明确规定或具体反映。

(三)与有关标准、规范、制度协调配套

质量标准与排放标准、排放标准与收费标准、国内标准与国际标准之间应该相互协调才能有效地贯彻执行。

(四)积极采用或等效采用国际标准

一个国家的标准是反映该国的技术、经济和管理水平。积极采用或等效采用国际标准,是我国重要的技术经济政策,也是技术引进的重要部分,它能了解当前国际先进技术水平和发展趋势。

四、水质标准

水是一切生物生存的前提,水质污染是环境污染中最主要方面之一。目前我国已经颁布的水质标准主要有水环境质量标准与排放标准。

水环境质量标准:地表水环境质量标准(GB 3838－2002);海水水质标准(GB 3097－1997);生活饮用水卫生标准(GB 5749－85);渔业水质标准(GB 11607－89);农田灌溉用水水质标准(GB 5084－85)等。

排放标准:污水综合排放标准(GB 8978－1996);医院污水排放标准(GB J48－83)和一批工业水污染物排放标准,例如,造纸工业水污染物排放标准(GW PB2－1999);甘蔗制糖工业水污染物排放标准(GB 3546－83);石油炼制工业水污染物排放标准(GB 3551－83);纺织染整工业水污染物排放标准(GB 4287－92)等。

根据技术、经济及社会发展情况,标准通常几年修订一次。但每一标准的标准号通常是不变的,仅改变发布年份,新标准自然代替老标准。例如,GB 8978－1996 代替 GB 8978－1988。环境质量标准和排放标准,一般多配套测定方法标准,便于执行。

(一)地表水环境质量标准(GB 3838－2002)

标准适用于全国领域内江河、湖泊、运河、渠道、水库等具有使用功能的地表水域。具有特定功能的水域,执行相应的专业用水水质标准。其目的是保障人体健康、维护生态平衡、保护水资源、控制水污染,以及改善地面水质量和促进生产。依据地表水水域环境功能和保护目标、控制功能高低依次划分为 5 类:

Ⅰ类:主要适用于源头水、国家自然保护区;

Ⅱ类:主要适用于集中式生活饮用水地表水源地一级保护区、珍稀水生生物栖息地、鱼虾类产卵场、仔稚幼鱼的索饵场等;

Ⅲ类:主要适用于集中式生活饮用水地表水源地二级保护区、鱼虾类越冬场、洄游通道、水产养殖区等渔业水域及游泳区;

Ⅳ类:主要适用于一般工业用水区及人体非直接接触的娱乐用水区;

Ⅴ类:主要适用于农业用水区及一般景观要求水域。

对应地表水上述 5 类水域功能,将地表水环境质量标准基本项目标准值分为 5 类,不同功能类别分别执行相应类别的标准值。水域功能类别高的标准值严于水域功能类别低的标准值。同一水域兼有多类使用功能的,执行最高功能类别对应的标准值。实现水域功能与达到功能类别标准为同一含义。

地表水环境质量标准见表 1-2,表 1-3 和表 1-4。

表 1-2　地表水环境质量标准基本项目标准限值　　　　　(单位:mg/L)

序号	标准值　　分类　　项目		Ⅰ	Ⅱ	Ⅲ	Ⅳ	Ⅴ
1	水温(℃)		人为造成的环境水温变化应限制在: 周平均最大温升≤1 周平均最大温降≤2				
2	pH 值(无量纲)		6～9				
3	溶解氧	≥	饱和率90% (或7.5)	6	5	3	2
4	高锰酸盐指数	≤	2	4	6	10	15
5	化学需氧量(COD)	≤	15	15	20	30	40
6	生化需氧量(BOD$_5$)	≤	3	3	4	6	10
7	氨氮(NH$_3$-N)	≤	0.15	0.5	1.0	1.5	2.0
8	总磷(以 P 计)	≤	0.02(湖、库 0.01)	0.1(湖、库 0.025)	0.2(湖、库 0.05)	0.3(湖、库 0.1)	0.4(湖、库 0.2)
9	总氮(湖、库,以 N 计)	≤	0.2	0.5	1.0	1.5	2.0
10	铜	≤	0.01	1.0	1.0	1.0	1.0
11	锌	≤	0.05	1.0	1.0	2.0	2.0
12	氟化物(以 F$^-$ 计)	≤	1.0	1.0	1.0	1.5	1.5
13	硒	≤	0.01	0.01	0.01	0.02	0.02
14	砷	≤	0.05	0.05	0.05	0.1	0.1
15	汞	≤	0.00005	0.00005	0.0001	0.001	0.001
16	镉	≤	0.001	0.005	0.005	0.005	0.01
17	铬(六价)	≤	0.01	0.05	0.05	0.05	0.1
18	铅	≤	0.01	0.01	0.05	0.05	0.1
19	氰化物	≤	0.005	0.05	0.2	0.2	0.2
20	挥发酚	≤	0.002	0.002	0.005	0.01	0.1
21	石油类	≤	0.05	0.05	0.05	0.5	1.0
22	阴离子表面活性剂	≤	0.2	0.2	0.2	0.3	0.3
23	硫化物	≤	0.05	0.1	0.2	0.5	1.0
24	粪大肠菌群(个/L)	≤	200	2000	10000	20000	40000

表 1-3　集中式生活饮用水地表水源地补充项目标准限值　　　　　(单位:mg/L)

序　号	项　目	标　准　值
1	硫酸盐(以 SO$_4^{2-}$ 计)	250
2	氯化物(以 Cl$^-$ 计)	250
3	硝酸盐(以 N 计)	10
4	铁	0.3
5	锰	0.1

表 1-4 集中式生活饮用水地表水源地特定项目标准限值 （单位:mg/L）

序号	项目	标准值	序号	项目	标准值
1	三氯甲烷	0.06	41	丙烯酰胺	0.0005
2	四氯化碳	0.002	42	丙烯腈	0.1
3	三溴甲烷	0.1	43	邻苯二甲酸二丁酯	0.003
4	二氯甲烷	0.02	44	邻苯二甲酸二(2-乙基己基)酯	0.008
5	1,2-二氯乙烷	0.03	45	水合肼	0.01
6	环氧氯丙烷	0.02	46	四乙基铅	0.0001
7	氯乙烯	0.005	47	吡啶	0.2
8	1,1-二氯乙烯	0.03	48	松节油	0.2
9	1,2-二氯乙烯	0.05	49	苦味酸	0.5
10	三氯乙烯	0.07	50	丁基黄原酸	0.005
11	四氯乙烯	0.04	51	活性氯	0.01
12	氯丁二烯	0.002	52	滴滴涕	0.001
13	六氯丁二烯	0.0006	53	林丹	0.002
14	苯乙烯	0.02	54	环氧七氯	0.0002
15	甲醛	0.9	55	对硫磷	0.003
16	乙醛	0.05	56	甲基对硫磷	0.002
17	丙烯醛	0.1	57	马拉硫磷	0.05
18	三氯乙醛	0.01	58	乐果	0.08
19	苯	0.01	59	敌敌畏	0.05
20	甲苯	0.7	60	敌百虫	0.05
21	乙苯	0.3	61	内吸磷	0.03
22	二甲苯①	0.5	62	百菌清	0.01
23	异丙苯	0.25	63	甲萘威	0.05
24	氯苯	0.3	64	溴氰菊酯	0.02
25	1,2-二氯苯	1.0	65	阿特拉津	0.003
26	1,4-二氯苯	0.3	66	苯并(a)芘	2.8×10^{-6}
27	三氯苯②	0.02	67	甲基汞	1.0×10^{-6}
28	四氯苯③	0.02	68	多氯联苯⑥	2.0×10^{-5}
29	六氯苯	0.05	69	微囊藻毒素	0.001
30	硝基苯	0.017	70	黄磷	0.003
31	二硝基苯④	0.5	71	钼	0.07
32	2,4-二硝基甲苯	0.0003	72	钴	1.0
33	2,4,6-三硝基甲苯	0.5	73	铍	0.002
34	硝基氯苯⑤	0.05	74	硼	0.5
35	2,4-二硝基氯苯	0.5	75	锑	0.005
36	2,4-二氯苯酚	0.093	76	镍	0.02
37	2,4,6-三氯苯酚	0.2	77	钡	0.7
38	五氯酚	0.009	78	钒	0.05
39	苯胺	0.1	79	钛	0.1
40	联苯胺	0.0002	80	铊	0.0001

注:①二甲苯:指对二甲苯、间二甲苯、邻二甲苯。
　　②三氯苯:指1,2,3-三氯苯、1,2,4-三氯苯、1,3,5-三氯苯。
　　③四氯苯:指1,2,3,4-四氯苯、1,2,3,5-四氯苯、1,2,4,5-四氯苯。
　　④二硝基苯:指对二硝基苯、间二硝基苯、邻二硝基苯。
　　⑤硝基氯苯:指对硝基氯苯、间硝基氯苯、邻硝基氯苯。
　　⑥多氯联苯:指 PCB-1016、PCB-1221、PCB-1232、PCB-1242、PCB-1248、PCB-1254、PCB-1260

表中基本要求和水温属于感官性状指标。pH 值、生化需氧量、高锰酸盐指数和化学需氧量是保证水质自净的指标。磷和氮是防止封闭水域富营养化的指标,大肠菌群是细菌学指标,其他属于化学、毒理指标。

(二)生活饮用水卫生标准

目前我国有:生活饮用水卫生标准(GB 5749−85)和由卫生部颁布的"生活饮用水水质卫生规范"(2001 年)。后者与国际卫生组织(WHO)的饮用水水质指南基本接轨,它包括:生活饮用水水质常规检验项目及限值 34 项;生活饮用水水质非常规检验项目及限值 62 项,共有 96 项指标。规范中对生活饮用水水源水质和监测方法均作了详细规定。

生活饮用水是指:由集中式供水单位直接供给居民作为饮水和生活用水,该水的水质必须确保居民终生饮用安全,它与人体健康有直接关系。集中式供水指由水源集中取水,经统一净化处理和消毒后,由输水管网送到用户的供水方式,它可以由城建部门建设,也可以由单位自建。制订标准的原则和方法基本上与地表水环境质量标准相同,所不同的是饮用水不存在自净问题。因此无 BOD、DO 等指标。

细菌总数是指 1 毫升水样在营养琼脂培养基上,于 37℃经 24 小时培养后生长的细菌菌落总数。细菌不一定都有害,因此这一指标主要反映微生物情况。

对人体健康有害的病菌很多,如果在标准中一一列出,那么不仅在制订标准,并且在执行标准过程中会带来很多困难,因此在实用上只需选择一种在消毒过程中抗消毒剂能力最强、在环境水域中最常见(即有代表性)、监测方法容易的为代表。大肠菌群是一种需氧及兼性厌氧在 37℃生长时能使乳糖发酵,在 24 小时内产酸、产气的革兰氏阴性无芽孢杆菌,有动物生存的有关水域中常见,它对消毒剂的抵抗能力大于伤寒、副伤寒、痢疾杆菌等,通常当它的浓度降低到每升 13 个时,其他病原菌均已被杀死(但对肝炎病毒不一定有效),因此以它作为代表比较合适。

我国饮用水用氯气或漂白粉消毒,游离性余氯是表征消毒效果的指标。接触 30 分钟后游离氯不低于 0.3mg/L,可保证杀灭大肠杆菌和肠道致病菌,但也不应过高,首先它是强氧化剂,直接饮用对人体有害;其次,如果水中含有机物,会生成氯胺、氯酚,前者有毒,后者有强烈臭味,故国外已普遍改用臭氧和二氧化氯作为消毒剂,以避免这些弊病。

表 1-5 为"生活饮用水水质卫生规范"中常规检验项目及限值:

表 1-5 生活饮用水水质常规检验项目及限值

项 目	限 值
感官性状和一般化学指标	
色	色度不超过 15 度,并不得呈现其他异色
浑浊度	不超过 1 度 (NTU)[①],特殊情况下不超过 5 度 (NTU)
臭和味	不得有异臭、异味
肉眼可见物	不得含有
pH	6.5～8.5
总硬度(以 $CaCO_3$ 计)	450(mg/L)
铝	0.2(mg/L)
铁	0.3(mg/L)
锰	0.1(mg/L)
铜	1.0(mg/L)
锌	1.0(mg/L)
挥发酚类(以苯酚计)	0.002(mg/L)
阴离子合成洗涤剂	0.3(mg/L)
硫酸盐	250(mg/L)
氯化物	250(mg/L)
溶解性总固体	1000(mg/L)
耗氧量(以 O_2 计)	3(mg/L),特殊情况下不超过 5mg/L[②]
毒理学指标	
砷	0.05(mg/L)
镉	0.005(mg/L)
铬(六价)	0.05(mg/L)
氰化物	0.05(mg/L)
氟化物	1.0(mg/L)
铅	0.01(mg/L)
汞	0.001(mg/L)
硝酸盐(以 N 计)	20(mg/L)
硒	0.01(mg/L)
四氯化碳	0.002(mg/L)
氯仿	0.06(mg/L)
细菌学指标	
细菌总数	100(CFU/mL)[③]
总大肠菌群	每 100mL 水样中不得检出
粪大肠菌群	每 100mL 水样中不得检出
游离余氯	在与水接触 30 分钟后应不低于 0.3mg/L,管网末梢水不应低于 0.05mg/L (适用于加氯消毒)
放射性指标[④]	
总 α 放射性	0.5(Bq/L)
总 β 放射性	1(Bq/L)

注:①表中 NTU 为散射浊度单位。②特殊情况包括水源限制等情况。③CFU 为菌落形成单位。④放射性指标规定数值不是限值,而是参考水平。放射性指标超过表 1 中所规定的数值时,必须进行核素分析和评价,以决定能否饮用。

（三）污水综合排放标准（GB 8978－1996）

污水排放标准是为了保证环境水体质量，对排放污水的一切企、事业单位所作的规定。这里可以是浓度控制、也可以是总量控制。前者执行方便、后者是基于受纳水体的功能和实际，得到允许总量，再予分配的方法，它更科学，但实际执行较困难。发达国家大多采用排污许可证和行业排放标准相结合的方法，这是以总量控制为基础的双重控制，许可证规定了在有效期内向指定受纳水体排放限定的污染物种类和数量，实际是以总量为基础，而行业排放标准则是根据各行业特点所制订，符合生产实际。这种方法需要大量的基础研究为前提，例如美国有超过 100 个行业标准，每个行业下还有很多子类。中国由于基础工作尚有待完善，总体上采用按收纳水体的功能区类别分类规定排放标准值、重点行业实行行业排放标准，非重点行业执行综合污水排放标准、分时段、分级控制。部分地区也已实施排污许可证相结合，总体上逐步向国际接轨。

污水综合排放标准（GB 8978－1996）适用于排放污水和废水的一切企、事业单位。按地表水域使用功能要求和污水排放去向，分别执行一、二、三级标准，对于保护区禁止新建排污口，已有的排污口应按水体功能要求，实行污染物总量控制。

标准将排放的污染物按其性质及控制方式分为两类：

第一类污染物，不分行业和污水排放方式，也不分受纳水体的功能类别，一律在车间或车间处理设施排放口采样，其最高允许排放浓度必须符合表 1-6 的规定。第一类污染物是指能在环境或动植物体内蓄积，对人体健康产生长远不良影响者。

第二类污染物，指长远影响小于第一类的污染物质，在排污单位排放口采样，其最高允许排放浓度必须符合表 1-7 的规定。对第二类污染物区分 1997 年 12 月 31 日前和 1998 年 1 月 1 日后建设的单位分别执行不同标准值；同时有 29 个行业的行业标准纳入本标准（最高允许排水量、最高允许排放浓度）。

表 1-6　第一类污染物最高允许排放浓度　　　　　　（单位：mg/L）

序　号	污　染　物	最高允许排放浓度
1	总汞	0.05
2	烷基汞	不得检出
3	总镉	0.1
4	总铬	1.5
5	六价铬	0.5
6	总砷	0.5
7	总铅	1.0
8	总镍	1.0
9	苯并(a)芘	0.00003
10	总铍	0.005
11	总银	0.5
12	总 α 放射性	1Bq/L
13	总 β 放射性	10Bq/L

表 1-7　第二类污染物最高允许排放浓度

（1998 年 1 月 1 日后建设的单位）　　　　　　　　　　　　　　（单位：mg/L）

序号	污染物	适用范围	一级标准	二级标准	三级标准
1	pH	一切排污单位	6～9	6～9	6～9
2	色度（稀释倍数）	一切排污单位	50	80	
3	悬浮物（SS）	采矿、选矿、选煤工业	70	300	—
		脉金选矿	70	400	—
		边远地区砂金选矿	70	800	—
		城镇二级污水处理厂	20	30	
		其他排污单位	70	150	400
4	五日生化需氧量（BOD_5）	甘蔗制糖、苎麻脱胶、湿法纤维板、染料、洗毛工业	20	60	600
		甜菜制糖、酒精、味精、皮革、化纤浆粕工业	20	100	600
		城镇二级污水处理厂	20	30	—
		其他排污单位	20	30	300
5	化学需氧量（COD）	甜菜制糖、合成脂肪酸、湿法纤维板、染料、洗毛、有机磷农药工业	100	200	1000
		味精、酒精、医药原料药、生物制药、苎麻脱胶、皮革、化纤浆粕工业	100	300	1000
		石油化工工业（包括石油炼制）	60	120	500
		城镇二级污水处理厂	60	120	—
		其他排污单位	100	150	500
6	石油类	一切排污单位	5	10	20
7	动植物油	一切排污单位	10	15	100
8	挥发酚	一切排污单位	0.5	0.5	2.0
9	总氰化物	一切排污单位	0.5	0.5	1.0
10	硫化物	一切排污单位	1.0	1.0	1.0
11	氨氮	医药原料药、染料、石油化工工业	15	50	—
		其他排污单位	15	25	—
12	氟化物	黄磷工业	10	15	20
		低氟地区（水体含氟量＜0.5mg/L）	10	20	30
		其他排污单位	10	10	20
13	磷酸盐（以 P 计）	一切排污单位	0.5	1.0	—
14	甲醛	一切排污单位	1.0	2.0	5.0

序号	污染物	适用范围	一级标准	二级标准	三级标准
15	苯胺类	一切排污单位	1.0	2.0	5.0
16	硝基苯类	一切排污单位	2.0	3.0	5.0
17	阴离子表面活性剂(LAS)	一切排污单位	5.0	10	20
18	总铜	一切排污单位	0.5	1.0	2.0
19	总锌	一切排污单位	2.0	5.0	5.0
20	总锰	合成脂肪酸工业	2.0	5.0	5.0
		其他排污单位	2.0	2.0	5.0
21	彩色显影剂	电影洗片	1.0	2.0	3.0
22	显影剂及氧化物总量	电影洗片	3.0	3.0	6.0
23	元素磷	一切排污单位	0.1	0.1	0.3
24	有机磷农药(以 P 计)	一切排污单位	不得检出	0.5	0.5
25	乐果	一切排污单位	不得检出	1.0	2.0
26	对硫磷	一切排污单位	不得检出	1.0	2.0
27	甲基对硫磷	一切排污单位	不得检出	1.0	2.0
28	马拉硫磷	一切排污单位	不得检出	5.0	10
29	五氯酚及五氯酚钠(以五氯酚计)	一切排污单位	5.0	8.0	10
30	可吸附有机卤化物(AOX)(以 Cl 计)	一切排污单位	1.0	5.0	8.0
31	三氯甲烷	一切排污单位	0.3	0.6	1.0
32	四氯化碳	一切排污单位	0.03	0.06	0.5
33	三氯乙烯	一切排污单位	0.3	0.6	1.0
34	四氯乙烯	一切排污单位	0.1	0.2	0.5
35	苯	一切排污单位	0.1	0.2	0.5
36	甲苯	一切排污单位	0.1	0.2	0.5
37	乙苯	一切排污单位	0.4	0.6	1.0
38	邻二甲苯	一切排污单位	0.4	0.6	1.0
39	对二甲苯	一切排污单位	0.4	0.6	1.0
40	间二甲苯	一切排污单位	0.4	0.6	1.0
41	氯苯	一切排污单位	0.2	0.4	1.0
42	邻二氯苯	一切排污单位	0.4	0.6	1.0
43	对二氯苯	一切排污单位	0.4	0.6	1.0

序号	污染物	适用范围	一级标准	二级标准	三级标准
44	对硝基氯苯	一切排污单位	0.5	1.0	5.0
45	2,4-二硝基氯苯	一切排污单位	0.5	1.0	5.0
46	苯酚	一切排污单位	0.3	0.4	1.0
47	间甲酚	一切排污单位	0.1	0.2	0.5
48	2,4-二氯酚	一切排污单位	0.6	0.8	1.0
49	2,4,6-三氯酚	一切排污单位	0.6	0.8	1.0
50	邻苯二甲酸二丁酯	一切排污单位	0.2	0.4	2.0
51	邻苯二甲酸二辛酯	一切排污单位	0.3	0.6	2.0
52	丙烯腈	一切排污单位	2.0	5.0	5.0
53	总硒	一切排污单位	0.1	0.2	0.5
54	粪大肠菌群数	医院[1]、兽医院及医疗机构含病原体污水	500 个/L	1000 个/L	5000 个/L
		传染病、结核病医院污水	100 个/L	500 个/L	1000 个/L
55	总余氯(采用氯化消毒的医院污水)	医院[1]、兽医院及医疗机构含病原体污水	<0.5[2]	>3(接触时间≥1h)	>2(接触时间≥1h)
		传染病、结核病医院污水	<0.5[2]	>6.5(接触时间≥1.5h)	>5(接触时间≥1.5h)
56	总有机碳(TOC)	合成脂肪酸工业	20	40	—
		苎麻脱胶工业	20	60	—
		其他排污单位	20	30	—

注:其他排污单位:指除在该控制项目中所列行业以外的一切排污单位。

①指 50 个床位以上的医院。

②指加氯消毒后须进行脱氯处理,达到本标准。

(四)回用水标准

我国人均淡水资源仅为 2620m³,为世界人均的 1/4,特别是北方和西北地区水资源非常短缺,因此水资源经使用、处理后再回用十分重要。回用水水质应根据生活杂用、行业及生产工艺要求来制订,在美国有近 30 种回用水水质标准,我国正在逐步制订,已经颁布的有:再生水回用景观水体的水质标准(CJ/T 95—2000)和中华人民共和国生活杂用水水质标准(CJ 25.1—89),见表 1-8 和表 1-9。

表 1-8　再生水回用景观水体的水质标准　　　　　　　　　（单位^①：mg/L）

序号	项目 标准值 回用类型	人体非直接接触	人体非全身性接触
1	基本要求	无漂浮物，无令人不愉快的嗅和味	无漂浮物，无令人不愉快的嗅和味
2	色度（度）	30	30
3	pH	6.5～9.0	6.5～9.0
4	化学需氧量（COD）	60	50
5	五日生化需氧量（BOD_5）	20	10
6	悬浮物（SS）	20	10
7	总磷（以 P 计）	2.0	1.0
8	凯氏氮	15	10
9	大肠菌群（个/L）	1000	500
10	余氯^②	0.2～1.0^③	0.2～1.0^③
11	全盐量	1000/2000^④	1000/2000^④
12	氯化物（以 Cl⁻ 计）	350	350
13	溶解性铁	0.4	0.4
14	总锰	1.0	1.0
15	挥发酚	0.1	0.1
16	石油类	1.0	1.0
17	阴离子表面活性剂	0.3	0.3

注：①pH 及注明单位处除外。

②为管网末梢余氯。

③1.0 为夏季水温超过 25℃时采用值。

④2000 为盐碱地区采用值。

表 1-9　生活杂用水水质标准　　　　　　　　　　　　　　（单位：mg/L）

项目	厕所冲洗、城市绿化	洗车、扫除
浊度	10	5
溶解性固体（mg/L）	1200	1000
悬浮性固体（mg/L）	10	5
色度（度）	30	30
臭	无不快感	无不快感
pH	6.5～9.0	6.5～9.0
BOD（mg/L）	10	10
COD（mg/L）	50	50
氨氮（以 N 计）（mg/L）	20	10
总硬度（以 $CaCO_3$ 计）（mg/L）	450	450
氯化物（mg/L）	350	300
阴离子合成洗涤剂（mg/L）	1.0	0.5
铁（mg/L）	0.4	0.4
锰（mg/L）	0.1	0.1
游离余氯（mg/L）	管网末端水不小于 0.2	管网末端水不小于 0.2
总大肠菌群（个/L）	3	3

五、大气标准

我国已颁发的大气标准主要有：大气环境质量标准(GB 3095－1996)；大气污染物最高允许浓度(GB 9137－88)；室内空气质量标准(GB 18883－2002)；居民区大气中有害物质最高允许浓度(TJ36－79)；车间空气中有害物质的最高允许浓度(TJ36－79)；饮食业油烟排放标准(GB 18483－2001)；锅炉大气污染物排放标准(GB 13271－2001)；工业炉窑大气污染物排放标准(GB 9078－1996)；汽车污染物排放标准(GB 3842－3844－83)；恶臭污染物排放标准(GB 14554－93)；和一些行业排放标准中有关气体污染物排放限值。

(一)大气环境质量标准(GB 3095－1996)

大气环境质量标准的制订目的是为控制和改善大气质量，为人民生活和生产创造清洁适宜的环境，防止生态破坏，保护人民健康，促进经济发展。

标准分为三级：

一级标准：为保护自然生态和人群健康，在长期接触情况下，不发生任何危害影响的空气质量要求。

二级标准：为保护人群健康和城市、乡村的动、植物，在长期和短期的情况下，不发生伤害的空气质量要求。

三级标准：为保护人群不发生急、慢性中毒和城市一般动、植物(敏感者除外)能正常生长的空气质量要求。

根据地区的地理、气候、生态、政治、经济和大气污染程度又划分三类地区：

一类区：如国家规定的自然保护区、风景游览区、名胜古迹和疗养地等。

二类区：为城市规划中确定的居民区、商业交通居民混合区、文化区、名胜古迹和广大农村寨。

三类区：为大气污染程度比较重的城镇和工业区以及城市交通枢纽、干线等。

标准规定了一类区一般执行一级标准；二类区一般执行二级标准；三类区一般执行三级标准。标准还规定了监测分析方法，空气污染物三级标准浓度限值见表1-10。

表 1-10 各项大气污染物的浓度限值

污染物名称	取值时间	浓度限值			
		一级标准	二级标准	三级标准	浓度单位
二氧化硫 SO_2	年平均	0.02	0.06	0.10	
	日平均	0.05	0.15	0.25	
	1 小时平均	0.15	0.50	0.70	
总悬浮颗粒物 TSP	年平均	0.08	0.20	0.30	
	日平均	0.12	0.30	0.50	
可吸入颗粒物 PM_{10}	年平均	0.04	0.10	0.15	
	日平均	0.05	0.15	0.25	
氮氧化物 NOx	年平均	0.05	0.05	0.10	mg/m^3 (标准状态)
	日平均	0.10	0.10	0.15	
	1 小时平均	0.15	0.15	0.30	

污染物名称	取值时间	浓度限值			
二氧化氮 NO₂	年平均	0.04	0.04	0.08	
	日平均	0.08	0.08	0.12	
	1小时平均	0.12	0.12	0.24	
一氧化碳 CO				6.00	
				20.00	
臭氧 O₃				0.20	
铅 Pb	季平均		1.50		
	年平均		1.00		
苯并[a]芘 B[a]P	日平均		0.01		μg/m³ (标准状态)
氟化物	日平均		7①		
	1小时平均		20①		
F	月平均		1.8②	3.0③	μg/(dm²·d)
	植物生长季平均		1.2②	2.0③	

注:①适用于城市地区;

　　②适用于牧业区和以牧业为主的半农半牧区,蚕桑区;

　　③适用于农业和林业区。

表中"日平均"为任何一日的平均浓度不允许超过的限值。"任何一次"为任何一次采样测定不允许超过的浓度限值。不同污染物"任何一次"采样时间见有关规定;"年日平均"为任何一年的日平均浓度均值不许超过的限值。总悬浮微粒(TSP)系指100μm以下微粒,飘尘系指10μm以下微粒,该项为参考指标。标准中还规定了监测分析方法。

(二)锅炉大气污染物排放标准(GB 13271—2001)

锅炉废气是我国大气污染的重要原因,为了控制锅炉污染物排放,改善大气质量、保护人民健康,制订了本标准。标准中一、二、三类区的划分是指 GB 3095—1996"环境空气质量标准"中的规定;标准按锅炉建成使用年限分为两个时段:Ⅰ时段指 2000 年 12 月 31 日前建成使用的;Ⅱ时段指 2001 年 1 月 1 日起建成使用的。有关标准值见表 1-11,表 1-12,表 1-13和表 1-14。

表 1-11　锅炉烟尘最高允许排放浓度和烟气黑度限值

锅炉类别		适用区域	烟尘排放浓度(mg/m³)		烟气黑度 (林格曼黑度/级)
			Ⅰ时段	Ⅱ时段	
燃煤锅炉	自然通风锅炉 (<0.7MW 1t/h)	一类区	100	80	1
		二、三类区	150	120	
	其他锅炉	一类区	100	80	1
		二类区	250	200	
		三类区	350	250	

锅炉类别		适用区域	烟尘排放浓度（mg/m³）		烟气黑度（林格曼黑度/级）
			Ⅰ时段	Ⅱ时段	
燃油锅炉	轻柴油、煤油	一类区	80	80	1
		二、三类区	100	100	
	其他燃料油	一类区	100	80①	1
		二、三类区	200	150	
燃气锅炉		全部区域	50	50	1

注：①一类区禁止新建以重油、渣油为燃料的锅炉。

表 1-12 锅炉二氧化硫和氮氧化物最高允许排放浓度

锅炉类别	适用区域	SO₂ 排放浓度（mg/m³）		NOₓ 排放浓度（mg/m³）	
		Ⅰ时段	Ⅱ时段	Ⅰ时段	Ⅱ时段
燃煤锅炉	全部区域	1200	900	/	/
燃轻柴油、煤油锅炉	全部区域	700	500	/	400
其他燃料油锅炉	全部区域	1200	900①	/	400①
燃气锅炉	全部区域	100	100	/	400

注：①一类区禁止新建以重油、渣油为燃料的锅炉。

表 1-13 燃煤锅炉烟尘初始排放浓度和烟气黑度限值

锅炉类别		燃煤收到基灰分/%	烟尘初始排放浓度（mg/m³）		烟气黑度（林格曼黑度/级）
			Ⅰ时段	Ⅱ时段	
层燃锅炉	自然通风锅炉（<0.7MW 1t/h）	/	150	120	1
	其他锅炉（≤2.8MW 4t/h）	Aar≤25%	1800	1600	1
		Aar>25%	2000	1800	
	其他锅炉（>2.8MW 4t/h）	Aar≤25%	2000	1800	1
		Aar>25%	2200	2000	
沸腾锅炉	循环流化床锅炉	/	15000	15000	1
	其他沸腾锅炉	/	20000	18000	
抛煤机锅炉			5000	5000	1

表 1-14 燃煤、燃油（燃轻柴油、煤油除外）锅炉房烟囱最低允许高度

锅炉房装机总容量	MW	<0.7	0.7~<1.4	1.4~<2.8	2.8~<7	7~<14	14~<28
	t/h	<1	1~<2	2~<4	4~<10	10~<20	20~≤40
烟囱最低允许高度	m	20	25	30	35	40	45

复习思考题

1. 环境监测的目的及主要任务是什么？

2. 环境监测的基本程序如何？

3. 环境监测按监测目的可分为哪几类？

4. 优先污染物一般具备哪些条件？什么叫优先监测？

5. 环境监测有哪些基本要求？

6. 环境监测技术有哪些？

7. 环境标准的作用是什么？我国环境标准的体系如何？

第 2 章

水和废水监测

知识目标

1. 了解水体污染物的种类、特点及水质标准；
2. 熟悉水体监测方案的制订；
3. 掌握水样的采集、运输和保存的方法；
4. 掌握水样的主要预处理方法；
5. 掌握主要水质项目的监测分析方法。

能力目标

1. 能够制订水体监测方案；
2. 能够对主要水质项目（色度、浊度、硬度、悬浮物、化学需氧量、生化需氧量、总磷、重金属等）进行监测。

项目导入

水体污染概述

一、水资源及其水体污染

水是人类社会的宝贵资源，分布于由海洋、江、河、湖和地下水、大气水分及冰川共同构成的地球水圈中。据估计，地球上存在的总水量大约为 $1.37 \times 10^9 \, \text{km}^3$，其中，海水约占 97.3％，淡水仅占 2.7％。淡水不但占的比例小，而且大部分存在于地球南北极的冰川、冰盖中，可利用的淡水资源只有河流、淡水湖和地下水的一部分，总计不到总量的 1％。我国属于贫水国家，人均占有淡水资源量仅 2700m³，低于世界上多数国家。

　　从自然地理的角度来解释,水体是指地表被水覆盖区域的自然综合体。因此,水体不仅包括水,而且也包括水中的悬浮物、溶解性物质、底泥和水生生物等,它是一个完整的自然生态系统。

　　水体污染是由于人类的生产和生活活动,将大量的工业污水、生活污水、农业回流水及其他废物未经处理排入水体,使排入水体的污染物的含量超过了一定程度,使水体受到损害直至恶化,水体的物理、化学性质和生物群落生态平衡发生变化,破坏了水体功能,降低水体的使用价值。

　　水体污染可分为化学型污染、物理型污染和生物型污染三种主要类型。

　　1. 化学型污染

　　指随污水及其他废物排入水体中的酸、碱性物质,重金属或其化合物,氮、磷等营养元素和碳水化合物、脂肪和酚、蛋白质、醇等耗氧性有机物等造成的水体污染。又可分为无机物污染和有机物污染。

　　2. 物理型污染

　　包括色度和浊度物质污染、悬浮固体污染、热污染和放射性污染。色度和浊度物质来源于植物的叶、根、腐殖质、可溶性矿物质、泥沙及有色废水等;悬浮固体污染是由于生活污水、垃圾和一些工农业生产排放的废物泄入水体或农田水土流失引起的;热污染是由于将高于常温的废水、冷却水排入水体造成的;放射性污染是由于开采、使用放射性物质,进行核试验等过程中产生的废水、沉降物泄入水体造成的。

　　3. 生物型污染

　　是指病原微生物排入水体后,直接或间接地使人感染或传染各种疾病的污染。衡量指标主要有大肠菌类指数、细菌总数等。污水排放类型有生活污水排放、医院污水排放水体等。

二、水体自净

　　当污染物进入水体以后,水质就会恶化,但恶化的水质在自然的作用下经过一定时间之后,又会恢复到受污染前的状况,这是由于水体具有自净的功能。广义的水体自净是指在物理、化学和生物作用下,受污染的水体逐渐自然净化,水质复原的过程。狭义的水体自净是指水体中微生物氧化分解有机污染物而使水体净化的作用。

　　水体自净可以发生在水中,如污染物在水中的稀释、扩散和水中生物化学分解等;可以发生在水与大气界面,如酚的挥发;也可以发生在水与水底间的界面,如水中污染物的沉淀、底泥吸附和底质中污染物的分解等。

　　水体自净大致分为三类,即物理净化、化学净化和生物净化。它们同时发生,相互影响,共同作用。

　　1. 物理净化

　　物理净化是指污染物质由于稀释、扩散、混合和沉淀等过程而降低浓度。污水进入水体后,可沉性固体在水流较弱的地方逐渐沉入水底,形成污泥;悬浮体、胶体和溶解性污染物因混合、稀释浓度逐渐降低。污水稀释的程度通常用稀释比表示。对河流来说,用参与混合的河水流量与污水流量之比表示。污水排入河流经相当长的距离才能达到完全混合,因此这一比值是变化的。达到完全混合的距离受许多因素的影响,主要有稀释比、河流水文情势、河道弯曲程度、污水排放口的位置和形式等。在湖泊、水库和海洋中影响污水稀释的因素还有水流方向、风向和风力、水温和潮汐等。

2. 化学净化

化学净化是指污染物由于氧化还原、酸碱反应、分解化合和吸附凝聚等化学或物理化学作用而降低浓度。流动的水体从水面大气中溶入氧气,使污染物中铁、锰等重金属离子氧化,生成难溶物质析出沉降。某些元素在一定酸性环境中,形成易溶性化合物,随水漂移而稀释;在中性或碱性条件下,某些元素形成难溶化合物而沉降。天然水中的胶体和悬浮物质微粒,吸附和凝聚水中污物,随水流移动或逐渐沉降。

3. 生物净化

生物净化,又称生物化学净化。是指生物活动尤其是微生物对有机物的氧化分解使污染物质的浓度降低。工业有机废水和生活污水排入水域后,即产生分解转化,并消耗水中溶解氧。水中一部分有机物消耗于腐生微生物的繁殖,转化为细菌机体,细菌又成为原生动物的食料;另一部分转化为无机物。有机物逐渐转化为无机物和高等生物,水便净化。如果有机物过多,氧气消耗量大于补充量,水中溶解氧不断减少,终于因缺氧,有机物由好氧分解转为厌氧分解,于是水体变黑发臭。

三、水质监测的对象和目的

水质监测分为环境水体监测和水污染源监测。环境水体包括地表水(江、河、湖、库、海水)和地下水;水污染源包括工业废水、生活污水、医院污水等。对它们进行监测的目的可概括为以下几个方面:

(1)对江、河、水库、湖泊、海洋等地表水和地下水中的污染因子进行经常性的监测,以掌握水质现状及其变化趋势。

(2)对生产、生活等废(污)水排放源排放的废(污)水进行监视性监测,掌握废(污)水排放量及其污染物浓度和排放总量,评价是否符合排放标准,为污染源管理提供依据。

(3)对水环境污染事故进行应急监测,为分析判断事故原因、危害及制订对策提供依据。

(4)为国家政府部门制订水环境保护标准、法规和规划提供有关数据和资料。

(5)为开展水环境质量评价和预测预报及进行环境科学研究提供基础数据和技术手段。

四、水质监测项目

水质:由水和水中所含的杂质共同表现出来的综合特性。

水质指标(监测项目):描述水质质量的参数。可分为物理指标,化学指标,生物指标。

监测项目要根据水体被污染情况、水体功能和废(污)水中所含污染物及经济条件等因素确定。具体可以见表2-1,2-2。

表 2-1　地表水监测项目①

	必测项目	选测项目
河流	水温、pH、溶解氧、高锰酸盐指数、化学需氧量、BOD₅、氨氮、总氮、总磷、铜、锌、氟化物、硒、砷、汞、镉、铬（六价）、铅、氰化物、挥发酚、石油类、阴离子表面活性剂、硫化物和粪大肠菌群	总有机碳、甲基汞，其他项目参照表 2-2，根据纳污情况由各级相关环境保护主管部门确定。
集中式饮用水源地	水温、pH、溶解氧、悬浮物②、高锰酸盐指数、化学需氧量、BOD₅、氨氮、总磷、总氮、铜、锌、氟化物、铁、锰、硒、砷、汞、镉、铬（六价）、铅、氰化物、挥发酚、石油类、阴离子表面活性剂、硫化物、硫酸盐、氯化物、硝酸盐和粪大肠菌群	三氯甲烷、四氯化碳、三溴甲烷、二氯甲烷、1,2-二氯乙烷、环氧氯丙烷、氯乙烯、1,1-二氯乙烯、1,2-二氯乙烯、三氯乙烯、四氯乙烯、氯丁二烯、六氯丁二烯、苯乙烯、甲醛、乙醛、丙烯醛、三氯乙醛、苯、甲苯、乙苯、二甲苯③、异丙苯、氯苯、1,2-二氯苯、1,4-二氯苯、三氯苯④、四氯苯⑤、六氯苯、硝基苯、二硝基苯⑥、2,4-二硝基甲苯、2,4,6-三硝基甲苯、硝基氯苯⑦、2,4-二硝基氯苯、2,4-二氯苯酚、2,4,6-三氯苯酚、五氯酚、苯胺、联苯胺、丙烯酰胺、丙烯腈、邻苯二甲酸二丁酯、邻苯二甲酸二(2-乙基己基)酯、水合肼、四乙基铅、吡啶、松节油、苦味酸、丁基黄原酸、活性氯、滴滴涕、林丹、环氧七氯、对硫磷、甲基对硫磷、马拉硫磷、乐果、敌敌畏、敌百虫、内吸磷、百菌清、甲萘威、溴氰菊酯、阿特拉津、苯并(a)芘、甲基汞、多氯联苯⑧、微囊藻毒素-LR、黄磷、钼、钴、铍、硼、锑、镍、钡、钒、钛、铊
湖泊水库	水温、pH、溶解氧、高锰酸盐指数、化学需氧量、BOD₅、氨氮、总磷、总氮、铜、锌、氟化物、硒、砷、汞、镉、铬（六价）、铅、氰化物、挥发酚、石油类、阴离子表面活性剂、硫化物和粪大肠菌群	总有机碳、甲基汞、硝酸盐、亚硝酸盐，其他项目参照表 2-2，根据纳污情况由各级相关环境保护主管部门确定。
排污河（渠）	根据纳污情况，参照表 2-2 中工业废水监测项目	

注:① 监测项目中，有的项目监测结果低于检出限，并确认没有新的污染源增加时可减少监测频次。根据各地经济发展情况不同，在有监测能力(配置 GC/MS)的地区每年应监测 1 次选测项目。

② 悬浮物在 5mg/L 以下时，测定浊度。

③ 二甲苯指邻二甲苯、间二甲苯和对二甲苯。

④ 三氯苯指 1,2,3-三氯苯、1,2,4-三氯苯和 1,3,5-三氯苯。

⑤ 四氯苯指 1,2,3,4-四氯苯、1,2,3,5-四氯苯和 1,2,4,5-四氯苯。

⑥ 二硝基苯指邻二硝基苯、间二硝基苯和对二硝基苯。

⑦ 硝基氯苯指邻硝基氯苯、间硝基氯苯和对硝基氯苯。

⑧ 多氯联苯指 PCB-1016、PCB-1221、PCB-1232、PCB-1242、PCB-1248、PCB-1254 和 PCB-1260。

表 2-2　工业废水监测项目

类 型	必测项目	选测项目①
黑色金属矿山（包括磷铁矿、赤铁矿、锰矿等）	pH、悬浮物、重金属②	硫化物、锑、铋、锡、氯化物
钢铁工业（包括选矿、烧结、炼焦、炼铁、炼钢、连铸、轧钢等）	pH、悬浮物、COD、挥发酚、氰化物、油类、六价铬、锌、氨氮	硫化物、氟化物、BOD$_5$、铬
有色金属矿山及冶炼（包括选矿、烧结、电解、精炼等）	pH、COD、悬浮物、氰化物、重金属	硫化物、铍、铝、钒、钴、锑、铋
非金属矿物制品业	pH、悬浮物、COD、BOD$_5$、重金属	油类
煤气生产和供应业	pH、悬浮物、COD、BOD$_5$、油类、重金属、挥发酚、硫化物	多环芳烃、苯并(a)芘、挥发性卤代烃
火力发电（热电）	pH、悬浮物、硫化物、COD	BOD$_5$
电力、蒸汽、热水生产和供应业	pH、悬浮物、硫化物、COD、挥发酚、油类	BOD$_5$
煤炭采造业	pH、悬浮物、硫化物	砷、油类、汞、挥发酚、COD、BOD$_5$
焦化	COD、悬浮物、挥发酚、氨氮、氰化物、油类、苯并(a)芘	总有机碳
石油开采	COD、BOD$_5$、悬浮物、油类、硫化物、挥发性卤代烃、总有机碳	挥发酚、总铬
石油加工及炼焦业	COD、BOD$_5$、悬浮物、油类、硫化物、挥发酚、总有机碳、多环芳烃	苯并(a)芘、苯系物、铝、氯化物
硫铁矿	pH、COD、BOD$_5$、硫化物、悬浮物、砷	
磷矿	pH、氟化物、悬浮物、磷酸盐(P)、黄磷、总磷	
汞矿	pH、悬浮物、汞	硫化物、砷
硫酸	酸度（或 pH）、硫化物、重金属、悬浮物	砷、氟化物、氯化物、铝
氯碱	碱度（或酸度、或 pH）、COD、悬浮物	汞
铬盐	酸度（或碱度、或 pH）、六价铬、总铬、悬浮物	汞
有机原料	COD、挥发酚、氰化物、悬浮物、总有机碳	苯系物、硝基苯类、总有机碳、有机氯类、邻苯二甲酸酯等
塑料	COD、BOD$_5$、油类、总有机碳、硫化物、悬浮物	氯化物、铝
化学纤维	pH、COD、BOD$_5$、悬浮物、总有机碳、油类、色度	氯化物、铝

类 型	必测项目	选测项目①
橡胶	COD、BOD$_5$、油类、总有机碳、硫化物、六价铬	苯系物、苯并(a)芘、重金属、邻苯二甲酸酯、氯化物等
医药生产	pH、COD、BOD$_5$、油类、总有机碳、悬浮物、挥发酚	苯胺类、硝基苯类、氯化物、铝
染料	COD、苯胺类、挥发酚、总有机碳、色度、悬浮物	硝基苯类、硫化物、氯化物
颜料	COD、硫化物、悬浮物、总有机碳、汞、六价铬	色度、重金属
油漆	COD、挥发酚、油类、总有机碳、六价铬、铅	苯系物、硝基苯类
合成洗涤剂	COD、阴离子合成洗涤剂、油类、总磷、黄磷、总有机碳	苯系物、氯化物、铝
合成脂肪酸	pH、COD、悬浮物、总有机碳	油类
聚氯乙烯	pH、COD、BOD$_5$、总有机碳、悬浮物、硫化物、总汞、氯乙烯	挥发酚
感光材料,广播电影电视业	COD、悬浮物、挥发酚、总有机碳、硫化物、银、氰化物	
其他有机化工	COD、BOD$_5$、悬浮物、油类、挥发酚、氰化物、总有机碳	pH、硝基苯类、氯化物
磷肥	pH、COD、BOD$_5$、悬浮物、磷酸盐、氟化物、总磷	砷、油类
氮肥	COD、BOD$_5$、悬浮物、氨氮、挥发酚、总氮、总磷	砷、铜、氰化物、油类
合成氨工业	pH、COD、悬浮物、氨氮、总有机碳、挥发酚、硫化物、氰化物、石油类、总氮	镍
有机磷	COD、BOD$_5$、悬浮物、挥发酚、硫化物、有机磷、总磷	总有机碳、油类
有机氯	COD、BOD$_5$、悬浮物、硫化物、挥发酚、有机氯	总有机碳、油类
除草剂工业	pH、COD、悬浮物、总有机碳、百草枯、阿特拉津、吡啶	除草醚、五氯酚、五氯酚钠、2,4-D、丁草胺、绿麦隆、氯化物、铝、苯、二甲苯、氨、氯甲烷、联吡啶
电镀	pH、碱度、重金属、氰化物	钴、铝、氯化物、油类
烧碱	pH、悬浮物、汞、石棉、活性氯	COD、油类
电气机械及器材制造业	电气机械及器材制造业 pH、COD、BOD$_5$、悬浮物、油类、重金属	总氮、总磷

类　型	必测项目	选测项目①
普通机械制造	COD、BOD₅、悬浮物、油类、重金属	氰化物
电子仪器、仪表	pH、COD、BOD₅、氰化物、重金属	氟化物、油类
造纸及纸制品业	酸度（或碱度）、COD、BOD₅、可吸附有机卤化物（AOX）、pH、挥发酚、悬浮物、色度、硫化物	木质素、油类
纺织染整业	pH、色度、COD、BOD₅、悬浮物、总有机碳、苯胺类、硫化物、六价铬、铜、氨氮	总有机碳、氯化物、油类、二氧化氯
皮革、毛皮、羽绒服及其制品	pH、COD、BOD₅、悬浮物、硫化物、总铬、六价铬、油类	总氮、总磷
水泥	pH、悬浮物	油类
油毡	COD、BOD₅、悬浮物、油类、挥发酚	硫化物、苯并（a）芘
玻璃、玻璃纤维	COD、BOD₅、悬浮物、氰化物、挥发酚、氟化物	铅、油类
陶瓷制造	pH、COD、BOD₅、悬浮物、重金属	
石棉（开采与加工）	pH、石棉、悬浮物	挥发酚、油类
木材加工	COD、BOD₅、悬浮物、挥发酚、pH、甲醛	硫化物
食品加工	pH、COD、BOD₅、悬浮物、氨氮、硝酸盐氮、动植物油	总有机碳、铝、氯化物、挥发酚、铅、锌、油类、总氮、总磷
屠宰及肉类加工	pH、COD、BOD₅、悬浮物、动植物油、氨氮、大肠菌群	石油类、细菌总数、总有机碳
饮料制造业	pH、COD、BOD₅、悬浮物、氨氮、粪大肠菌群	细菌总数、挥发酚、油类、总氮、总磷
弹药装药	弹药装药 pH、COD、BOD₅、悬浮物、梯恩梯（TNT）、地恩锑（DNT）、黑索今（RDX）	硫化物、重金属、硝基苯类、油类
火工品	pH、COD、BOD₅、悬浮物、铅、氰化物、硫氰化物、铁（Ⅰ、Ⅱ）氰络合物	肼和叠氮化物（叠氮化钠生产厂为必测）、油类
火炸药	pH、COD、BOD₅、悬浮物、色度、铅、TNT、DNT、硝化甘油（NG）、硝酸盐	油类、总有机碳、氨氮
航天推进剂	pH、COD、BOD₅、悬浮物、氨氮、氰化物、甲醛、苯胺类、肼、一甲基肼、偏二甲基肼、三乙胺、二乙烯三胺	油类、总氮、总磷
船舶工业	pH、COD、BOD₅、悬浮物、油类、氨氮、氰化物、六价铬	总氮、总磷、硝基苯类、挥发性卤代烃
制糖工业	pH、COD、BOD₅、色度、油类	硫化物、挥发酚
电池	pH、重金属、悬浮物	酸度、碱度、油类
发酵和酿造工业	pH、COD、BOD₅、悬浮物、色度、总氮、总磷	硫化物、挥发酚、油类、总有机碳

类　型	必测项目	选测项目①
货车洗刷和洗车	pH、COD、BOD₅、悬浮物、油类、挥发酚	重金属、总氮、总磷
管道运输业	pH、COD、BOD₅、悬浮物、油类、氨氮	总氮、总磷、总有机碳
宾馆、饭店、游乐场所及公共服务业	pH、COD、BOD₅、悬浮物、油类、挥发酚、阴离子洗涤剂、氨氮、总氮、总磷	粪大肠菌群、总有机碳、硫化物
绝缘材料	pH、COD、BOD₅、挥发酚、悬浮物、油类	甲醛、多环芳烃、总有机碳、挥发性卤代烃
卫生用品制造业	pH、COD、悬浮物、油类、挥发酚、总氮、总磷	总有机碳、氨氮
生活污水	pH、COD、BOD₅、悬浮物、氨氮、挥发酚、油类、总氮、总磷、重金属	氯化物
医院污水	pH、COD、BOD₅、悬浮物、油类、挥发酚、总氮、总磷、汞、砷、粪大肠菌群、细菌总数	氟化物、氯化物、醛类、总有机碳

注:表中所列必测项目、选测项目的增减,由县级以上环境保护行政主管部门认定。

①选测项目同表 2-1 注①;

②重金属系指 Hg、Cr、Cr(Ⅵ)、Cu、Pb、Zn、Cd 和 Ni 等,具体监测项目由县级以上环境保护行政主管部门确定。

五、水质监测分析方法

正确选择监测分析方法,是获得准确结果的关键因素之一。选择分析方法应遵循的原则是:

(1) 灵敏度能满足定量要求;

(2) 方法成熟、准确;

(3) 操作简便,易于普及;

(4) 抗干扰能力好。

根据上述原则,为使监测数据具有可比性,各国在大量实践的基础上,对各类水体中的不同污染物质都编制了相应的分析方法。这些方法有以下三个层次,它们相互补充,构成完整的监测分析方法体系。

1)国家标准分析方法:我国已编制 60 多项包括采样在内的标准分析方法,这是一些比较经典、准确度较高的方法,是环境污染纠纷法定的仲裁方法,也是用于评价其他分析方法的基准方法。

2)统一分析方法:有些项目的监测方法尚不够成熟,但这些项目又急需测定,因此经过研究作为统一方法予以推广,在使用中积累经验,不断完善,为上升为国家标准方法创造条件。

3)等效方法:与前两类方法的灵敏度、准确度具有可比性的分析方法称为等效方法。这类方法可采用新的技术,应鼓励有条件的单位先用起来,以推动监测技术的进步。但是,新方法必须经过方法验证和对比实验,证明其与标准方法或统一方法是等效的才能使用。

按照监测方法所依据的原理,水质监测常用的方法有化学法、电化学法、原子吸收分光光度法、离子色谱法、气相色谱法、等离子体发射光谱(ICP－AES)法等。其中,化学法(包括重量法、容量滴定法和分光光度法)目前在国内外水质常规监测中普遍被采用,占各项目测定方法总数的 50％以上。

任务一　水质监测方案的制订

一、地面水水质监测方案的制订

监测方案是完成一项监测任务的程序和技术方法的总体设计,制订时须首先明确监测目的,然后在调查研究的基础上确定监测项目,布设监测网(点),合理安排采样频率和采样时间,选定采样方法和分析测定技术,提出监测报告要求,制订质量控制和保证措施及实施计划等。

(一)基础资料的收集

在制订监测方案之前,应尽可能完备地收集欲监测水体及所在区域的有关资料,主要有:

(1)水体的水文、气候、地质和地貌资料。如水位、水量、流速及流向的变化;降雨量、蒸发量及历史上的水情;河流的宽度、深度、河床结构及地质状况;湖泊沉积物的特性、间温层分布、等深线等。

(2)水体沿岸城市分布、工业布局、污染源及其排污情况、城市给排水情况等。

(3)水体沿岸的资源现状和水资源的用途;饮用水源分布和重点水源保护区;水体流域土地功能及近期使用计划等。

(4)历年的水质资料等。

(二)监测断面和采样点的设置

监测断面即为采样断面,一般分为四种类型,即背景断面、对照断面、控制断面和消减断面。对于地表水的监测来说,并非所有的水体都必须设置这四种断面。采样点的设置应在调查研究、收集有关资料、进行理论计算的基础上,根据监测目的、监测项目以及人力、物力等因素来确定。

1. 监测断面的设置原则

(1)在对调查研究结果和有关资料进行综合分析的基础上,根据水体尺度范围,考虑代表性、可控性及经济性等因素,确定断面类型和采样点数量,并不断优化。

(2)有大量废(污)水排入江河的主要居民区、工业区的上游和下游,支流与干流汇合处,入海河流河口及受潮汐影响河段,国际河流出入国境线出入口,湖泊、水库出入口,应设置监测断面。

(3)饮用水源地和流经主要风景游览区、自然保护区,以及与水质有关的地方病发病区、严重水土流失区及地球化学异常区的水域或河段,应设置监测断面。

(4)监测断面的位置要避开死水区、回水区、排污口处,尽量选择水流平稳、水面宽阔、无浅滩的顺直河段。

(5)监测断面应尽可能与水文测量断面一致,要求有明显岸边标志。

2.河流监测断面的设置

对于江、河水系或某一个河段,水系两岸的城市、工厂、企业排放的生活污水和工业污水是该水系受纳污染物的主要来源,因此,要求设置背景断面、对照断面、控制断面和消减断面等几种断面。下面以一个综合性的河段断面设置为例简要说明(见图 2.1)。

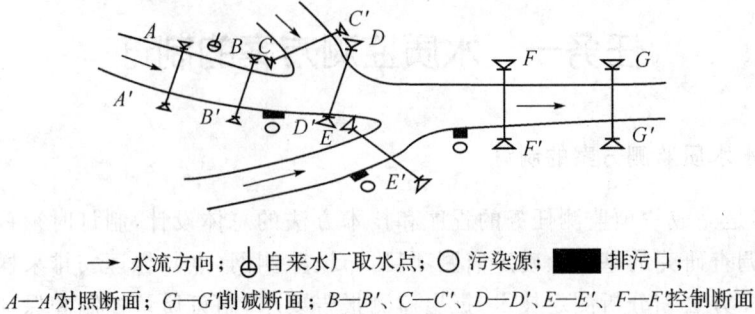

→ 水流方向；💧自来水厂取水点；○ 污染源；■ 排污口；
$A—A'$对照断面；$G—G'$削减断面；$B—B'$、$C—C'$、$D—D'$、$E—E'$、$F—F'$控制断面

图 2.1　河流监测断面设置示意图

(1)背景断面　背景断面是指为评价某一完整水系的污染程度,在未受人类生活和生产活动影响的情况下,能够提供水环境背景值的断面。原则上应设在水系源头处或未受污染的上游河段。

(2)对照断面　为了解流入监测河段前的水体水质状况而设置。这种断面应设在河流进入城市或工业区以前的地方,避开各种废水、污水流入或回流处。一个河段一般只设一个对照断面。有主要支流时可酌情增加。

(3)控制断面　为评价、监测河段两岸污染源对水体水质影响而设置。控制断面的数目应根据城市的工业布局和排污口分布情况而定。断面的位置与废水排放口的距离应根据主要污染物的迁移、转化规律,河水流量和河道水力学特征确定,一般设在排污口下游 500～1000m 处。因为在排污口下游 500m 横断面上的 1/2 宽度处重金属浓度一般出现高峰值。对特殊要求的地区,如水产资源区、风景游览区、自然保护区、与水源有关的地方病发病区、严重水土流失区及地球化学异常区等的河段上也应设置控制断面。

(4)削减断面　是指河流受纳废水和污水后,经稀释扩散和自净作用,使污染物浓度显著下降,其左、中、右三点浓度差异较小的断面,通常设在城市或工业区最后一个排污口下游1500m 以外的河段上。水量小的小河流应视具体情况而定。

3.湖泊、水库监测断面的设置

对不同类型的湖泊、水库应区别对待。为此,首先判断湖、库是单一水体还是复杂水体;考虑汇入湖、库的河流数量,水体的径流量、季节变化及动态变化,沿岸污染源分布及污染物扩散与自净规律、生态环境特点等。然后按照前面讲的设置原则确定监测断面的位置(如图 2.2):

(1)在进出湖泊、水库的河流汇合处分别设置监测断面。

(2)以各功能区(如城市和工厂的排污口、饮用水源、风景游览区、排灌站等)为中心,在其辐射线上设置弧形监测断面。

(3)在湖库中心,深、浅水区,滞流区,不同鱼类的回游产卵区,水生生物经济区等设置监测断面。

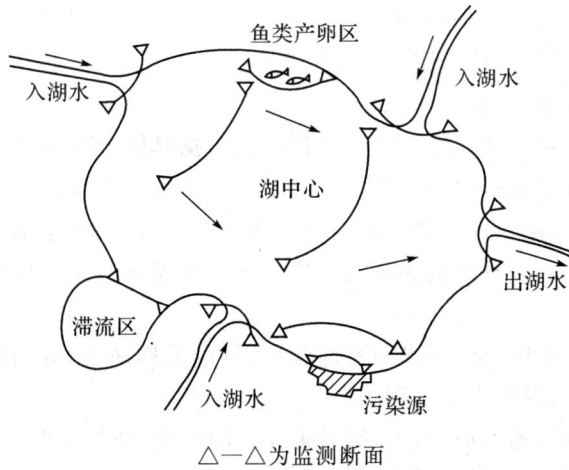

△—△为监测断面

图 2.2　湖泊、水库监测断面设置示意图

4.监测采样点位的确定

监测采样点位的确定主要参照表 2-3～表 2-5。

表 2-3　采样垂线的设置

水面宽	垂线数	说　明
≤50m	一条（中泓线）	①垂线布设应避开污染带,要测污染带应另加垂线
50～100m	二条（近左、右岸有明显水流处）	②确能证明该断面水质均匀时,可仅设中泓垂线
>100m	三条（左、中、右）	③凡在该断面要计算污染物通量时,必须按本表设置垂线

表 2-4　采样垂线上的采样点数的设置

水深	采样点数	说　明
≤5m	上层一点	①上层指水面下 0.5m 处,水深不到 1m 时,在水深 1/2 处
5～10m	上、下层两点	②下层指河底以上 0.5m 处 ③中层指 1/2 水深处
>10m	上、中、下三层三点	④封冻时在冰下 0.5m 处采样,水深不到 0.5m 处时,在水深 1/2 处采样 ⑤凡在该断面要计算污染物通量时,必须按本表设置采样点

表 2-5　湖（库）监测垂线采样点的设置

水深	分层情况	采样点数	说　明
≤5m	—	一点（水面下 0.5m）	①分层是指湖水温度分层状况
5～10m	不分层	二点（水面下 0.5m,水底上 0.5m）	②水深不足 1m,在 1/2 水深处设置测点
5～10m	分层	三点（水面下 0.5m,1/2 斜温层,水底上 0.5m）	③有充分数据证实垂线水质均匀时,可酌情减少测点
>10m	—	除水面下 0.5m,水底上 0.5m 处外,按每一斜温分层 1/2 处设置	

（三）采样时间和采样频率的确定

为使采集的水样能够反映水质在时间和空间上的变化规律,必须合理地安排采样时间和采样频率,我国水质监测规范要求如下:

(1)饮用水源地全年采样监测 12 次,采样时间根据具体情况选定。

(2)对于较大水系干流和中、小河流,全年采样监测次数不少于 6 次。采样时间为丰水期、枯水期和平水期,每期采样两次。流经城市或工业区、污染较重的河流、游览水域,全年采样监测不少于 12 次。采样时间为每月一次或视具体情况选定。底质每年枯水期采样监测一次。

(3)潮汐河流全年在丰、枯、平水期采样监测,每期采样两天,分别在大潮期和小潮期进行,每次应采集当天涨、退潮水样分别测定。

(4)设有专门监测站的湖泊、水库,每月采样监测一次,全年不少于 12 次。其他湖、库全年采样监测两次,枯、丰水期各 1 次。有废(污)水排入,污染较重的湖、库应酌情增加采样次数。

(5)背景断面每年采样监测一次,在污染可能较重的季节进行。

(6)排污渠每年采样监测不少于 3 次。

(7)海水水质常规监测,每年按丰、平、枯水期或季度采样监测 2~4 次。

（四）采样及监测技术的选择

要根据监测对象的性质、含量范围及测定要求等因素选择适宜的采样、监测方法和技术,其详细内容将在本章以下各节中分别介绍。

（五）结果表达、质量保证及实施计划

水质监测所测得的众多化学、物理以及生物学的监测数据,是描述和评价水环境质量,进行环境管理的基本依据,必须进行科学地计算和处理,并按照要求的形式在监测报告中表达出来。

质量保证概括了保证水质监测数据正确可靠的全部活动和措施。质量保证贯穿监测工作的全过程。详细内容参阅第 10 章。

实施计划是实施监测方案的具体安排,要切实可行,使各个环节工作有序、协调地进行。

二、地下水水质监测方案的制订

储存在土壤和岩石空隙(孔隙、裂隙、溶隙)中的水统称地下水。地下水埋藏在地层的不同深度,相对地面水而言,其流动性和水质参数的变化比较缓慢。地下水质监测方案的制订过程与地面水基本相同。

（一）调查研究和收集资料

(1)收集、汇总监测区域的水文、地质、气象等方面的有关资料和以往的监测资料。例如,地质图、剖面图、测绘图、水井的成套参数、含水层、地下水补给、径流和流向,以及温度、湿度、降水量等。

(2)调查监测区域内城市发展、工业分布、资源开发和土地利用情况,尤其是地下工程规模、应用等;了解化肥和农药的施用面积和施用量;查清污水灌溉、排污、纳污和地面水污染现状。

(3)测量或查知水位、水深,以确定采水器和泵的类型,所需费用和采样程序。

(4)在完成以上调查的基础上,确定主要污染源和污染物,并根据地区特点与地下水的主要类型把地下水分成若干个水文地质单元。

(二)采样点的设置

由于地质结构复杂,使地下水采样点的设置也变得复杂。自监测井采集的水样只代表含水层平行和垂直的一小部分,所以,必须合理地选择采样点。目前,地下水监测以浅层地下水(又称潜水)为主,应尽可能利用各水文地质单元中原有的水井(包括机井)。还可对深层地下水(也称承压水)的各层水质进行监测。孔隙水以第四纪为主;基岩裂隙水以监测泉水为主。

(1)背景值监测点的设置　背景值采样点应设在污染区的外围不受或少受污染的地方。对于新开发区,应在引入污染源之前设背景值监测点。

(2)监测井(点)的布设　监测井布点时,应考虑环境水文地质条件、地下水开采情况、污染物的分布和扩散形式,以及区域水化学特征等因素。对于工业区和重点污染源所在地的监测井(点)布设,主要根据污染物在地下水中的扩散形式确定。例如,渗坑、渗井和堆渣区的污染物在含水层渗透性较大的地区易造成条带状污染;污灌区、污养区及缺乏卫生设施的居民区的污水渗透到地下易造成块状污染,此时监测井(点)应设在地下水流向的平行和垂直方向上,以监测污染物在两个方向上的扩散程度。渗坑、渗井和堆渣区的污染物在含水层渗透小的地区易造成点状污染,其监测井(点)应设在距污染源最近的地方。沿河、渠排放的工业废水和生活污水因渗漏可能造成带状污染,此时宜用网状布点法设置监测井。

一般监测井在液面下 0.3~0.5m 处采样。若有间温层或多含水层分布,可按具体情况分层采样。

(三)采样时间和采样频率的确定

(1)每年应在丰水期和枯水期分别采样测定;有条件的地方按地区特点分四季采样;已建立长期观测点的地方可按月采样监测。

(2)通常每一采样期至少采样监测 1 次;对饮用水源监测点,要求每一采样期采样监测两次,其间隔至少 10 天;对有异常情况的井点,应适当增加采样监测次数。

地下水的监测方案其他内容同地表水的监测方案。

三、水污染源监测方案的制订

水污染源包括工业废水源、生活污水源、医院污水源等。在制订监测方案时,首先也要进行调查研究,收集有关资料,查清用水情况、废水或污水的类型、主要污染物及排污去向和排放量,车间、工厂或地区的排污口数量及位置,废水处理情况,是否排入江、河、湖、海、流经区域是否有渗坑等。然后进行综合分析,确定监测项目、监测点位,选定采样时间和频率、采样和监测方法及技术,制订质量保证程序、措施和实施计划等。

(一)采样点的设置

水污染源一般经管道或渠、沟排放,截面积比较小,不需设置监测断面,可直接确定采样点位。

1. 工业废水

(1)监测一类污染物:在车间或车间处理设施的废水排放口设置采样点。

(2)监测二类污染物:在工厂废水总排放口布设采样点。

已有废水处理设施的工厂,在处理设施的总排放口布设采样点。如需了解废水处理效果,还要在处理设施进口设采样点。

2.城市污水

(1)城市污水管网　采样点应设在非居民生活排水支管接入城市污水干管的检查井;城市污水干管的不同位置;污水进入水体的排放口等。

(2)城市污水处理厂　在污水进口和处理后的总排口布设采样点。如需监测各污水处理单元效率,应在各处理设施单元的进、出口分别设采样点。另外,还需设污泥采样点。

(二)采样时间和采样频率

工业废水和城市污水的排放量和污染物浓度随工厂生产及居民生活情况常发生变化,采样时间和频率应根据实际情况确定。

1.工业废水

企业自控监测频率根据生产周期和生产特点确定,一般每个生产周期不得少于3次。确切频率由监测部门进行加密监测,获得污染物排放曲线(浓度时间,流量时间,总量时间)后确定。监测部门监督性监测每年不少于1次;如被国家或地方环境保护行政主管部门列为年度监测的重点排污单位,每年应增加到2~4次。

2.城市污水

对城市管网污水,可在一年的丰、平、枯水季,从总排放口分别采集一次流量比例混合样测定,每次进行24小时,每4小时采一次样。在城市污水处理厂,为指导调节处理工艺参数和监督外排水水质,每天都要从部分处理单元和总排放口采集污水样,对一些项目进行例行监测。

废(污)水采样和监测技术及质量控制等内容将在后续章节中介绍。

任务二　水样的采集和保存

一、地面水水样的采集

(一)采样前的准备

采样前应提出采样计划,确定采样断面、垂线和采样点,采样时间和路线,人员分工,采样器材、样品的保存和交通工具等。

1.容器的准备

通常使用的容器有聚乙烯塑料容器和硬质玻璃容器。塑料容器常用于金属和无机物的监测项目;玻璃容器常用于有机物和生物等的监测项目;惰性材料常用于特殊监测项目。目的是避免引入干扰成分,因为各类材质与水样发生如下作用:

(1)容器材质可溶于水样,如从塑料容器溶解下来的有机质和从玻璃容器溶解下来的钠、硅和硼。

(2)容器材质可吸附水样中某些组分,如玻璃吸附痕量金属,塑料吸附有机质和痕量金属。

(3)水样与容器直接发生化学反应,如水样中的氟化物与玻璃容器间的反应等。

容器在使用前必须经过洗涤,盛装测金属类水样的容器,先用洗涤剂清洗、自来水冲洗,再用 10％的盐酸或硝酸浸泡 8h,用自来水冲洗,最后用蒸馏水清洗干净;盛装测有机物水样的容器先用洗涤剂冲洗,再用自来水冲洗,最后用蒸馏水清洗干净。

2. 采样器的准备

采样器与水样接触材质常采用聚乙烯塑料、有机玻璃、硬质玻璃和金属铜、铁等。清洗时,先用自来水冲去灰尘等杂物,用洗涤剂去除油污,自来水冲洗后,再用 10％盐酸或硝酸泡洗,再用自来水冲洗干净备用。

3. 交通工具

最好有专用的监测船和采样船,或其他适合船只,根据交通条件准备合适的陆上交通工具。

(二)采样方法和采样器(或采水器)

1.采样方法

(1)桥梁采样

(2)船只采样

(3)索道采样

(4)涉水采样

(5)冰上采样

2.采样器类型

采集表层水时,可用桶、瓶等容器直接采取。一般将其沉至水面下 0.3~0.5m 处采集。

图 2.3　简单采样器

1—绳子;2—带有软绳的橡胶塞;3—采样瓶;4—铅锤

采集深层水时,可使用如图 2.3 所示的带重锤的采样器沉入水中采集。将采样容器沉降至所需深度(可从绳上的标度看出),上提细绳打开瓶塞,待水样充满容器后提出。

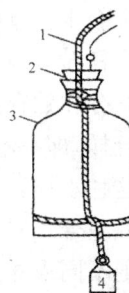

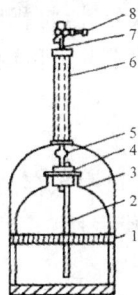

图 2.4　急流采水器

1—铁框;2—长玻璃管;3—采样瓶;4—橡胶塞;5—短玻璃管;6—钢管;7—橡胶管;8—夹子

图 2.5　双层采样器

1—带重锤的铁框;2—小瓶;3—大瓶;4—橡胶管;5—夹子;6—塑管;7—绳子

对于水流急的河段,宜采用图 2.4 所示的急流采样器。它是将一根长钢管固定在铁框上,管内装一根橡胶管,其上部用夹子夹紧,下部与瓶塞上的短玻璃管相连,瓶塞上另有一长玻璃管通至采样瓶底部。采样前塞紧橡胶塞,然后沿船身垂直伸入要求水深处,打开上部橡胶管夹,水样即沿长玻璃管流入样品瓶中,瓶内空气由短玻璃管沿橡胶管排出。这样采集的水样也可用于测定水中溶解性气体,因为它是与空气隔绝的。

测定溶解气体(如溶解氧)的水样,常用图 2.5 所示的双瓶采样器采集。将采样器沉

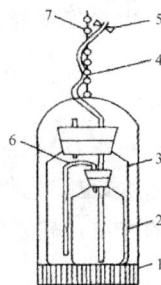

入要求水深处后,打开上部的橡胶管夹,水样进入小瓶(采样瓶)并将空气驱入大瓶,从连接大瓶短玻璃管的橡胶管排出,直到大瓶中充满水样,提出水面后迅速密封。

此外,还有多种结构较复杂的采样器,例如,深层采水器、电动采水器、自动采水器、连续自动定时采水器等。

(三)水样类型

1.瞬时水样

瞬时水样是指在某一时间和地点从水体中随机采集的分散水样。当水体水质稳定,或其组分在相当长的时间或相当大的空间范围内变化不大时,瞬时水样具有很好的代表性;当水体组分及含量随时间和空间变化时,就应隔时、多点采集瞬时样,分别进行分析,摸清水质的变化规律。

2.混合水样

混合水样是指在同一采样点于不同时间所采集的瞬时水样混合后的水样,有时称"时间混合水样",以与其他混合水样相区别。这种水样在观察平均浓度时非常有用,但不适用于被测组分在贮存过程中发生明显变化的水样。如果水的流量随时间变化,必须采集流量比例混合样,即在不同时间依照流量大小按比例采集的混合样。可使用专用流量比例采样器采集这种水样。

3.综合水样

把不同采样点同时采集的各个瞬时水样混合后所得到的样品称综合水样。这种水样在某些情况下更具有实际意义。例如,当为几条排污河、渠建立综合处理厂时,以综合水样取得的水质参数作为设计的依据更为合理。

二、地下水水样的采集

从监测井中采集水样常利用抽水机设备。启动后,先放水数分钟,将积留在管道内的杂质及陈旧水排出,然后用采样容器接取水样。对于无抽水设备的水井,可选择适合的专用采水器采集水样。

对于自喷泉水,可在涌水口处直接采样。

对于自来水,也要先将水龙头完全打开,放水数分钟,排出管道中积存的死水后再采样。地下水的水质比较稳定,一般采集瞬时水样,即能有较好的代表性。

三、废水的采集

(一)采样方法

1.浅水采样

可用容器直接采集,或用聚乙烯塑料长把勺采集。

2.深层水采样

可使用专制的深层采水器采集,也可将聚乙烯筒固定在重架上,沉入要求的深度采集。

3.自动采样

采用自动采样器或连续自动定时采样器采集。例如,自动分级采样式采水器,可在一个生产周期内,每隔一定时间将一定量的水样分别采集在不同的容器中;自动混合采样式采水器可定时连续地将定量水样或按流量比采集的水样汇集于一个容器内。

（二）废水样类型

1. 瞬时废水样

对于生产工艺连续、稳定的工厂，所排放废水中的污染组分及浓度变化不大，瞬时水样具有较好的代表性。对于某些特殊情况，如废水中污染物质的平均浓度合格，而高峰排放浓度超标，这时也可间隔适当时间采集瞬时水样，并分别测定，将结果绘制成浓度－时间关系曲线，以得知高峰排放时污染物质的浓度；同时也可计算出平均浓度。

2. 平均废水样

由于工业废水的排放量和污染组分的浓度往往随时间起伏较大，为使监测结果具有代表性，需要增大采样和测定频率，但这势必增加工作量，此时比较好的办法是采集平均混合水样或平均比例混合水样。前者系指每隔相同时间采集等量废水样混合而成的水样，适于废水流量比较稳定的情况；后者系指在废水流量不稳定的情况下，在不同时间依照流量大小按比例采集的混合水样。有时需要同时采集几个排污口的废水样，并按比例混合，其监测结果代表采样时的综合排放浓度。

四、底质(沉积物)样品的采集

水、底质和水生生物组成了一个完整的水环境体系。底质能记录给定水环境的污染历史，反映难降解物质的积累情况，以及水体污染的潜在危险。底质的性质对水质、水生生物有着明显的影响，是天然水是否被污染及污染程度的重要标志。所以，底质样品的采集监测是水环境监测的重要组成部分。

底质监测断面的设置原则与水质监测断面相同，其位置应尽可能与水质监测断面相重合，以便于将沉积物的组成及其物理化学性质与水质监测情况进行比较。

由于底质比较稳定，受水文、气象条件影响较小，故采样频率远较水样低，一般每年枯水期采样 1 次，必要时可在丰水期增采 1 次。

底质样品采集量视监测项目、目的而定，一般为 1～2kg，如样品不易采集或测定项目较少时，可予酌减。

采集表层底质样品一般采用挖式(抓式)采样器或锥式采样器。前者适用于采样量较大的情况，后者适用于采样量少的情况。管式泥芯采样器用于采集柱状样品，以供监测底质中污染物质的垂直分布情况。如果水域水深小于 3m，可将竹竿粗的一端削成尖头斜面，插入床底采样。当水深小于 0.6m 时，可用长柄塑料勺直接采集表层底质。

五、采集水样注意事项

(1) 采样时不可搅动水底的沉积物。

(2) 采样时应保证采样点的位置准确。必要时使用定位仪(GPS)定位。

(3) 认真填写"水质采样记录表"，用签字笔或硬质铅笔在现场记录，字迹应端正、清晰，项目完整。

(4) 保证采样按时、准确、安全。

(5) 采样结束前，应核对采样计划、记录与水样，如有错误或遗漏，应立即补采或重采。

(6) 如采样现场水体很不均匀，无法采到有代表性的样品，则应详细记录不均匀的情况和实际采样情况，供使用该数据者参考。并将此现场情况向环境保护行政主管部门反映。

(7)测定油类的水样,应在水面至 300mm 采集柱状水样,并单独采样,全部用于测定。并且采样瓶(容器)不能用采集的水样冲洗。

(8)测溶解氧、生化需氧量和有机污染物等项目时,水样必须注满容器,上部不留空间,并封口。

(9)如果水样中含沉降性固体(如泥沙等),则应分离除去。分离方法为:将所采水样摇匀后倒入筒形玻璃容器(如 1～2L 量筒),静置 30 分钟,将不含沉降性固体但含有悬浮性固体的水样移入盛样容器并加入保存剂。测定水温、pH、DO、电导率、总悬浮物和油类的水样除外。

(10)测定湖库水的 COD、高锰酸盐指数、叶绿素 α、总氮、总磷时,水样静置 30 分钟后,用吸管一次或几次移取水样,吸管进水尖嘴应插至水样表层 50mm 以下位置,再加保存剂保存。

六、流量的测定

1. 流量计法
2. 容积法
3. 浮标法
4. 溢流堰法

七、水样的运输和保存

各种水质的水样,从采集到分析测定这段时间内,由于环境条件的改变,微生物新陈代谢活动和化学作用的影响,会引起水样某些物理参数及化学组分的变化。为将这些变化降低到最低程度,需要尽可能地缩短运输时间、尽快分析测定和采取必要的保护措施;有些项目必须在采样现场测定。

1. 水样的运输

对采集的每一个水样,都应做好记录,并在采样瓶上贴好标签,运送到实验室。在运输过程中,应注意以下几点:

(1)要塞紧采样容器器口塞子,必要时用封口胶、石蜡封口(测油类的水样不能用石蜡封口)。

(2)为避免水样在运输过程中因震动、碰撞导致损失或沾污,最好将样瓶装箱,并用泡沫塑料或纸条挤紧。

(3)需冷藏的样品,应配备专门的隔热容器,放入致冷剂,将样品瓶置于其中。

(4)冬季应采取保温措施,以免冻裂样品瓶。

2. 水样的保存

贮存水样的容器可能吸附欲测组分,或者沾污水样,因此要选择性能稳定、杂质含量低的材料制作的容器。常用的容器材质有硼硅玻璃、石英、聚乙烯和聚四氟乙烯。其中,石英和聚四氟乙烯杂质含量少,但价格昂贵,一般常规监测中广泛使用聚乙烯和硼硅玻璃材质的容器。不能及时运输或尽快分析的水样,则应根据不同监测项目的要求,采取适宜的保存方法。水样的运输时间,通常以 24 小时作为最大允许时间。保存水样的方法有以下几种:

(1)冷藏或冷冻法　冷藏或冷冻的作用是抑制微生物活动,减缓物理挥发和化学反应速度。

　　(2)加入化学试剂保存法

　　① 加入生物抑制剂：如在测定氨氮、硝酸盐氮、化学需氧量的水样中加入 $HgCl_2$，可抑制生物的氧化还原作用；对测定酚的水样，用 H_3PO_4 调至 pH 为 4 时，加入适量 $CuSO_4$，即可抑制苯酚菌的分解活动。

　　② 调节 pH 值：测定金属离子的水样常用 HNO_3 酸化至 pH 为 1～2，既可防止重金属离子水解沉淀，又可避免金属被器壁吸附；测定氰化物或挥发性酚的水样加入 NaOH 调至 pH 为 12 时，使之生成稳定的酚盐等。

　　③ 加入氧化剂或还原剂：如测定汞的水样需加入 HNO_3（至 pH＜1）和 $K_2Cr_2O_7$（0.05％），使汞保持高价态；测定硫化物的水样，加入抗坏血酸，可以防止被氧化；测定溶解氧的水样则需加入少量硫酸锰和碘化钾固定溶解氧（还原）等。

　　应当注意，加入的保存剂不能干扰以后的测定；保存剂的纯度最好是优级纯的，还应作相应的空白试验，对测定结果进行校正。

　　水样的保存期限与多种因素有关，如组分的稳定性、浓度、水样的污染程度等。表 2-6 列出了我国现行保存方法和保存期。

表 2-6　水样保存和容器的洗涤

项目	采样容器	保存剂及用量	保存期	采样量 (mL)[①]	容器洗涤
浊度*	G. P.		12h	250	I
色度*	G. P.		12h	250	I
pH*	G. P.		12h	250	I
电导*	G. P.		12h	250	I
悬浮物**	G. P.		14d	500	I
碱度**	G. P.		12h	500	I
酸度**	G. P.		30d	500	I
COD	G.	加 H_2SO_4，pH≤2	2d	500	I
高锰酸盐指数**	G.		2d	500	I
DO*	溶解氧瓶	加入硫酸锰，碱性 KI 叠氮化钠溶液，现场固定	24h	250	I
BOD_5**	溶解氧瓶		12h	250	I
TOC	G.	加 H_2SO_4，pH≤2	7d	250	I
F^-**	P.		14d	250	I
Cl^-**	G. P.		30d	250	I
Br^-**	G. P.		14h	250	I
I^-	G. P.	NaOH，pH=12	14h	250	I
SO_4^{2-}**	G. P.		30d	250	I

项目	采样容器	保存剂及用量	保存期	采样量 (mL)[①]	容器洗涤
PO_4^{3-}	G. P.	$NaOH,H_2SO_4$ 调 $pH=7,CHCl_3 0.5\%$	7d	250	IV
总磷	G. P.	$HCl,H_2SO_4,pH\leqslant 2$	24h	250	IV
氨氮	G. P.	$H_2SO_4,pH\leqslant 2$	24h	250	I
$NO_2^--N^{**}$	G. P.		24h	250	I
$NO_3^--N^{**}$	G. P.		24h	250	I
总氮	G. P.	$H_2SO_4,pH\leqslant 2$	7d	250	I
硫化物	G. P.	1L 水样加 NaOH 至 pH9,加入 5% 抗坏血酸 5mL,饱和 EDTA 3mL,滴加饱和 $Zn(AC)_2$ 至胶体产生,常温蔽光	24h	250	I
总氰	G. P.	$NaOH,pH\geqslant 9$	12h	250	I
Be	G. P.	HNO_3,1L 水样中加浓 HNO_3 10mL 14d 250	14d	250	III
B	P.	HNO_3,1L 水样中加浓 HNO_3 10mL 14d 250	14d	250	I
Na	P.	HNO_3,1L 水样中加浓 HNO_3 10mL 14d 250	14d	250	II
Mg	G. P.	HNO_3,1L 水样中加浓 HNO_3 10mL 14d 250	14d	250	II
K	P.	HNO_3,1L 水样中加浓 HNO_3 10mL 14d 250	14d	250	II
Ca	G. P.	HNO_3,1L 水样中加浓 HNO_3 10mL 14d 250	14d	250	II
Cr(VI)	G. P.	$NaOH,pH=8\sim 9$	14d	250	III
Mn	G. P.	HNO_3,1L 水样中加浓 HNO_3 10mL 14d 250	14d	250	III
Fe	G. P.	HNO_3,1L 水样中加浓 HNO_3 10mL 14d 250	14d	250	III
Ni	G. P.	HNO_3,1L 水样中加浓 HNO_3 10mL 14d 250	14d	250	III
Cu	P.	HNO_3,1L 水样中加浓 HNO_3 10mL[②]	14d	250	III
Zn	P.	HNO_3,1L 水样中加浓 HNO_3 10mL[②]	14d	250	III
As	G. P.	HNO_3,1L 水样中加浓 HNO_3 10mL,DDTC 法,HCl 2mL	14d	250	III
Se	G. P.	HCl,1L 水样中加浓 HCl 2mL	14d	250	III
Ag	G. P.	HNO_3,1L 水样中加浓 HNO_3 2mL	14d	250	III
Cd	G. P.	HNO_3,1L 水样中加浓 HNO_3 10mL[②]	14d	250	III
Sb	G. P.	HCl,0.2%(氢化物法)	14d	250	III
Hg	G. P.	HCl 1% 如水样为中性,1L 水样中加浓 HCl 10mL	14d	250	III
Pb	G. P.	HNO_3,1% 如水样为中性,1L 水样中加浓 HNO_3 10mL[②]	14d	250	III
油类	G	加入 HCl 至 $pH\leqslant 2$	7d	250	II

项目	采样容器	保存剂及用量	保存期	采样量(mL)①	容器洗涤
农药类**	G	加入抗坏血酸0.01~0.02g除去残余氯	24h	1000	Ⅰ
除草剂类**	G	(同上)	24h	1000	Ⅰ
邻苯二甲酸酯类**	G	(同上)	24h	1000	Ⅰ
挥发性有机物**	G	用1+10HCl调至pH=2,加入0.01~0.02抗坏血酸除去残余氯	12h	1000	Ⅰ
甲醛**	G	加入0.2~0.5g/L硫代硫酸钠除去残余氯	24h	250	Ⅰ
酚类**	G	用H₃PO₄调至pH=2,用0.01~0.02g抗坏血酸除去残余氯	24h	1000	Ⅰ
阴离子表面活性剂	G.P.		24h	250	Ⅳ
微生物**	G.	加入硫代硫酸钠至0.2~0.5g/L除去残余物,4℃保存	12h	250	Ⅰ
生物**	G.P.	不能现场测定时用甲醛固定	12h	250	Ⅰ

注：(1)*表示应尽量作现场测定；**低温(0℃~4℃)避光保存。

(2)G为硬质玻璃瓶；P为聚乙烯瓶(桶)。

(3)①为单项样品的最少采样量；②如用溶出伏安法测定,可改用1L水样中加19mL浓HClO₄。

(4)Ⅰ,Ⅱ,Ⅲ,Ⅳ表示四种洗涤方法,具体如下：

Ⅰ:洗涤剂洗一次,自来水三次,蒸馏水一次;

Ⅱ:洗涤剂洗一次,自来水洗二次,1+3 HNO₃荡洗一次,自来水洗三次,蒸馏水一次;

Ⅲ:洗涤剂洗一次,自来水洗二次,1+3 HNO₃荡洗一次,自来水洗三次,去离子水一次;

Ⅳ:铬酸洗液洗一次,自来水洗三次,蒸馏水洗一次。

如果采集污水样品可省去蒸馏水、去离子水清洗的步骤。

(5)经160℃干热灭菌2h的微生物、生物采样容器,必须在两周内使用,否则应重新灭菌;经121℃高压蒸气灭菌15min的采样容器,如不立即使用,应于60℃将瓶内冷凝水烘干,两周内使用。细菌监测项目采样时不能用水样冲洗采样容器,不能采混合水样,应单独采样后2h内送实验室分析。

任务三　水样的预处理

在水质监测工作中,由于各种水样都含有有机物质,组分复杂,并且多数污染组分含量低,存在形式各异,所以在测试前通常需要对样品进行预处理,以破坏有机物,得到适合于测定方法要求的成分、形态、浓度,并消除共存组分干扰的试样体系。常见预处理有水样的消解、富集与分离。

一、水样的消解

当测定含有机物水样中的无机元素时,需进行消解处理。消解处理的目的是破坏有机物,溶解悬浮性固性,将各种价态的欲测元素氧化成单一高价态或转变成易于分离的无机化合物。消解后的水样应清澈、透明、无沉淀。消解水样的方法有湿式消解法和干式分解法

(干灰化法)。

(一)湿式消解法

1.硝酸消解法

对于较清洁的水样,可用硝酸消解。其方法要点是:取混匀的水样 50～200mL 于烧杯中,加入 5～10mL 浓硝酸,在电热板上加热煮沸,蒸发至小体积,试液应清澈透明,呈浅色或无色,否则,应补加硝酸继续消解。蒸至近干,取下烧杯,稍冷后加 2％HNO₃(或 HCl) 20mL,温热溶解可溶盐。若有沉淀,应过滤,滤液冷至室温后于 50mL 容量瓶中定容,备用。

2.硝酸－高氯酸消解法

两种酸都是强氧化性酸,联合使用可消解含难氧化有机物的水样。方法要点是:取适量水样于烧杯或锥形瓶中,加 5～10mL 硝酸,在电热板上加热、消解至大部分有机物被分解。取下烧杯,稍冷,加 2～5mL 高氯酸,继续加热至开始冒白烟,如试液呈深色,再补加硝酸,继续加热至冒浓厚白烟将尽(不可蒸至干涸)。取下烧杯冷却,用 2％HNO₃溶解,如有沉淀,应过滤,滤液冷至室温定容备用。因为高氯酸能与羟基化合物反应生成不稳定的高氯酸酯,有发生爆炸的危险,故先加入硝酸,氧化水样中的羟基化合物,稍冷后再加高氯酸处理。

3.硝酸－硫酸消解法

两种酸都有较强的氧化能力,其中硝酸沸点低,而硫酸沸点高,两者结合使用,可提高消解温度和消解效果。常用的硝酸与硫酸的比例为 5∶2。消解时,先将硝酸加入水样中,加热蒸发至小体积,稍冷,再加入硫酸、硝酸,继续加热蒸发至冒大量白烟,冷却,加适量水,温热溶解可溶盐,若有沉淀,应过滤。为提高消解效果,常加入少量过氧化氢。该方法不适用于处理测定易生成难溶硫酸盐组分(如铅、钡、锶)的水样。

4.硫酸－磷酸消解法

两种酸的沸点都比较高,其中,硫酸氧化性较强,磷酸能与一些金属离子如 Fe³⁺ 等络合,故两者结合消解水样,有利于测定时消除 Fe³⁺ 等离子的干扰。

5.硫酸－高锰酸钾消解法

该方法常用于消解测定汞的水样。高锰酸钾是强氧化剂,在中性、碱性、酸性条件下都可以氧化有机物,其氧化产物多为草酸根,但在酸性介质中还可继续氧化。消解要点是:取适量水样,加适量硫酸和 5％高锰酸钾,混匀后加热煮沸,冷却,滴加盐酸羟胺溶液破坏过量的高锰酸钾。

6.多元消解方法

为提高消解效果,在某些情况下需要采用三元以上酸或氧化剂消解体系。例如,处理测总铬的水样时,用硫酸、磷酸和高锰酸钾消解。

7.碱分解法

当用酸体系消解水样造成易挥发组分损失时,可改用碱分解法,即在水样中加入氢氧化钠和过氧化氢溶液,或者氨水和过氧化氢溶液,加热煮沸至近干,用水或稀碱溶液温热溶解。

(二)干灰化法

干灰化法又称高温分解法。其处理过程是:取适量水样于白瓷或石英蒸发皿中,置于水浴上蒸干,移入马弗炉内,于 450～550℃灼烧到残渣呈灰白色,使有机物完全分解除去。取出蒸发皿,冷却,用适量 2％HNO₃(或 HCl)溶解样品灰分,过滤,滤液定容后供测定。本方法不适用于处理测定易挥发组分(如砷、汞、镉、硒、锡等)的水样。

二、富集与分离

当水样中的欲测组分含量低于分析方法的检测限时,就必须进行富集或浓缩;当有共存干扰组分时,就必须采取分离或掩蔽措施。富集和分离往往是不可分割、同时进行的。常用的方法有过滤、挥发、蒸馏、溶剂萃取、离子交换、吸附、共沉淀、层析、低温浓缩等,要结合具体情况选择使用。

(一)挥发、蒸发和蒸馏法

挥发分离法是利用某些污染组分挥发度大,或者将欲测组分转变成易挥发物质,然后用惰性气体带出而达到分离的目的。例如,用冷原子荧光法测定水样中的汞时,先将汞离子用氯化亚锡还原为原子态汞,再利用汞易挥发的性质,通入惰性气体将其带出并送入仪器测定;用分光光度法测定水中的硫化物时,先使之在磷酸介质中生成硫化氢,再用惰性气体载入乙酸锌-乙酸钠溶液吸收,从而达到与母液分离的目的。测定废水中的砷时,将其转变成砷化氢气体(H_3As),用吸收液吸收后供分光光度法测定。

蒸发浓缩是指在电热板上或水浴中加热水样,使水分缓慢蒸发,达到缩小水样体积,浓缩欲测组分的目的。该方法无需化学处理,简单易行,尽管存在缓慢、易吸附损失等缺点,但无更适宜的富集方法时仍可采用。据有关资料介绍,用这种方法浓缩饮用水样,可使铬、锂、钴、铜、锰、铅、铁和钡的浓度提高 30 倍。

蒸馏法是利用水样中各污染组分具有不同的沸点而使其彼此分离的方法。测定水样中的挥发酚、氰化物、氟化物时,均需先在酸性介质中进行预蒸馏分离。在此,蒸馏具有消解、富集和分离三种作用。氟化物可用直接蒸馏装置,也可用水蒸气蒸馏装置;后者虽然对控温要求较严格,但排除干扰效果好,不易发生暴沸,使用较安全。测定水中的氨氮时,需在微碱性介质中进行预蒸馏分离。

(二)离子交换法

离子交换是利用离子交换剂与溶液中的离子发生交换反应进行分离的方法。离子交换剂可分为无机离子交换剂和有机离子交换剂,目前广泛应用的是有机离子交换剂,即离子交换树脂。离子交换树脂是可渗透的三维网状高分子聚合物,在网状结构的骨架上含有可电离的、或可被交换的阳离子或阴离子活性基团。用离子交换树脂进行分离的操作程序如下:

1.交换柱的制备

如分离阳离子,则选择强酸性阳离子交换树脂。首先将其在稀盐酸中浸泡,以除去杂质并使之溶胀和完全转变成 H 式,然后用蒸馏水洗至中性,装入充满蒸馏水的交换柱中;注意防止气泡进入树脂层。需要其他类型的树脂,均可用相应的溶液处理。如用 NaCl 溶液处理强酸性树脂,可转变成 Na 型;用 NaOH 溶液处理强碱性树脂,可转变成 OH 型等。

2.交换

将试液以适宜的流速倾入交换柱,则欲分离离子从上到下一层层地发生交换过程。交换完毕,用蒸馏水洗涤,洗下残留的溶液及交换过程中形成酸、碱或盐类等。

3.洗脱

将洗脱溶液以适宜速度倾入洗净的交换柱,洗下交换在树脂上的离子,达到分离的目的。对阳离子交换树脂,常用盐酸溶液作为洗脱液;对阴离子交换树脂,常用盐酸溶液、氯化钠或氢氧化钠溶液作洗脱液。对于分配系数相近的离子,可用含有机络合剂或有机溶剂的洗脱液,以提高洗脱过程的选择性。

（三）共沉淀法

共沉淀系指溶液中一种难溶化合物在形成沉淀过程中,将共存的某些痕量组分一起载带沉淀出来的现象。共沉淀现象在常量分离和分析中是力图避免的,但却是一种分离富集微量组分的手段。例如,在形成硫酸铜沉淀的过程中,可使水样中浓度低至 $0.02\mu g/L$ 的 Hg^{2+} 共沉淀出来。共沉淀的原理基于表面吸附、形成混晶、异电核胶态物质相互作用及包藏等。

1.利用吸附作用的共沉淀分离

该方法常用的载体有 $Fe(OH)_3$、$Al(OH)_3$、$Mn(OH)_2$ 及硫化物等。由于它们是表面积大、吸附力强的非晶形胶体沉淀,故吸附和富集效率高。例如,分离含铜溶液中的微量铝,仅加氨水不能使铝以 $Al(OH)_3$ 沉淀析出,若加入适量 Fe^{3+} 和氨水,则利用生成的 $Fe(OH)_3$ 沉淀作载体,吸附 $Al(OH)_3$ 转入沉淀,与溶液中的 $Cu(NH_3)_4^{2+}$ 分离;用吸光光度法测定水样中的 Cr^{6+} 时,当水样有色、浑浊、Fe^{3+} 含量低于 $200mg/L$ 时,可于 pH 8～9 条件下用氢氧化锌作共沉淀剂吸附分离干扰物质。

2.利用生成混晶的共沉淀分离

当欲分离微量组分及沉淀剂组分生成沉淀时,如具有相似的晶格,就可能生成混晶而共同析出。例如,硫酸铅和硫酸锶的晶形相同,如分离水样中的痕量 Pb^{2+},可加入适量 Sr^{2+} 和过量可溶性硫酸盐,则生成 $PbSO_4$—$SrSO_4$ 的混晶,将 Pb^{2+} 共沉淀出来。有资料介绍,以 $SrSO_4$ 作载体,可以富集海水中 10^{-8} 的 Cd^{2+}。

3.用有机共沉淀剂进行共沉淀分离

有机共沉淀剂的选择性较无机沉淀剂高,得到的沉淀也较纯净,并且通过灼烧可除去有机共沉淀剂,留下欲测元素。例如,在含痕量 Zn^{2+} 的弱酸性溶液中,加入硫氰酸铵和甲基紫,由于甲基紫在溶液中电离成带正电荷的大阳离子 B^+,它们之间发生如下共沉淀反应:

$$Zn^{2+} + 4SCN^- \Longrightarrow Zn(SCN)_4^{2-}$$

$$2B^+ + Zn(SCN)_4^{2-} \Longrightarrow B_2Zn(SCN)_4（形成缔合物）$$

$$B^+ + SCN^- \Longrightarrow BSCN\downarrow（形成载体）$$

$B_2Zn(SCN)_4$ 与 BSCN 发生共沉淀,因而将痕量 Zn^{2+} 富集于沉淀之中。又如,痕量 Ni^{2+} 与丁二酮肟生成螯合物,分散在溶液中,若加入丁二酮肟二烷酯(难溶于水)的乙醇溶液,则析出固相的丁二酮肟二烷酯,便将丁二酮肟镍螯合物共沉淀出来。丁二酮肟二烷酯只起载体作用,称为惰性共沉淀剂。

（四）吸附法

吸附是利用多孔性的固体吸附剂将水样中一种或数种组分吸附于表面,以达到分离的目的。常用的吸附剂有活性炭、疏基棉、大网状树脂等。被吸附富集于吸附剂表面的污染组分,可用有机溶剂或加热解吸后供测定。比如用紫外分光光度法测水中硝酸氮,就可采用大孔树脂吸附预处理,以得到合适的测试样品。

（五）冷冻浓缩法

冷冻浓缩法是取已除去悬浮物的水样,使其缓慢冻结,随之析出相对纯净和透明的冰晶,水样中的溶质保留在剩余的液体部分中,残留的溶液逐渐浓缩,液体中污染物浓度会相应增加。采用这种技术可将几十毫升到几升的溶液浓缩大约 $10～100$ 倍。

冷冻法并不复杂,但是必须注意操作技术,以免出现各种不透明冰晶而失败或降低回收率。冷冻需全程搅拌,避免过冷现象,避免瞬间产生大量树枝状疏松冰;4h 左右使 1L 水样浓缩至 5~6mL 是较理想的冷冻速度。冷冻完成后,浓缩水样用注射器析出,如将水样完全回收,可采用水洗法洗涤冰穴表面,可以提高 3% 的回收率;采用热风吹洗,可提高 5% 的回收率。

任务四　物理指标的测定

一、水温的测定

水的许多物理化学性质与水温有密切关系,如密度、黏度、盐度、pH 值、气体的溶解度、化学和生物化学反应速率以及生物活动等都受水温变化的影响。水温的测量对水体自净、热污染判断及水处理过程的运转控制等都具有重要的意义。

水的温度因水源不同而有很大差异。一般来说,地下水温度比较稳定,通常为 8~12℃;地面水随季节和气候变化较大,大致变化范围为 0~30℃。工业废水的温度因工业类型、生产工艺不同有很大差别。

水温测量应在现场进行。常用的测量仪器有水温计、颠倒温度计和热敏电阻温度计。各种温度计应定期校核。

(一)水温计法

水温计是安装于金属半圆槽壳内的水银温度表,下端连接一金属贮水杯,温度表水银球部悬于杯中,其顶端的槽壳带一圆环,拴以一定长度的绳子。测温范围通常为 -6~41℃,最小分度为 0.2℃。测量时将其插入一定深度的水中,放置 5min 后,迅速提出水面并读数。

(二)深水温度计法

深水温度计的构造与水温计相似。储水杯较大,并有上、下活门,利用其放入水中和提升时自动开启和关闭,使筒内装满水样。测量范围,-2~40℃,分度值为 0.2℃。适用范围,水深 40m 以内的水温测量。

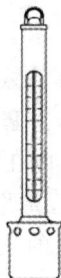

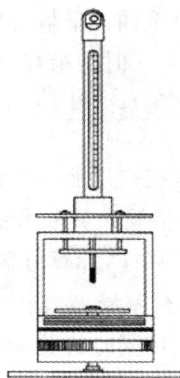

图 2.6　水温计　　　　图 2.7　深水温度计　　　　图 2.8　颠倒温度计

(三)颠倒温度计法

颠倒温度计用于测量深层水温度,一般装在采水器上使用。它由主温表和辅温表构成。

主温表是双端式水银温度计,用于观测水温;辅温表为普通水银温度计,用于观测读取水温时的气温,以校正因环境温度改变而引起的主温表读数的变化。测量时,将其沉入预定深度水层,感温 7min,提出水面后立即读数,并根据主、辅温度表的读数,用海洋常数表进行校正。水温表和颠倒温度表应定期校核。

二、臭和味

清洁的地表水、地下水和生活饮用水都要求不得有异臭、异味,而被污染的水往往会有异臭、异味。水中异臭和异味主要来源于工业废水和生活污水中的污染物、天然物质的分解或与之有关的微生物活动等。

无臭无味的水虽然不能保证不含污染物,但有利于使用者对水质的信任,也是人类对水的美学评价的感官指标。其主要测定方法有定性描述法和阈值法。

(一)定性描述法

这种检验方法的要点是:取 100mL 水样于 250mL 锥形瓶中,检验人员依靠自己的嗅觉,分别在 20℃和煮沸稍冷后闻其臭,用适当的词语描述其臭特征,并按表 2-7 划分的等级报告臭强度。

表 2-7　臭强度等级

等级	强度	说　　明
0	无	无任何气味
1	微弱	一般饮用者难于察觉,嗅觉敏感者可以察觉
2	弱	一般饮用者刚能察觉
3	明显	已能明显察觉,不加处理,不能饮用
4	强有	很明显的臭味
5	很强	有强烈的恶臭

(二)臭阈值法

该方法是用无臭水稀释水样,直至闻出最低可辨别臭气的浓度(称"臭阈浓度"),用其表示臭的阈限。水样稀释到刚好闻出臭味时的稀释倍数称为"臭阈值",即

$$臭阈值 = \frac{水样体积(mL) + 无臭水体积(mL)}{水样体积(mL)}$$

检验操作要点:用水样和无臭水在锥形瓶中配制水样稀释系列(稀释倍数不要让检验人员知道),在水浴上加热至 60±1℃;检验人员取出锥形瓶,振荡 2~3 次,去塞,闻其臭气,与无臭水比较,确定刚好闻出臭气的稀释样,计算臭阈值。如水样含余氯,应在脱氯前后各检验一次。由于检验人员嗅觉敏感性有差异,对同一水样稀释系列的检验结果会不一致,因此,一般选择 5 名以上嗅觉敏感的人员同时检验,取各检臭人员检验结果的几何均值作为代表值。检臭人员的嗅觉灵敏程度可用邻甲酚或正丁醇测试,嗅觉迟钝者不能入选。在检验前,必须避免外来气味的刺激。

三、色度的测定

颜色、浊度、悬浮物等都是反映水体外观的指标。纯水为无色透明,天然水中存在腐殖

质、泥土、浮游生物和无机矿物质,使其呈现一定的颜色。工业废水含有染料、生物色素、有色悬浮物等,是环境水体着色的主要来源。有颜色的水可减弱水体的透光性,影响水生生物生长。

水的颜色可分为真色和表色两种。真色是指去除悬浮物后水的颜色;没有去除悬浮物的水所具有的颜色称为表色。对于清洁或浊度很低的水,其真色和表色相近;对于着色很深的工业废水,二者差别较大。水的色度一般是指真色而言。水的颜色常用以下方法测定:

(一)铂钴标准比色法

本方法是用氯铂酸钾与氯化钴配成标准色列,再与水样进行目视比色确定水样的色度。规定每升水中含 1mg 铂和 0.5mg 钴所具有的颜色为 1 度,作为标准色度单位。测定时如果水样浑浊,则应放置澄清,也可用离心法或用孔径 $0.45\mu m$ 滤膜过滤去除悬浮物,但不能用滤纸过滤。

该方法适用于较清洁的、带有黄色色调的天然水和饮用水的测定。如果水样中有泥土或其他分散很细的悬浮物,用澄清、离心等方法处理仍不透明时,则测定“表色”。

(二)稀释倍数法

该方法适用于受工业废水污染的地面水和工业废水颜色的测定。测定时,首先用文字描述水样颜色的种类和深浅程度,如深蓝色、棕黄色、暗黑色等。然后取一定量水样,用蒸馏水稀释到刚好看不到颜色,根据稀释倍数表示该水样的色度。

所取水样应无树叶、枯枝等杂物;取样后应尽快测定,否则,于 4℃ 保存并在 48 小时内测定。

还可以用国际照明委员会(CIE)制订的分光光度法测定水样的色度,其结果可定量地描述颜色的特征。

四、浊度的测定

浊度是反映水中的不溶解物质对光线透过时阻碍程度的指标,通常仅用于天然水和饮用水,而污水和废水中不溶物质含量高,一般要求测定悬浮物。测定浊度的方法有目视比浊法、分光光度法、浊度计法等。

(一)目视比浊法

1.方法原理

将水样与用精制的硅藻土(或白陶土)配制的系列浊度标准溶液进行比较,来确定水样的浊度。规定 1000mL 水中含 1mg 一定粒度的硅藻土所产生的浊度为一个浊度单位,简称“度”。

2.测定要点

(1)用通过 0.1mm 筛孔(150 目),并经烘干的硅藻土和蒸馏水配制浊度标准贮备液。

(2)视水样浊度高低,用浊度标准贮备液和具塞比色管或具塞无色玻璃瓶配系列浊度标准溶液。

(3)取与系列浊度标准溶液等体积的摇匀水样或稀释水样,置于与之同规格的比浊器皿中,与系列浊度标准溶液比较,选出与水样产生视觉效果相近的标准液,即为水样的浊度。如用稀释水样,测得浊度应再乘以稀释倍数。

（二）分光光度法

1. 方法原理

将一定量的硫酸肼与六次甲基四胺聚合，生成白色高分子聚合物，以此作为浊度标准溶液，在一定条件下与水样浊度比较。

2. 测定

用硫酸肼和六次甲基四胺配制浊度标准色列，在 680nm 处测定吸光度，绘制吸光度—浊度标准曲线，再测水样的吸光度，即可从标准曲线上查得水样浊度。如水样经过稀释，要换算成原水样的浊度。

（三）浊度计测定法

浊度计是依据浑浊液对光进行散射或透射的原理制成的测定水体浊度的专用仪器，一般用于水体浊度的连续自动测定。

五、透明度

透明度是指水样的澄清程度，洁净的水是透明的。透明度与浊度相反，水中悬浮物和胶体颗粒物越多，其透明度就越低。测定透明度的方法有铅字法、塞氏盘法、十字法等。

（一）铅字法

该法为检验人员从透明度计的筒口垂直向下观察，刚好能清楚地辨认出其底部的标准铅字印刷符号时的水柱高度为该水的透明度，并以厘米数表示。超过 30cm 时为透明水。透明度计是一种长 33cm，内径 2.5cm 的具有刻度的玻璃筒，筒底有一磨光玻璃片。

该方法由于受检验人员的主观影响较大，在保证照明等条件尽可能一致的情况下，应取多次或数人测定结果的平均值。它适用于天然水或处理后的水。

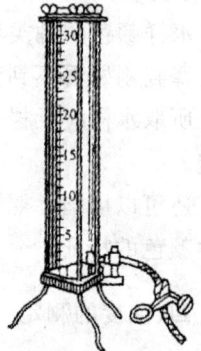

图 2.9　透明度计

（二）塞氏盘法

这是一种现场测定透明度的方法。塞氏盘为直径 200mm、黑白各半的圆盘，将其沉入水中，以刚好看不到它时的水深（cm）表示透明度。

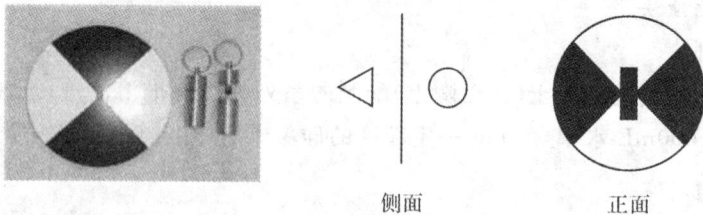

侧面　　　　　　正面

图 2.10　塞氏盘结构及实物图

（三）十字法

在内径为 30mm，长为 0.5 或 1.0m 的具刻度玻璃筒的底部放一白瓷片，片中部有宽度为 1mm 的黑色十字和四个直径为 1mm 的黑点。将混匀的水样倒入筒内，从筒下部徐徐放水，直至明显地看到十字，而看不到四个黑点为止，以此时水柱高度（cm）表示透明度。当高度达 1m 以上时即算透明。

六、残渣的测定

残渣分为总残渣、总可滤残渣和总不可滤残渣三种。它们是表征水中溶解性物质、不溶性物质含量的指标。

(一)总残渣

总残渣是水和废水在一定的温度下蒸发、烘干后剩余的物质,包括总不可滤残渣和总可滤残渣。其测定方法是取适量(如 50mL)振荡均匀的水样于称至恒重的蒸发皿中,在蒸汽浴或水浴上蒸干,移入 103～105℃烘箱内烘至恒重,增加的重量即为总残渣。计算式如下:

$$总残渣(mg/L) = \frac{(A-B) \times 1000 \times 1000}{V}$$

式中:A—总残渣和蒸发皿重,g;

　　　B—蒸发皿重,g;

　　　V—水样体积,mL。

(二)总可滤残渣

总可滤残渣量是指将过滤后的水样放在称至恒重的蒸发皿内蒸干,再在一定温度下烘至恒重所增加的重量。一般测定 103～105℃烘干的总可滤残渣,但有时要求测定 180±2℃烘干总可滤残渣。水样在此温度下烘干,可将吸着水全部赶尽,所得结果与化学分析结果所计算的总矿物质含量较接近。计算方法同总残渣。

(三)总不可滤残渣(悬浮物,SS)

水样经过滤后留在过滤器上的固体物质,于 103～105℃烘至恒重得到的物质量称为总不可滤残渣量。它包括不溶于水的泥砂、各种污染物、微生物及难溶无机物等。常用的滤器有滤纸、滤膜、石棉坩埚。由于它们的滤孔大小不一致,故报告结果时应注明。石棉坩埚通常用于过滤酸或碱浓度高的水样。

地面水中存在悬浮物,使水体浑浊,透明度降低,影响水生生物呼吸和代谢;工业废水和生活污水含大量无机、有机悬浮物,易堵塞管道、污染环境,因此,为必测指标。

七、电导率

电导率表示溶液传导电流能力的大小。电导率与溶液中离子含量大致成比例的变化,同时它还与离子的种类、价态、总浓度,溶液的温度和黏度等有关。不同类型的水有不同的电导率。新鲜蒸馏水的电导率为 0.5～2μS/cm,但放置一段时间后,因吸收了 CO_2,增加到 2～4μS/cm;超纯水的电导率小于 0.10μS/cm;天然水的电导率多在 50～500μS/cm 之间,矿化水可达 500～1000μS/cm;含酸、碱、盐的工业废水电导率往往超过 10000μS/cm;海水的电导率约为 30000μS/cm。

水样的电导率可用电导率仪(或电导仪)测定,操作方便,可直接读数。有关仪器的操作方法可参见仪器说明书。需要注意的是:电导率的测定通常在 25℃进行,如果温度不是 25℃,则需要进行温度校正。此外,水样采集后应尽快测定电导率,水样中如含有粗大悬浮物、油脂等杂质会干扰测定,应预先过滤或萃取除去。

八、矿化度

矿化度是水化学成分测定的重要指标,用于评价水中总含盐量,是农田灌溉用水适用性评价的主要指标之一。该指标一般只用于天然水。对无污染的水样,测得的矿化度值与该水样在 103～105℃ 时烘干的总可滤残渣量值相近。

矿化度的测定方法有重量法、电导法、阴、阳离子加和法、离子交换法、比重计法等。重量法含意明确,是较简单、通用的方法。

重量法测定原理是取适量经过滤除去悬浮物及沉降物的水样于已称至恒重的蒸发皿中,在水浴上蒸干,加过氧化氢除去有机物并蒸干,移至 105～110℃ 烘箱中烘干至恒重,计算出矿化度(mg/L)。

任务五　金属化合物的测定

水体中的金属元素有些是人体健康必需的常量元素和微量元素,有些是有害于人体健康的,如汞、镉、铬、铅、铜、锌、镍、钡、钒、砷等。受"三废"污染的地面水和工业废水中有害金属化合物的含量往往明显增加。

有害金属侵入人的肌体后,将会使某些酶失去活性而出现不同程度的中毒症状。其毒性大小与金属种类、理化性质、浓度及存在的价态和形态有关。例如,汞、铅、镉、铬(Ⅵ)及其化合物是对人体健康产生长远影响的有害金属;汞、铅、砷、锡等金属的有机化合物比相应的无机化合物毒性要强得多;可溶性金属要比颗粒态金属毒性大;六价铬比三价铬毒性大等等。

由于金属以不同形态存在时其毒性大小不同,所以可以分别测定可过滤金属、不可过滤金属和金属总量。可过滤态系指能通过孔径 $0.45\mu m$ 滤膜的部分;不可过滤态系指不能通过 $0.45\mu m$ 微孔滤膜的部分,金属总量是不经过滤的水样经消解后测得的金属含量,应是可过滤金属与不可过滤的金属之和。

测定水体中金属元素广泛采用的方法有分光光度法、原子吸收分光光度法、阳极溶出伏安法及容量法,尤以前两种方法用得最多;容量法用于常量金属的测定。

下面介绍几种代表性的有害金属的测定。

一、汞

汞及其化合物属于剧毒物质,特别是有机汞化合物,主要来源于金属冶炼、仪器仪表制造、颜料、塑料、食盐电解及军工等废水。天然水中含汞极少,一般不超过 $0.1\mu g/L$;我国饮用水标准限值为 $0.001mg/L$。

(一)冷原子吸收法

该方法适用于各种水体中汞的测定,其最低检测浓度为 $0.1～0.5\mu g/L$。

1.方法原理

汞原子蒸气对 253.7nm 的紫外光有选择性吸收。在一定浓度范围内,吸光度与汞浓度成正比。

水样中的汞化物在硫酸—硝酸介质及加热条件下,用高锰酸钾和过硫酸钾将试样消解,或用溴酸钾和溴化钾化混合试剂,在 20℃ 以上室温和 $0.6～2.0mol/L$ 的酸性介质中产生溴,将试样消解,使试样中所含汞全部转化为二价汞。用盐酸羟胺将过剩的氧化剂还原,再用氯化亚锡将二价汞还原成金属汞。在室温时通入空气或氮气流将金属汞气化,载入冷原子吸收测汞仪,测量吸光度,求得试样中汞的含量。

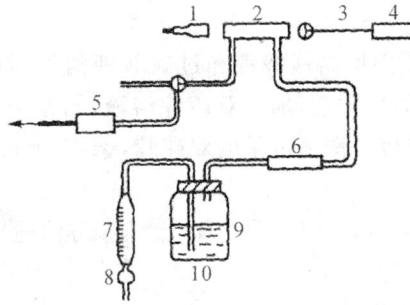

1—汞灯;2—吸收池;3—检测池;4—记录仪;5—除汞装置;
6—干燥管;7—流量计;8—空气泵;9—还原瓶;10—试样

图 2.11　测汞仪原理示意图

上图为一种冷原子吸收测汞仪的工作流程。低压汞灯辐射 253.7nm 紫外光,经紫外光滤光片射入吸收池,则部分被试样中还原释放出的汞蒸气吸收,剩余紫外光经石英透镜聚焦于光电倍增管上,产生的光电流经电子放大系统放大,送入指示表指示或记录仪记录。当指示表刻度用标准样校准后,可直接读出汞浓度。汞蒸气发生气路是:抽气泵将载气(空气或氮气)抽入盛有经预处理的水样和氯化亚锡的还原瓶,在此产生汞蒸气并随载气经分子筛瓶除水蒸气后进入吸收池测其吸光度,然后经流量汁、脱汞阱(吸收废气中的汞)排出。

2.测定要点

(1) 水样预处理:在硫酸—硝酸介质中,加入高锰酸钾和过硫酸钾溶液消解水样,也可以用溴酸钾—溴化钾混合试剂在酸性介质中于 20℃以上室温消解水样。过剩的氧化剂在临测定前用盐酸羟胺溶液还原。

(2) 绘制标准曲线:依照水样介质条件,配制系列汞标准溶液。分别吸取适量汞标准溶液于还原瓶内,加入氯化亚锡溶液,迅速通入载气,记录表头的最高指示值或记录仪上的峰值。以经过空白校正的各测量值(吸光度)为纵坐标,相应标准溶液的汞浓度为横坐标,绘制出标准曲线。

(3)水样的测定:取适量处理好的水样于还原瓶中,按照标准溶液测定方法测其吸光度,经空白校正后,从标准曲线上查得汞浓度,再乘以样品的稀释倍数,即得水样中汞浓度。

(二)冷原子荧光法

该方法是将水样中的汞离子还原为基态汞原子蒸气,吸收 253.7nm 的紫外光后,被激发而产生特征共振荧光,在一定的测量条件下和较低的浓度范围内,荧光强度与汞浓度成正比。

方法最低检出浓度为 $0.05\mu g/L$,测定上限可达 $1\mu g/L$,且干扰因素少,适用于地面水、生活污水和工业废水的测定。

冷原子荧光测汞仪的工作原理与冷原子吸收测汞仪相比,不同之处在于后者是测定特征紫外光在吸收池中被汞蒸气吸收后的透射光强,而冷原子荧光测定仪是测定吸收池中的汞原子蒸气吸收特征紫外光后被激发后所发射的特征荧光(波长较紫外光长)强度,其光电倍增管必须放在与吸收池相垂直的方向上。

（三）双硫腙分光光度法

1. 方法原理

水样于95℃,在酸性介质中用高锰酸钾和过硫酸钾消解,将无机汞和有机汞转变为二价汞。用盐酸羟胺还原过剩的氧化剂,加入双硫腙溶液,与汞离子生成橙色螯合物,用三氯甲烷或四氯化碳萃取,再用碱溶液洗去过量的双硫腙,于485nm波长处测定吸光度,以标准曲线法定量。

汞的最低检出浓度为2μg/L,测定上限为40μg/L。方法适用于工业废水和受汞污染的地面水的监测。

2. 测定条件控制及消除干扰

该方法对测定条件控制要求较严格。例如,加盐酸羟胺不能过量;对试剂纯度要求高,特别是双硫腙的纯化,对提高双硫腙汞有色螯合物的稳定性和分析准确度极为重要;有色络合物对光敏感,要求避光或在半暗室里操作等。

在酸性介质中测定,常见干扰物主要是铜离子,可在双硫腙洗脱液中加入1%(M/V)EDTA二钠盐进行掩蔽。

还应注意,因汞是极毒物质,对双硫腙的三氯甲烷萃取液,应加入硫酸破坏有色螯合物,并与其他杂质一起随水相分离后,加入氢氧化钠溶液中和至微碱性,再于搅拌下加入硫化钠溶液,使汞沉淀完全,沉淀物予以回收或进行其他处理。有机相经除酸和水,蒸馏回收三氯甲烷。

二、镉

镉的毒性很强,可在人体的肝、肾等组织中蓄积,造成各脏器组织的损坏,尤以对肾脏损害最为明显,还可以导致骨质疏松和软化,诱发癌症。我国生活饮用水卫生标准规定镉的浓度不能超过0.005mg/L。

镉的主要污染源是电镀、采矿、冶炼、染料、电池和化学工业等排放的废水。

测定镉的主要方法有原子吸收分光光度法、双硫腙分光光度法、阳极溶出伏安法和电感耦合等离子体发射光谱法。

（一）原子吸收分光光度法

原子吸收分光光度法又称原子吸收光谱分析,简称原子吸收分析(以AAS表示)。由锐线光源发射的特征谱线穿越被测水样的原子蒸气时,由于镉原子的选择性吸收而使入射光强度与透射光强度产生差异,可用标准曲线法或标准加入法测定水样的吸光度,求其中镉的浓度。

（二）双硫腙分光光度法

1. 原理

在强碱性溶液中,镉离子与双硫腙生成红色螯合物,用三氯甲烷萃取分离后,在518nm波长处测定吸光度,用标准曲线法求水中镉的含量。

2. 测定条件及干扰消除

该方法适于受镉污染的天然水和各种污水,最低检出限(100mL水样,20mm比色皿)为0.001mg/L,测定上限为0.06mg/L。

测定前水样应用硝酸—硫酸混合液消解处理。应注意:钙离子浓度高于1000mg/L时会抑制镉吸收;镁离子浓度达 20mg/L 时,需多加酒石酸钾钠作掩蔽剂;铁含量高于 5mg/L 时应用碘化钾—甲基异丁基酮萃取体系,萃取时避免日光直射及远离热源;若水样中有氯化钠存在时,每 20μg 水样应加入 5% 磷酸钠溶液 10μL 消除基体效应的影响;水样中镉含量高于 10μg 时,取水量改为 25 或 50mL;双硫腙必须提纯使用。

三、铬

铬化合物的常见价态有三价和六价。在水体中,六价铬一般以 CrO_4^{2-}、$HCr_2O_7^-$、$Cr_2O_7^{2-}$ 三种阴离子形式存在,受水体 pH 值、温度、氧化还原物质、有机物等因素的影响,三价铬和六价铬化合物可以互相转化。

铬是生物体所必需的微量元素之一。铬的毒性与其存在价态有关,六价铬具有强毒性,为致癌物质,并易被人体吸收而在体内蓄积。通常认为六价铬的毒性比三价铬大 100 倍。但是,对鱼类来说,三价铬化合物的毒性比六价铬大。当水中六价铬浓度达 1mg/L 时,水呈黄色并有涩味;三价铬浓度达 1mg/L 时,水的浊度明显增加。陆地天然水中一般不含铬;海水中铬的平均浓度为 0.05μg/L;饮用水中更低。

铬的工业污染源主要来自铬矿石加工、金属表面处理、皮革鞣制、印染、照相材料等行业的废水。铬是水质污染控制的一项重要指标。

水中铬的测定方法主要有二苯碳酰二肼分光光度法、原子吸收分光光度法、硫酸亚铁铵滴定法等。分光光度法是国内外的标准方法;滴定法适用于含铬量较高的水样。

(一)二苯碳酰二肼分光光度法

1.六价铬的测定

在酸性介质中,六价铬与二苯碳酰二肼(DPC)反应,生成紫红色络合物,于 540nm 波长处进行比色测定。

本方法最低检出浓度为 0.004mg/L,使用 10mm 比色皿,测定上限为 1mg/L。其测定要点如下:

(1)对于清洁水样可直接测定;对于色度不大的水样,可用以丙酮代替显色剂的空白水样作参比测定;对于浑浊、色度较深的水样,以氢氧化锌做共沉淀剂,调节溶液 pH 至 8~9,此时 Cr^{3+}、Fe^{3+}、Cu^{2+} 均形成氢氧化物沉淀,可被过滤除去,与水样中的 Cr^{6+} 分离;存在亚硫酸盐、二价铁等还原性物质和次氯酸盐等氧化性物质时,也应采取相应消除干扰措施。

(2)取适量清洁水样或经过预处理的水样,加酸、显色、定容,以水作参比测其吸光度并作空白校正,从标准曲线上查得并计算水样中六价铬含量。

(3)配制系列铬标准溶液,按照水样测定步骤操作。将测得的吸光度经空白校正后,绘制吸光度对六价铬含量的标准曲线。

2.总铬的测定

在酸性溶液中,首先,将水样中的三价铬用高锰酸钾氧化成六价铬,过量的高锰酸钾用亚硝酸钠分解,过量的亚硝酸钠用尿素分解;然后,加入二苯碳酰二肼显色,于 540nm 波长处进行分光光度测定。其最低检测浓度同六价铬。清洁地面水可直接用高锰酸钾氧化后测定;水样中含大量有机物时,用硝酸—硫酸消解。

(二)硫酸亚铁铵滴定法

本法适用于总铬浓度大于 1mg/L 的废水。其原理为在酸性介质中,以银盐作催化剂,用过硫酸铵将三价铬氧化成六价铬。加少量氯化钠并煮沸,除去过量的过硫酸铵和反应中产生的氯气。以苯基代邻氨基苯甲酸作指示剂,用硫酸亚铁铵标准溶液滴定,至溶液呈亮绿色。化学方程式如下:

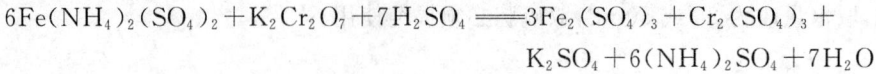

$$6Fe(NH_4)_2(SO_4)_2 + K_2Cr_2O_7 + 7H_2SO_4 = 3Fe_2(SO_4)_3 + Cr_2(SO_4)_3 +$$
$$K_2SO_4 + 6(NH_4)_2SO_4 + 7H_2O$$

四、铅

铅是可在人体和动植物组织中蓄积的有毒金属,其主要毒性效应是导致贫血、神经机能失调和肾损伤等。铅对水生生物的安全浓度为 0.16mg/L。

铅的主要污染源是蓄电池、冶炼、五金、机械、涂料和电镀工业等部门的排放废水。

测定水体中铅的方法与测定镉的方法相同。广泛采用原子吸收分光光度法和双硫腙分光光度法,也可以用阳极溶出伏安法和示波极谱法。

下面介绍双硫腙分光光度法:

1.方法原理

双硫腙分光光度法基于在 pH8.5~9.5 的氨性柠檬酸盐-氰化物的还原介质中,铅与双硫腙反应生成红色螯合物,用三氯甲烷(或四氯化碳)萃取后于 510nm 波长处比色测定。

2.测定要点及注意事项

测定时,要特别注意器皿、试剂及去离子水是否含痕量铅,这是能否获得准确结果的关键。Bi^{3+}、Sn^{2+} 等干扰测定,可预先在 pH2~3 时用双硫腙三氯甲烷溶液萃取分离。为防止双硫腙被一些氧化物质如 Fe^{3+} 等氧化,在氨性介质中加入了盐酸羟胺。

该方法适用于地面水和废水中痕量铅的测定。当使用 10mm 比色皿,取水样 100mL,用 10mL 双硫腙三氯甲烷溶液萃取时,最低检测浓度可达 0.01mg/L,测定上限为 0.3mg/L。

五、铜

铜是人体所必需的微量元素,缺铜会发生贫血、腹泻等病症,但过量摄入铜亦会产生危害。铜对水生生物的危害较大,有人认为铜对鱼类的毒性浓度始于 0.002mg/L,但一般认为水体含铜 0.01mg/L 对鱼类是安全的。铜对水生生物的毒性与其形态有关,游离铜离子的毒性比络合态铜大得多。

铜的主要污染源是电镀、冶炼、五金加工、矿山开采、石油化工和化学工业等部门排放的废水。

测定水中铜的方法主要有原子吸收分光光度法、二乙氨基二硫代甲酸钠萃取分光光度法和新亚铜灵萃取分光光度法,还可以用阳极溶出伏安法或示波极谱法。

六、锌

锌也是人体必不可少的有益元素,每升水含数毫克锌对人体和温血动物无害,但对鱼类和其他水生生物影响较大。锌对鱼类的安全浓度约为 0.1mg/L。此外,锌对水体的自净过程有一定抑制作用。

锌的主要污染源是电镀、冶金、颜料及化工等部门的排放废水。

原子吸收分光光度法测定锌,灵敏度较高,干扰少,适用于各种水体。此外,还可选用双硫腙分光光度法、阳极溶出伏安法或示波极谱法。下面仅简单介绍双硫腙分光光度测定法。

1. 方法原理

在 pH4.0～5.5 的乙酸缓冲介质中,锌离子与双硫腙反应生成红色螯合物,用四氯化碳或三氯甲烷萃取后,于其最大吸收波长 535nm 处,以四氯化碳作参比,测其经空白校正后的吸光度,用标准曲线法定量。

2. 干扰去除及注意事项

水中存在少量铋、镉、钴、铜、铅、汞、镍、亚锡等离子均产生干扰,采用硫代硫酸钠掩蔽和控制溶液的 pH 值来消除。使用该方法时应确保样品不被沾污。为此,必须用无锌玻璃器皿并充分洗净,对试剂进行提纯和使用无锌水。

使用 20mm 比色皿,混色法的最低检测浓度为 0.005mg/L。适用于天然水和轻度污染的地面水中锌的测定。

七、砷

元素砷毒性极低,而砷的化合物均有剧毒,三价砷化合物比其他砷化物毒性更强。砷化物容易在人体内积累,造成急性或慢性中毒。砷污染主要来源于采矿、冶金、化工、化学制药、农药生产、玻璃、制革等工业废水。

测定水体中砷的方法有新银盐分光光度法、二乙氨基二硫代甲酸银分光光度法和原子吸收分光光度法等。

(一)新银盐分光光度法

该方法基于用硼氢化钾在酸性溶液中产生新生态氢,将水样中无机砷还原成砷化氢(AsH_3,即胂)气体,以硝酸－硝酸银－聚乙烯醇－乙醇溶液吸收,则砷化氢将吸收液中的银离子还原成单质胶态银,使溶液呈黄色,其颜色强度与生成氢化物的量成正比。该黄色溶液对 400nm 光有最大吸收,且吸收峰形对称。以空白吸收液为参比测其吸光度,用标准曲线法测定。

该方法适用于地面水和地下水痕量砷的测定,其最大优点是灵敏度高(但操作条件要求较严格),其应用范围还在不断扩大。

(二)二乙氨基二硫代甲酸银分光光度法

在碘化钾、酸性氯化亚锡作用下,五价砷被还原为三价砷,并与新生态氢反应,生成气态砷化氢(胂),被吸收于二乙氨基二硫代甲酸银(AgDDC)－三乙醇胺的三氯甲烷溶液中,生成红色的胶体银,在 510nm 波长处,以三氯甲烷为参比测其经空白校正后的吸光度,用标准曲线法定量。

清洁水样可直接取样加硫酸后测定;含有机物的水样应用硝酸－硫酸消解。水样中共存锑、铋和硫化物时干扰测定。氯化亚锡和碘化钾的存在可抑制锑、铋干扰;硫化物可用乙酸铅棉吸收去除。砷化氢剧毒,整个反应应在通风橱内进行。

该方法最低检测浓度为 0.007mg/L 砷,测定上限为 0.50mg/L。

八、其他金属化合物

根据水和废水污染类型和对用水水质的要求不同,有时还需要监测其他金属元素,可查阅《水和废水监测分析方法》和其他水质监测资料。

任务六　非金属无机物的测定

一、pH、酸度和碱度

（一）pH

pH 值是溶液中氢离子活度的负对数，即 $pH = -\lg a_{H^+}$。pH 值是最常用的水质指标之一。天然水的 pH 值多在 6~9 范围内；饮用水 pH 值要求在 6.5~8.5 之间；某些工业用水的 pH 值必须保持在 7.0~8.5 之间，以防止金属设备和管道被腐蚀。此外，pH 值在废水生化处理，评价有毒物质的毒性等方面也具有指导意义。

测定水的 pH 值的方法有玻璃电极法和比色法。

1. 比色法

是基于各种酸碱指示剂在不同 pH 的水溶液中显示不同的颜色，而每种指示剂都有一定的变色范围。将系列已知 pH 值的缓冲溶液加入适当的指示剂制成标准色液并封装在小瓶内，测定时取与缓冲溶液同量的水样，加入与标准系列相同的指示剂，然后进行比较，以确定水样的 pH 值。

该方法不适用于有色、浑浊或含较高游离氯、氧化剂、还原剂的水样。如果粗略地测定水样 pH 值，可使用 pH 试纸。

2. 玻璃电极法（电位法）

是以 pH 玻璃电极为指示电极，饱和甘汞电极为参比电极，并将两者与被测溶液组成原电池。饱和甘汞电极的电极电位，不随被测溶液中氢离子活度变化，可视为定值；pH 玻璃电极电极电位则随被测溶液中氢离子活度变化，并有定量关系，所以只要测知电动势，就能求出被测溶液 pH。

玻璃电极测定法准确、快速，受水体色度、浊度、胶体物质、氧化剂、还原剂及盐度等因素的干扰程度小。

（二）酸度

酸度是指水中所含能与强碱发生中和作用的物质的总量。这类物质包括无机酸、有机酸、强酸弱碱盐等。

地面水中，由于溶入二氧化碳或被机械、选矿、电镀、农药、印染、化工等行业排放的含酸废水污染，使水体 pH 值降低，破坏了水生生物和农作物的正常生活及生长条件，造成鱼类死亡，作物受害。所以，酸度是衡量水体水质的一项重要指标。

测定酸度的方法有酸碱指示剂滴定法和电位滴定法。

1. 酸碱指示剂滴定法

用标准氢氧化钠溶液滴定水样至一定 pH 值，根据其所消耗的量计算酸度。随所用指示剂不同，通常分为两种酸度：一是用酚酞作指示剂（其变色 pH 值为 8.3），测得的酸度称为总酸度（酚酞酸度），包括强酸和弱酸；二是用甲基橙作指示剂（变色 pH 值约 3.7），测得的酸度称强酸酸度或甲基橙酸度。酸度单位用 mg/L 表示（以 $CaCO_3$ 计）。

2.电位滴定法

以 pH 玻璃电极为指示电极,甘汞电极为参比电极,与被测水样组成原电池并接入 pH 计,用氢氧化钠标准溶液滴至 pH 计指示 3.7 和 8.3,据其相应消耗的氢氧化钠溶液体积,分别计算两种酸度。

本方法适用于各种水体酸度的测定,不受水样有色、浑浊的限制。测定时应注意温度、搅拌状态、响应时间等因素的影响。取 50mL 水样,可测定 10～1000mg/L(以 $CaCO_3$ 计)范围内的酸度。

(三)碱度

水的碱度是指水中所含能与强酸发生中和作用的物质总量,包括强碱、弱碱、强碱弱酸盐等。

天然水中的碱度主要是由重碳酸盐、碳酸盐和氢氧化物引起的,其中重碳酸盐是水中碱度的主要形式。引起碱度的污染源主要是造纸、印染、化工、电镀等行业排放的废水及洗涤剂、化肥和农药在使用过程中的流失。

碱度和酸度是判断水质和废水处理控制的重要指标。碱度也常用于评价水体的缓冲能力及金属在其中的溶解性和毒性等。

测定水中碱度的方法和测定酸度一样,有酸碱指示剂滴定法和电位滴定法。

前者是用酸碱指示剂指示滴定终点,后者是用 pH 计指示滴定终点。水样用标准酸溶液滴定至酚酞指示剂由红色变为无色(其变色 pH 值为 8.3)时,所测得的碱度称为酚酞碱度;当继续滴定至甲基橙指示剂由橘黄色变为橘红色时(pH 值约 4.4),所测得的碱度称为甲基橙碱度,此时水中的全部致碱物质都已被强酸中和完,故又称其为总碱度。

pH 值和酸度、碱度既有联系又有区别。pH 值表示水的酸碱性的强弱,而酸度或碱度是水中所含酸或碱物质的含量。同样酸度的溶液,如 0.1mol 盐酸和 0.1mol 乙酸,两者的酸度都是 100mol/L,但其 pH 值却大不相同。盐酸是强酸,在水中几乎 100% 电离,其 pH 为 1;而乙酸是弱酸,在水中的电离度只有 1.3%,其 pH 为 2.9。

二、溶解氧(DO)

溶解于水中的分子态氧称为溶解氧。水中溶解氧的含量与大气压力、水温及含盐量等因素有关。大气压力下降、水温升高、含盐量增加,都会导致溶解氧含量降低。

清洁地表水溶解氧接近饱和。当有大量藻类繁殖时,溶解氧可能过饱和;当水体受到有机物质、无机还原物质污染时,会使溶解氧含量降低,甚至趋于零,此时厌氧细菌繁殖活跃,水质恶化。水中溶解氧低于 3～4mg/L 时,许多鱼类呼吸困难;继续减少,则会窒息死亡。一般规定水体中的溶解氧至少在 4mg/L 以上。在废水生化处理过程中,溶解氧也是一项重要控制指标。

测定水中溶解氧的方法有碘量法及其修正法和氧电极法。清洁水可用碘量法;受污染的地面水和工业废水必须用修正的碘量法或氧电极法。

(一)碘量法

在水样中加入硫酸锰和碱性碘化钾,水中的溶解氧将二价锰氧化成四价锰,并生成氢氧化物沉淀。加酸后,沉淀溶解,四价锰又可氧化碘离子而释放出与溶解氧量相当的游离碘。以淀粉为指示剂,用硫代硫酸钠标准溶液滴定释放出的碘,可计算出溶解氧含量。反应式如下：

$$MnSO_4 + 2NaOH = Na_2SO_4 + Mn(OH)_2 \downarrow$$

$$2Mn(OH)_2 + O_2 = 2MnO(OH)_2 \downarrow (棕色沉淀)$$

$$MnO(OH)_2 + 2H_2SO_4 = Mn(SO_4)_2 + 3H_2O$$

$$Mn(SO_4)_2 + 2KI = MnSO_4 + K_2SO_4 + I_2$$

$$2Na_2S_2O_3 + I_2 = Na_2S_4O_6 + 2NaI$$

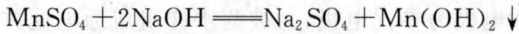

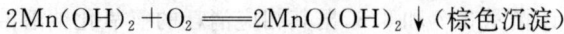

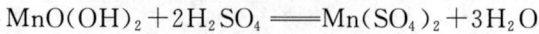

测定结果按下式计算：

$$DO(O_2, mg/L) = \frac{M \cdot V \times 8 \times 1000}{V_水}$$

式中：M—硫代硫酸钠标准溶液浓度，mol/L；

　　　V—滴定消耗硫代硫酸钠标准溶液体积，mL；

　　　$V_水$—水样体积，mL；

　　　8—氧换算值，g。

当水中含有氧化性物质、还原性物质及有机物时，会干扰测定，应预先消除并根据不同的干扰物质采用修正的碘量法。

（二）修正的碘量法

1. 叠氮化钠修正法

水样中含有亚硝酸盐会干扰碘量法测定溶解氧，可用叠氮化钠将亚硝酸盐分解后再用碘量法测定。

亚硝酸盐主要存在于经生化处理的废水和河水中，它能与碘化钾作用释放出游离碘而产生正干扰，即

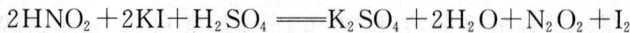

$$2HNO_2 + 2KI + H_2SO_4 = K_2SO_4 + 2H_2O + N_2O_2 + I_2$$

如果反应到此为止，引入误差尚不大；但当水样和空气接触时，新溶入的氧将和 N_2O_2 作用，再形成亚硝酸盐：

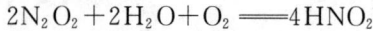

$$2N_2O_2 + 2H_2O + O_2 = 4HNO_2$$

如此循环，不断地释放出碘，将会引入相当大的误差。

分解亚硝酸盐的反应如下：

$$2NaN_3 + H_2SO_4 = 2HN_3 + Na_2SO_4$$

$$HNO_2 + NH_3 = N_2O + N_2 + H_2O$$

应当注意，叠氮化钠是剧毒、易爆试剂，不能将碱性碘化钾－叠氮化钠溶液直接酸化，以免产生有毒的叠氮酸雾。

2. 高锰酸钾修正法

该方法适用于含大量亚铁离子，不含其他还原剂及有机物的水样。用高锰酸钾氧化亚铁离子，消除干扰，过量的高锰酸钾用草酸钠溶液除去，生成的高价铁离子用氟化钾掩蔽。其他同碘量法。

（三）氧电极法

广泛应用的溶解氧电极是聚四氟乙烯薄膜电极。根据其工作原理，分为极谱型和原电池型两种。

溶解氧电极法测定溶解氧不受水样色度、浊度及化学滴定法中干扰物质的影响；快速简

便,适用于现场测定;易于实现自动连续测量。但水样中含藻类、硫化物、碳酸盐、油等物质时,会使薄膜堵塞或损坏,应及时更换薄膜。

三、氟化物

氟是人体必需的微量元素之一,缺氟易患龋齿病。饮用水中含氟的适宜浓度为 0.5~1.0mg/L(F⁻)。当长期饮用含氟量高于 1.5mg/L 的水时,则易患斑齿病。如水中含氟高于 4mg/L 时,则可导致氟骨病。

氟化物广泛存在于天然水中。有色冶金、钢铁和铝加工、玻璃、磷肥、电镀、陶瓷、农药等行业排放的废水和含氟矿物废水是氟化物的人为污染源。

测定水中氟化物的主要方法有:氟离子选择电极法、氟试剂分光光度法、茜素磺酸锆目视比色法、离子色谱法和硝酸钍滴定法。以前两种方法应用最为广泛。

对于污染严重的生活污水和工业废水,以及含氟硼酸盐的水均要进行预蒸馏。清洁的地面水、地下水可直接取样测定。

(一)氟试剂分光光度法

氟离子在 pH＝4.1 的乙酸盐缓冲介质中与氟试剂和硝酸镧反应。生成蓝色三元络合物,颜色的强度与氟离子浓度成正比,在 620nm 波长处测定吸光度,用标准曲线法定量。该法适于测定地表水、地下水和工业废水,最低检出限(25mL 水样,30mm 比色皿,以 F⁻ 计)为 0.05mg/L,测定上限为 1.80mg/L。测定时应注意:若水样呈强酸性或强碱性,在测定前用 1mol/L NaOH 或 1mol/L HCl 溶液调节至中性;可用有机胺的醇溶液萃取以提高测定灵敏度;水样应预蒸馏以消除干扰。

(二)氟离子选择电极法

氟离子选择电极是一种以氟离子选择电极为指示电极,饱和甘汞电极为参比电极与被测水样组成原电池,以 pH 计测定电池电动势。用标准曲线法或标准加入法定量,求出水样中氟化物的含量。氟化镧(LaF₃)单晶片为敏感膜的传感器,由于单晶结构对能进入晶格交换的离子有严格的限制,故有良好的选择性。

某些高价阳离子(如 Fe³⁺、Al³⁺),及氢离子能与氟离子络合而干扰测定;在碱性溶液中,氢氧根离子浓度大于氟离子浓度的 1/10 时也有干扰,常采用加入总离子强度调节剂(TISAB)的方法消除之。TISAB 是一种含有强电解质、络合剂、pH 缓冲剂的溶液,其作用是:消除标准溶液与被测溶液的离子强度差异,使离子活度系数保持一致;络合干扰离子,使络合态的氟离子释放出来;缓冲 pH 变化,保持溶液有合适的 pH 范围(5~8)。

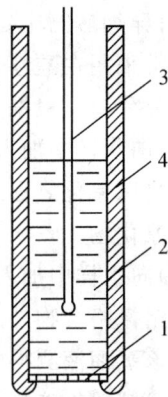

1.IaF₃单晶膜;2.内参比溶液;
3.Ag-Ag Cl—电极;4.电极管
图 2.12　F 选择电极

氟离子选择电极法具有测定简便、快速、灵敏、选择性好、可测定浑浊、有色水样等优点。方法的最低检出浓度为 0.05mg/L 氟化物(以 F⁻ 计),测定上限可达 1900mg/L 氟化物(以 F⁻ 计)。适用于地表水、地下水和工业废水中氟化物的测定。

（三）其他方法

1. 茜素黄酸锆目视比色法

在酸性介质中，茜素磺酸钠与锆盐生成红色络合物，当有氟离子存在时，能夺取络合物中的锆离子，生成无色的氟化锆络离子，释放出黄色的茜素磺酸钠，根据溶液由红退至黄色的程度不同，与标准色列比较定量。

2. 硝酸钍滴定法

在以氯乙酸为缓冲剂，pH 为 3.2～3.5 的酸性介质中，以茜素磺酸钠和亚甲蓝作指示剂，用硝酸钍标准溶液滴定氟，当溶液由翠绿色变为灰蓝色，即为终点。根据硝酸钍标准溶液的用量即可计算出氟离子的浓度。

本法适用于含氟量大于 50mg/L 的废水中氟化物的测定。

四、氰化物

氰化物包括简单氰化物、络合氰化物和有机氰化物（腈）。简单氰化物易溶于水、毒性大；络合氰化物在水体中受 pH 值、水温和光照等影响离解为毒性强的简单氰化物。氰化物进入人体后，主要与高铁细胞色素氧化酶结合，生成氰化高铁细胞色素氧化酶而失去传递氧的作用，引起组织缺氧窒息。

地面水一般不含氰化物，其主要污染源是小金矿开采、冶炼、电镀、焦化、选矿、有机化工、有机玻璃制造等工业废水。

水中氰化物的测定方法有硝酸银滴定法、异烟酸吡唑啉酮分光光度法、异烟酸巴比妥分光光度法、催化快速法和离子选择电极法。滴定法适用于高浓度水样；电极法不稳定，已较少使用；异烟酸巴比妥分光光度法灵敏度高，是易于推广应用的方法。

通常采用在酸性介质中蒸馏的方法预处理水样，把能形成氰化氢的氰化物蒸出，使之与干扰组分分离。根据蒸馏介质酸度的不同，分为以下两种情况。

（1）向水样中加入酒石酸和硝酸锌：调节 pH 值为 4，加热蒸馏，则简单氰化物及部分络合氰化物以氰化氢形式被蒸馏出来，用氢氧化钠溶液吸收。取此蒸馏液测得的氰化物为易释放的氰化物。

（2）向水样中加入磷酸和 EDTA：在 pH<2 的条件下加热蒸馏，此时可将全部简单氰化物和除钴氰络合物外的绝大部分络合氰化物以氰化氢的形式蒸馏出来，用氢氧化钠溶液吸收。取该蒸馏液测得的结果为总氰化物。

（一）硝酸银滴定法

取一定体积水样预蒸馏溶液，调节至 pH 为 11 以上，以试银灵作指示剂，用硝酸银标准溶液滴定，则氰离子与银离子生成银氰络合物 $[Ag(CN)_2]^-$，稍过量的银离子与试银灵反应，使溶液由黄色变为橙红色，即为终点。

另取与水样预蒸馏液同体积空白实验馏出液，按水样测定方法进行空白试验。根据二者消耗硝酸银标准溶液体积，按下式计算水样中氰化物浓度：

$$氰化物(CN^-,mg/L) = \frac{(V_A - V_B)c \times 52.04}{V_1} \times \frac{V_2}{V_3} \times 1000$$

式中：V_A—滴定水样消耗硝酸银标准溶液量，mL；

　　　V_B—空白消耗硝酸银标准溶液量，mL；

c—硝酸银标准溶液浓度,mol/L;

V_1—水样体积,mL;

V_2—馏出液总体积,mL;

V_3—测定时所取馏出液体积,mL;

52.04—氰离子($2CN^-$)的摩尔质量,g/mol。

该方法适用于氰化物含量>1mg/L 的水样,测定上限为 100mg/L。适用于地表水和废(污)水。

(二)分光光度法

1. 异烟酸吡唑啉酮分光光度法

取一定体积水样预蒸馏溶液,调节 pH 至中性,加入氯胺 T 溶液,则氰离子被氯胺 T 氧化生成氯化氰($CNCl$);再加入异烟酸吡唑啉酮溶液,氯化氰与异烟酸作用,经水解生成戊烯二醛,与吡唑啉酮进行缩合反应,生成蓝色染料,在 638nm 波长下,进行吸光度测定,用标准曲线法定量。

水样中氰化物浓度按下式计算:

$$氰化物(CN^-,mg/L) = \frac{m_a - m_b}{V} \times \frac{V_1}{V_2}$$

式中:m_a—从标准曲线上查出的试样的氰化物含量,μg;

m_b—从标准曲线上查出的空白试样的氰化物含量,μg;

V—预蒸馏所取水样的体积,mL;

V_1—水样预蒸馏馏出液的体积,mL;

V_2—显色测定所取馏出液的体积,mL。

应当注意,当氰化物以 HCN 存在时,易挥发。因此,从加缓冲溶液后,每一步骤都要迅速操作,并随时盖严塞子。当预蒸馏所用氢氧化钠吸收液的浓度较高时,加缓冲溶液前应以酚酞为指示剂,滴加盐酸至红色褪去,并与标准试液氢氧化钠浓度一样。

本方法适用于饮用水、地面水、生活污水和工业废水;其最低检出浓度为 0.004mg/L;测定上限为 0.25mg/L(以 CN^- 计)。

(二)异烟酸巴比妥酸分光光度法

在弱酸性条件下,水样中的氰化物与氯胺 T 作用生成氯化氰;氯化氰与异烟酸作用,其生成物经水解生成戊烯二醛;戊烯二醛再与巴比妥酸作用生成紫蓝色染料;在一定浓度范围内,颜色深度与氰化物含量成正比,在分光光度计上于 600nm 波长处测量吸光度,与系列标准溶液的吸光度比较确定其氰化物的含量。

该方法最低检出浓度为 0.001mg/L;适用于饮用水、地表水和废(污)水中氰化物的测定。

五、硫化物

地下水(特别是温泉水)及生活污水常含有硫化物,其中一部分是在厌氧条件下,由于微生物的作用,使硫酸盐还原或含硫有机物分解而产生的。焦化、造气、选矿、造纸、印染、制革等工业废水中亦含有硫化物。

水中硫化物包括溶解性的 H_2S、HS^- 和 S^{2-},酸溶性的金属硫化物,以及不溶性的硫化物和有机硫化物。通常所测定的硫化物系指溶解性的及酸溶性的硫化物。硫化氢毒性很大,可危害细胞色素、氧化酶,造成细胞组织缺氧,甚至危及生命;它还腐蚀金属设备和管道,并可被微生物氧化成硫酸,加剧腐蚀性,因此,是水体污染的重要指标。

水样有色,含悬浮物、某些还原性物质(如亚硫酸盐、硫代硫酸钠等)及溶解的有机物均对碘量法或光度法测定有干扰,需进行预处理。常用的预处理方法有乙酸锌沉淀—过滤法、酸化—吹气法或过滤—酸化—吹气法,视水样具体状况选择。

测定水中硫化物的方法有对氨基二甲基苯胺分光光度法、碘量法、电位滴定法、离子色谱法、极谱法、库仑滴定法、比浊法等。

(一)对氨基二甲基苯胺分光光度法

在含高铁离子的酸性溶液中,硫离子与对氨基二甲基苯胺反应,生成蓝色的亚甲蓝染料,颜色深度与水样中硫离子浓度成正比,于 665nm 波长处比色定量。

方法最低检出浓度为 $0.02mg/L(S^{2-})$,测定上限为 $0.8mg/L$。减少取样量,测定上限可达 $4mg/L$。

(二)碘量法

适用于测定硫化物含量大于 $1mg/L$ 的水样。其原理基于:水样中的硫化物与乙酸锌生成白色硫化锌沉淀,将其用酸溶解后,加入过量碘溶液,则碘与硫化物反应析出硫,用硫代硫酸钠标准溶液滴定剩余的碘,根据硫代硫酸钠溶液消耗量和水样体积,按下式计算测定结果:

$$硫化物(S^{2-},mg/L)=\frac{(V_0-V_1)c\times16.03}{V_1}\times1000$$

式中:V_0—空白试验硫代硫酸钠标准溶液用量,mL;

　　　V_1—滴定水样消耗硫代硫酸钠标准溶液量,mL;

　　　V—水样体积,mL;

　　　c—硫代硫酸钠标准溶液浓度,mol/L;

　　　16.03—硫离子$(1/2S^{2-})$摩尔质量,g/mol。

六、含氮化合物

人们对水和废水中关注的几种形态的氮是氨氮、亚硝酸盐氮、硝酸盐氮、有机氮和总氮。前四者之间通过生物化学作用可以相互转化。测定各种形态的含氮化合物,有助于评价水体被污染和自净状况。地表水中氮、磷物质超标时,微生物大量繁殖,浮游植物生长旺盛,出现富营养化状态。

(一)氨氮

水中的氨氮是指以游离氨(或称非离子氨,NH_3)和离子氨(NH_4^+)形式存在的氮,两者的组成比决定于水的 pH 值。对地面水,常要求测定非离子氨。水中氨氮主要来源于生活污水中含氮有机物受微生物作用的分解产物,焦化、合成氨等工业废水,以及农田排水等。氨氮含量较高时,对鱼类呈现毒害作用,对人体也有不同程度的危害。

测定水中氨氮的方法有纳氏试剂分光光度法、水杨酸—次氯酸盐分光光度法、电极法和容量法。水样有色或浑浊及含其他干扰物质影响测定,需进行预处理。对较清洁的水,可采用絮凝沉淀法消除干扰;对污染严重的水或废水应采用蒸馏法。

1. 纳氏试剂分光光度法

在水样中加入碘化汞和碘化钾的强碱溶液（纳氏试剂），则与氨反应生成黄棕色胶态化合物，此颜色在较宽的波长范围内具有强烈吸收，通常使用 410～425nm 范围波长光比色定量。反应式如下：

$$2K_2[HgI_4]+3KOH+NH_3 \rightarrow 7KI+2H_2O+ NH_2Hg_2IO \quad （黄棕色）$$

本法最低检出浓度为 0.025mg/L；测定上限为 2mg/L。采用目视比色法，最低检出浓度为 0.02mg/L。

2. 水杨酸次氯酸盐分光光度法

在亚硝基铁氰化钠存在下，氨与水杨酸和次氯酸反应生成蓝色化合物，于其最大吸收波长 697nm 处比色定量。

该方法测定浓度范围为 0.01～1mg/L。

3. 滴定法

取一定体积水样，将其 pH 值调至 4～6，加入氧化镁使呈微碱性。加热蒸馏，释出的氨用硼酸溶液吸收。取全部吸收液，以甲基红亚甲蓝为指示剂，用硫酸标准溶液滴定至绿色转变成淡紫色，根据硫酸标准溶液消耗量和水样体积计算氨氮含量。

（二）亚硝酸盐氮

亚硝酸盐氮（$NO_2^- -N$）是氮循环的中间产物。在氧和微生物的作用下，可被氧化成硝酸盐；在缺氧条件下也可被还原为氨。亚硝酸盐进入人体后，可将低铁血红蛋白氧化成高铁血红蛋白，使之失去输送氧的能力。还可与仲胺类反应生成具致癌性的亚硝胺类物质。亚硝酸盐很不稳定，一般天然水中含量不会超过 0.1mg/L。

测定水体中的亚硝酸盐氮常用 N-(1-萘基)-乙二胺分光光度法、气相分子吸收光谱法和离子色谱法等。前两种方法简便、快速，干扰较少；光度法灵敏度较高，选择性较好。下面介绍 N-(1-萘基)-乙二胺分光光度法：

在 pH 值为 1.8±0.3 的酸性介质中，亚硝酸盐与对氨基苯磺酰胺反应，生成重氮盐，再与 N-(1-萘基)-乙二胺偶联生成红色染料，于 540nm 波长处进行比色测定。

氯胺、氯、硫代硫酸盐、聚磷酸钠和高铁离子有明显干扰；水样有色或浑浊，可加氢氧化铝悬浮液并过滤消除之。

方法最低检出浓度为 0.003mg/L；测定上限为 0.20mg/L。

（三）硝酸盐氮

硝酸盐是在有氧环境中最稳定的含氮化合物，也是含氮有机化合物经无机化作用最终阶段的分解产物。清洁的地面水硝酸盐氮（$NO_3^- -N$）含量较高。制革、酸洗废水，某些生化处理设施的出水及农田排水中常含大量硝酸盐。人体摄入硝酸盐后，经肠道中微生物作用转变成亚硝酸盐而呈现毒性作用。

水中硝酸盐的测定方法有酚二磺酸分光光度法、镉柱还原法、戴氏合金还原法、离子色谱法、紫外分光光度法和离子选择电极法等。酚二磺酸法显色稳定，测定范围较宽；紫外分光光度法和离子选择电极法可进行在线快速测定；镉柱还原法和戴氏合金还原法操作较复杂，较少应用。

1. 酚二磺酸分光光度法

硝酸盐在无水存在情况下与酚二磺酸反应，生成硝基二磺酸酚，于碱性溶液中又生成黄色的硝基酚二磺酸三钾盐,于 410nm 波长处测其吸光度,并与标准溶液比色定量。

水样中共存氯化物、亚硝酸盐、铵盐、有机物和碳酸盐时,产生干扰,应作适当的前处理。如加入硫酸银溶液,使氯化物生成沉淀,过滤除去之;滴加高锰酸钾溶液,使亚硝酸盐氧化为硝酸盐,最后从硝酸盐氮测定结果中减去亚硝酸盐氮量等。水样浑浊、有色时,可加入少量氢氧化铝悬浮液,吸附、过滤除去。

该方法测定浓度范围大,显色稳定,适用于测定饮用水、地下水和清洁地面水中的硝酸盐氮。最低检出浓度为 0.02mg/L;测定上限为 2.0mg/L。

2. 紫外分光光度法

方法原理:硝酸根离子对 220nm 波长光有特征吸收,与其标准溶液对该波长光的吸收程度比较定量。因为溶解性有机物在 220nm 处也有吸收,故根据实践,一般引入一个经验校正值。该校正值为在 275nm 处(硝酸根离子在此没有吸收)测得吸光度的二倍。在 220nm 处的吸光度减去经验校正值即为净硝酸根离子的吸光度。这种经验校正值大小与有机物的性质和浓度有关,不宜分析对有机物吸光度需作准确校正的样品。

该方法适用于清洁地表水和未受明显污染的地下水中硝酸盐氮的测定,其最低检出浓度为 0.08mg/L,测定上限为 4mg/L。方法简便、快速,但对含有机物、表面活性剂、亚硝酸盐、六价铬、溴化物、碳酸氢盐和碳酸盐的水样,需进行预处理,如用氢氧化铝絮凝共沉淀和大孔中性吸附树脂可除去浊度、高价铁、六价铬和大部分常见有机物。

（四）凯氏氮

凯氏氮是指以基耶达法测得的含氮量。它包括氨氮和在此条件下能转化为铵盐而被测定的有机氮化合物。此类有机氮化合物主要有蛋白质、氨基酸、肽、胨、核酸、尿素以及合成的氮为负三价形态的有机氮化合物,但不包括叠氮化合物、硝基化合物等。由于一般水中存在的有机氮化合物多为前者,故可用凯氏氮与氨氮的差值表示有机氮含量。

凯氏氮的测定要点是取适量水样于凯氏烧瓶中,加入浓硫酸和催化剂(K_2SO_4),加热消解,将有机氮转变成氨氮,然后在碱性介质中蒸馏出氨,用硼酸溶液吸收,以分光光度法或滴定法测定氨氮含量,即为水样中的凯氏氮含量。直接测定有机氮时,可将水样先进行预蒸馏除去氨氮,再以凯氏法测定。

凯氏氮在评价湖泊、水库等水的富营养化时,是一个有意义的指标。

（五）总氮

水体总氮含量也是衡量水质的重要指标之一。其测定方法,一般采用分别测定有机氮和无机氮化合物(氨氮、亚硝酸盐氮和硝酸盐氮)后进行加和的方法。也可以用过硫酸钾氧化-紫外分光光度法测定。该方法的原理是在水样中加入碱性过硫酸钾溶液,于过热水蒸气中将大部分有机氮化合物及氨氮、亚硝酸盐氧化成硝酸盐,用前面介绍的紫外分光光度法测定硝酸盐氮含量,即为总氮含量。

七、磷（总磷、溶解性磷酸盐和溶解性总磷）

磷是生物生长的必需元素之一,但由于工业废水和生活污水的排放导致水中的磷含量超过生物生长所需的量(如超过 0.2mg/L),造成水体的富营养化,使水质恶化。

磷是评价水质的重要指标。环境中的磷主要来源于化肥、冶炼、合成洗涤剂等行业的废水和生活污水。

水中磷的存在形式主要有正磷酸盐、缩合磷酸盐和有机结合的磷。因此水中磷通常分别测定总磷、溶解性正磷酸盐和总溶解性磷。总磷的测定可直接取混合水样经强氧化剂消解,测定正磷酸盐的量,再换算为总磷的量。测定总溶解性磷时,取水样后立即经 $0.45\mu m$ 微孔滤膜过滤,取滤液经强氧化剂氧化分解,测正磷酸盐的量,换算成总溶解性磷的量。滤液不经氧化分解,直接测定就是正磷酸盐的量。消解使用的强氧化剂可以是过硫酸钾、硝酸—高氯酸、硝酸—硫酸等。

正磷酸的测定方法主要有钼锑抗分光光度法、孔雀绿—磷铝杂多酸分光光度法等。

1. 钼锑抗分光光度法

在酸性条件下,正磷酸盐与钼酸铵、酒石酸锑氧钾反应,生成磷钼杂多酸,再被抗坏血酸还原,生成蓝色络合物(磷钼蓝),于 700nm 波长处测量吸光度,用标准曲线法定量。

该方法最低检出浓度为 0.01mg/L,测定上限为 0.6mg/L,适于地表水、生活污水及工业废水中正磷酸盐的测定。

2. 孔雀绿—磷钼杂多酸分光光度法

在酸性条件下,正磷酸盐与钼酸铵孔雀绿显色剂反应生成绿色离子缔合物,并以聚乙烯醇稳定显色液,于 620nm 波长处测量吸光度,用标准曲线法定量。

该方法最低检出浓度为 $1\mu g/L$;适用浓度范围为 $0\sim0.3mg/L$;用于江河、湖泊等地表水及地下水中痕量磷的测定。

任务七　有机污染物的测定

水体中的污染物质除无机化合物外,还含有大量的有机物质,它们是以毒性和使水体溶解氧减少的形式对生态系统产生影响。已经查明,绝大多数致癌物质是有毒的有机物质,所以有机物污染指标是水质十分重要的指标。

水中所含有机物种类繁多,难以一一分别测定各种组分的定量数值,目前多测定与水中有机物相当的需氧量来间接表征有机物的含量(如 COD、BOD 等),或者某一类有机污染物(如酚类、油类、苯系物、有机磷农药等)。但是,上述指标并不能确切反映许多痕量危害性大的有机物污染状况和危害,因此,随着环境科学研究和分析测试技术的发展,必将大大加强对有毒有机物污染的监测和防治。

一、化学需氧量(COD)

化学需氧量是指水样在一定条件下,氧化 1L 水样中还原性物质所消耗的氧化剂相当于氧的量,以氧的 mg/L 表示。水中还原性物质包括有机物和亚硝酸盐、硫化物、亚铁盐等无机物。化学需氧量反映了水中受还原性物质污染的程度。基于水体被有机物污染是很普遍的现象,该指标也作为有机物相对含量的综合指标之一。对废水化学需氧量的测定,我国规定用重铬酸钾法。其他方法有库仑滴定法、快速密闭催化消解法、氯气校正法等。

1. 重铬酸钾法(COD_{cr})

在强酸性溶液中,用重铬酸钾氧化水样中的还原性物质,过量的重铬酸钾以试亚铁灵作指示剂,用硫酸亚铁铵标准溶液回滴,根据其用量计算水样中还原性物质消耗氧的量。反应式如下:

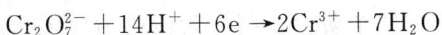

$$Cr_2O_7^{2-} + 14H^+ + 6e \rightarrow 2Cr^{3+} + 7H_2O$$

$$Cr_2O_7^{2-} + 14H^+ + 6Fe^{2+} \rightarrow 6Fe^{3+} + 2Cr^{3+} + 7H_2O$$

测定结果按下式计算：

$$COD_{cr}(O_2, mg/L) = \frac{(V_0 - V_1)c \times 8}{V} \times 1000$$

式中：V_0—滴定空白时消耗硫酸亚铁铵标准溶液体积，mL；

　　　V_1—滴定水样消耗硫酸亚铁铵标准溶液体积，mL；

　　　V—水样体积，mL；

　　　c—硫酸亚铁铵标准溶液浓度，mol/L；

　　　8—氧（1/2O）的摩尔质量，g/mol。

重铬酸钾氧化性很强，可将大部分有机物氧化，但吡啶不被氧化，芳香族有机物不易被氧化；挥发性直链脂肪组化合物、苯等存在于蒸气相，不能与氧化剂液体接触，氧化不明显。氯离子能被重铬酸钾氧化，并与硫酸银作用生成沉淀，可加入适量硫酸汞络合之。

用 0.25mol/L 的重铬酸钾溶液可测定大于 50mg/L 的 COD 值；用 0.025mol/L 重铬酸钾溶液可测定 5～50mg/L 的 COD 值，但准确度较差。

2. 快速密闭消解滴定法或光度法

该方法是在经典重铬酸钾硫酸消解体系中加入助催化剂硫酸铝与钼酸铵，于具密封塞的加热管中，放在 165℃ 的恒温加热器内快速消解，消解好的试液用硫酸亚铁铵标准溶液滴定，同时做空白实验。计算方法同重铬酸钾法。若消解后的试液清亮，可于 600nm 处用分光光度法测定。

二、高锰酸盐指数

以高锰酸钾溶液为氧化剂测得的化学耗氧量，称高锰酸盐指数，以氧的 mg/L 表示。国际标准化组织（ISO）建议高锰酸钾法仅限于测定地表水、饮用水和生活污水。

按测定溶液的介质不同，分为酸性高锰酸钾法和碱性高锰酸钾法。因为在碱性条件下高锰酸钾的氧化能力比酸性条件下稍弱，此时不能氧化水中的氯离子，故常用于测定含氯离子浓度较高的水样。

酸性高锰酸钾法适用于氯离子含量不超过 300mg/L 的水样。当高锰酸盐指数超过 5mg/L 时，应少取水样并经稀释后再测定。

化学需氧量（COD_{cr}）和高锰酸盐指数是采用不同的氧化剂在各自的氧化条件下测定的，难以找出明显的相关关系。一般来说，重铬酸钾法的氧化率可达 90%，而高锰酸钾法的氧化率为 50% 左右，两者均未将水样中还原性物质完全氧化，因而都只是一个相对参考数据。

三、生化需氧量（BOD）

生化需氧量是指在有溶解氧的条件下，好氧微生物在分解水中有机物的生物化学氧化过程中所消耗的溶解氧量。同时亦包括如硫化物、亚铁等还原性无机物质氧化所消耗的氧量，但这部分通常占很小比例。

测定生化需氧量需要满足三个条件：一是要有能降解废水中有机物的好氧微生物；二是要有充足的溶解氧；三是要有供微生物利用的营养物质。

有机物在微生物作用下好氧分解大体上分两个阶段。第一阶段称为含碳物质氧化阶段,主要是含碳有机物氧化为二氧化碳和水;第二阶段称为硝化阶段,主要是含氮有机化合物在硝化菌的作用下分解为亚硝酸盐和硝酸盐。然而这两个阶段并非截然分开,而是各有主次。对生活污水及性质与其接近的工业废水,硝化阶段大约在 5～7 天,甚至 10 天以后才显著进行,故目前国内外广泛采用的 20℃五天培养法(BOD₅ 法)测定 BOD 值一般不包括硝化阶段。

BOD 是反映水体被有机物污染程度的综合指标,也是研究废水的可生化降解性和生化处理效果,以及生化处理废水工艺设计和动力学研究中的重要参数。

下面介绍 BOD₅ 的测定:

1. 方法原理

其测定原理是水样经稀释后,在 20±1℃条件下培养 5 天,求出培养前后水样中溶解氧含量,两者的差值为 BOD₅。如果水样五天生化需氧量未超过 7mg/L,则不必进行稀释,可直接测定。很多较清洁的河水就属于这一类水。

2. 稀释

对于污染的地面水和大多数工业废水,因含较多的有机物,需要稀释后再培养测定,以保证在培养过程中有充足的溶解氧。其稀释程度应使培养中所消耗的溶解氧大于 2mg/L,而剩余溶解氧在 1mg/L 以上。

稀释水一般用蒸馏水配制,通入经活性炭吸附及水洗处理的空气,曝气 2～8h,使水中溶解氧接近饱和,然后再在 20℃下放置数小时,溶解氧含量应达 8mg/L 左右。临用前于每升水中加入氯化钙溶液、氯化铁溶液、硫酸镁溶液、磷酸盐缓冲溶液各 1mL,并混合均匀。稀释水的 pH 值应为 7.2,其 BOD₅ 应小于 0.2mg/L。

3. 接种稀释

对于不含或少含微生物的工业废水,如酸性废水、碱性废水、高温废水或经过氯化处理的废水,在测定 BOD₅ 时应进行接种,以引入能降解废水中有机物的微生物。当废水中存在着难被一般生活污水中的微生物以正常速度降解的有机物或有剧毒物质时,应将驯化后的微生物引入水样中进行接种。

接种稀释水,即每升稀释水中加入接种液:生活污水 1～10mL;或表层土壤浸出液为 20～30mL;或河水、湖水 10～100mL。

接种稀释水的 pH 值为 7.2,BOD₅ 值在 0.3～1.0mg/L 范围内为宜。接种稀释水配制后应立即使用。

稀释倍数的确定:地表水可由测得的高锰酸盐指数乘以适当的系数求出稀释倍数。工业污水可由重铬酸钾法测得的 COD 值确定。

4. 计算:

(1)不经稀释直接培养的水样

$$BOD_5(mg/L) = C_1 - C_2$$

式中:C_1—水样在培养前的溶解氧浓度,mg/L;

C_2—水样经 5 天培养后,剩余溶解氧浓度,mg/L。

(2)经稀释后培养的水样

$$BOD(mg/L) = \frac{(C_1 - C_2) - (B_1 - B_2)f_1}{f_2}$$

式中:B_1——稀释水(或接种稀释水)在培养前的溶解氧浓度,mg/L;

　　　B_2——稀释水(或接种稀释水)在培养后的溶解氧浓度,mg/L;

　　　f_1——稀释水(或接种稀释水)在培养液中所占比例;

　　　f_2——水样在培养液中所占比例。

　　为检查稀释水和接种液的质量以及化验人员的操作技术,可将 20mL 葡萄糖-谷氨酸标准溶液用接种稀释水稀释至 1000mL,测其 BOD_5,其结果应在 $180\sim230$mg/L 之间。否则,应检查接种液、稀释水或操作技术是否存在问题。

四、总有机碳(TOC)

　　总有机碳是以碳的含量表示水体中有机物质总量的综合指标。由于 TOC 的测定采用燃烧法,因此能将有机物全部氧化,它比 BOD_5 或 COD 更能反映有机物的总量。

　　目前广泛应用的测定 TOC 的方法是燃烧氧化—非色散红外吸收法。其测定原理是:将一定量水样注入高温炉内的石英管,在 $900\sim950℃$ 温度下,以铂和三氧化钴或三氧化二铬为催化剂,使有机物燃烧裂解转化为二氧化碳,然后用红外线气体分析仪测定 CO_2 含量,从而确定水样中碳的含量。因为在高温下,水样中的碳酸盐也分解产生二氧化碳,故上面测得的为水样中的总碳(TC)。为获得有机碳含量,可采用两种方法:一是将水样预先酸化,通入氮气曝气,驱除各种碳酸盐分解生成的二氧化碳后再注入仪器测定。另一种方法是使用高温炉和低温炉皆有的 TOC 测定仪。将同一等量水样分别注入高温炉($900℃$)和低温炉($150℃$),则水样中的有机碳和无机碳均转化为 CO_2,而低温炉的石英管中装有磷酸浸渍的玻璃棉,能使无机碳酸盐在 $150℃$ 分解为 CO_2,有机物却不能被分解氧化。将高、低温炉中生成的 CO_2 依次导入非色散红外气体分析仪,分别测得总碳(TC)和无机碳(IC),两者之差即为总有机碳(TOC)。该方法最低检出浓度为 0.5mg/L。

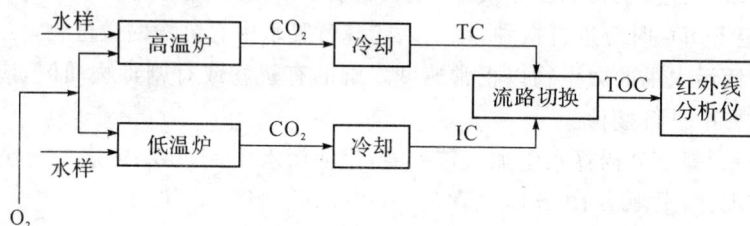

图 2.13　TOC 分析仪流程

五、总需氧量(TOD)

　　总需氧量是指水中能被氧化的物质,主要是有机物质在燃烧中变成稳定的氧化物时所需要的氧量,结果以 O_2 的 mg/L 表示。

　　用 TOD 测定仪测定 TOD 的原理是将一定量水样注入装有铂催化剂的石英燃烧管,通入含已知氧浓度的载气(氮气)作为原料气,则水样中的还原性物质在 $900℃$ 下被瞬间燃烧氧化。测定燃烧前后原料气中氧浓度的减少量,便可求得水样的总需氧量值。

　　TOD 值能反映几乎全部有机物质经燃烧后变成 CO_2、H_2O、NO、SO_2 所需要的氧量。它比 BOD、COD 和高锰酸盐指数更接近于理论需氧量值。但它们之间也没有固定的相关关系。有的研究者指出,$BOD_5/TOD=0.1\sim0.6$;$COD/TOD=0.5\sim0.9$,具体比值取决于废水的性质。

TOD 和 TOC 的比例关系可粗略判断有机物的种类。对于含碳化合物,因为一个碳原子消耗两个氧原子,即 $O_2/C = 2.67$,因此从理论上说,$TOD = 2.67TOC$。若某水样的 TOD/TOC 为 2.67 左右,可认为主要是含碳有机物;若 TOD/TOC>4.0,则应考虑水中有较大量含 S、P 的有机物存在;若 TOD/TOC<2.6,就应考虑水样中硝酸盐和亚硝酸盐可能含量较大,它们在高温和催化条件下分解放出氧,使 TOD 测定呈现负误差。

六、挥发酚类

根据酚类能否与水蒸气一起蒸出,分为挥发酚与不挥发酚。通常认为沸点在 230℃ 以下的为挥发酚,而沸点在 230℃ 以上的为不挥发酚。

酚属高毒物质,人体摄入一定量会出现急性中毒症状;长期饮用被酚污染的水,可引起头昏、瘙痒、贫血及神经系统障碍。当水中含酚大于 5mg/L 时,就会使鱼中毒死亡。

酚的主要污染源是炼油、焦化、煤气发生站,木材防腐及某些化工(如酚醛树脂)等工业废水。

酚的主要分析方法有容量法、分光光度法、色谱法等。目前各国普遍采用的是 4-氨基安替吡林分光光度法;高浓度含酚废水可采用溴化容量法。无论溴化容量法还是分光光度法,当水样中存在氧化剂、还原剂、油类及某些金属离子时,均应设法消除并进行预蒸馏。如对游离氯加入硫酸亚铁还原;对硫化物加入硫酸铜使之沉淀,或者在酸性条件下使其以硫化氢形式逸出;对油类用有机溶剂萃取除去等。蒸馏的作用有二,一是分离出挥发酚,二是消除颜色、浑浊和金属离子等的干扰。

1.4-氨基安替吡林分光光度法

酚类化合物于 pH10.0±0.2 的介质中,在铁氰化钾的存在下,与 4-氨基安替吡林反应,生成橙红色的吲哚酚安替比林染料,在 510nm 波长处有最大吸收,用比色法定量。

2. 溴化滴定法

在含过量溴(由溴酸钾和溴化钾产生)的溶液中,酚与溴反应生成三溴酚,并进一步生成溴代三溴酚。剩余的溴与碘化钾作用释放出游离碘。与此同时,溴代三溴酚也与碘化钾反应置换出游离碘。用硫代硫酸钠标准溶液滴定释出的游离碘,并根据其消耗量,计算出以苯酚计的挥发酚含量。

七、矿物油

水中的矿物油来自工业废水和生活污水。工业废水中石油类(各种烃类的混合物)污染物主要来自原油开采、加工及各种炼制油的使用部门。矿物油漂浮在水体表面,影响空气与水体界面间的氧交换;分散于水中的油可被微生物氧化分解,消耗水中的溶解氧,使水质恶化。矿物油中还含有毒性大的芳烃类。

测定水中石油类物质的方法有重量法、红外分光光度法、非色散红外吸收法、紫外分光光度法、荧光法等。重量法不受油品限制,是常用的方法,但操作繁琐,灵敏度低;红外分光光度法也不受石油类品种的影响,测定结果能较好地反映水被石油类污染状况;非色散红外吸收法适用于所含油品比吸光系数较接近的水样,油品相差较大,尤其含有芳烃化合物时,测定误差较大;其他方法受油品种影响较大。

任务八　底质监测

底质系指江、河、湖、库、海等水体底部表层沉积物质。它是矿物、岩石、土壤的自然侵蚀和废(污)水排出物沉积及生物活动、物质之间物理、化学反应等过程的产物。

一、底质监测的意义和目的

水、底质和生物组成了完整的水环境体系。通过底质监测,可以了解水环境污染现状,追溯水环境污染历史,研究污染物的沉积、迁移、转化规律和对水生生物特别是底栖生物的影响,并对评价水体质量,预测水质变化趋势和沉积污染物对水体的潜在危险提供依据。

二、样品采集

底质监测断面的位置应与水质监测断面重合,采样点在水质采样点垂线的正下方,以便于与水质监测情况进行比较;当正下方无法采样时,可略作移动。湖(库)底质采样点一般应设在主要河流及污染源水进入后与湖(库)水混合均匀处。采样点应避开底质沉积不稳定、易受搅动和水表层水草茂盛之处。

由于底质受水文、气象条件影响较小,比较稳定,一般每年枯水期采样测定一次,必要时可在丰水期增采一次。底质采样量视监测项目、目的而定,通常为 1~2kg,一次采样量不够时,可在采样点周围采集,并将样品混匀。样品中的砾石、贝壳、动植物残体等杂质应予以剔除。

在较深水域采集表层底质,一般用掘式采泥器。采集供测定污染物垂直分布情况的底质样品,用管式泥芯采样器采集柱状样品。在浅水或干涸河段,用长柄塑料勺或金属铲采集即可。样品尽量沥去水分后,装入玻璃瓶或塑料袋内,贴好标签,填写好采样记录表。

底质采样一般与水质采样同时或紧接进行,样品的保存与运输方法与水样相同。

三、样品的制备、分解和提取

底质样品送交实验室后,应尽快处理和分析,如放置时间较长,应放于 $-20 \sim -40℃$ 的冷冻柜中保存。在处理过程中应尽量避免沾污和污染物损失。

(一)制备

1.脱水

底质中含有大量水分,必须用适当的方法除去,不可直接在日光下曝晒或高温烘干。常用脱水方法有:在阴凉、通风处自然风干(适于待测组分较稳定的样品);离心分离(适于待测组分易挥发或易发生变化的样品);真空冷冻干燥(适用于各种类型样品,特别是测定对光、热、空气不稳定组分的样品);无水硫酸钠脱水(适于测定油类等有机污染物的样品)。

2.筛分

将脱水干燥后的底质样品平铺于硬质白纸板上,用玻璃棒等压散(勿破坏自然粒径)。剔除砾石及动植物残体等杂物,使其通过 20 目筛。筛下样品用四分法缩分至所需量。用玛瑙研钵(或玛瑙碎样机)研磨至全部通过 80~200 目筛,装入棕色广口瓶中,贴上标签备用。但测定汞、砷等易挥发元素及低价铁、硫化物等时,不能用碎样机粉碎,且仅通过 80 目筛。

测定金属元素的试样,使用尼龙材质网筛;测定有机物的试样,使用铜材质网筛。

对于用管式泥芯采样器采集的柱状样品,尽量不要使分层状态破坏,经干燥后,用不锈钢小刀刮去样柱表层,然后按上述表层底质方法处理。如欲了解各沉积阶段污染物质的成分和含量变化,可沿横断面截取不同部位样品分别处理和测定。

(二)分解或浸取

底质样品的分解方法随监测目的和监测项目不同而异,常用的分解方法有以下几种:

1.硝酸—氢氟酸—高氯酸(或王水—氢氟酸—高氯酸)分解法

该方法也称全量分解法,适用于测定底质中元素含量水平及随时间变化和空间分布的样品分解。其分解过程是称取一定量样品于聚四氟乙烯烧杯中,加硝酸(或王水)在低温电热板上加热分解有机质。取下稍冷,加适量氢氟酸煮沸(或加高氯酸继续加热分解并蒸发至约剩 0.5mL 残液)。再取下冷却,加入适量高氯酸,继续加热分解并蒸发至近干(或加氢氟酸加热挥发除硅后,再加少量高氯酸蒸发至近干)。最后,用 1% 硝酸煮沸溶解残渣,定容,备用。这样处理得到的试液可测定全量 Cu、Pb、Zn、Cd、Ni、Cr 等。

2.硝酸分解法

该方法能溶解出由于水解和悬浮物吸附而沉淀的大部分重金属,适用于了解底质受污染的状况。其分解过程是称取一定量样品于 50mL 硼硅玻璃管中,加几粒沸石和适量浓硝酸,徐徐加热至沸并回流 15 分钟,取下冷却,定容,静置过夜,取上清液分析测定。

3.水浸取法

称取适量样品,置于磨口锥形瓶中,加水,密塞,放在振荡器上振摇 4 小时,静置,用干滤纸过滤,滤液供分析测定。该方法适用于了解底质中重金属向水体释放情况的样品分解。

(三)有机污染物的提取

提取方法和仪器参阅后面土壤样品的制备。

四、污染物质的测定

底质中的污染物也分为金属化合物、非金属化合物和有机化合物,其具体测定项目应与相应水质监测项目相对应。通常测定镉、铅、锌、铜、铬、砷、无机汞、有机汞、硫化物、氰化物、氟化物等金属、非金属无机污染物和酚、多氯联苯、有机氯农药、有机磷农药等有机污染物。

当测定金属和非金属无机污染物时,根据监测项目选择分解或酸溶方法处理样品,所得试样溶液选用水质监测中同样项目的监测方法测定。

当测定有机污染物时,选择适宜的方法提取样品中欲测组分后,用废(污)水或土壤监测中同样项目的监测方法测定。

技能训练

实训一　水样色度的测定

水样色度的测定方法有铂钴比色法和稀释倍数法。这两种方法应独立使用,一般没有可比性。铂钴比色法适用于较清洁水、轻度污染并略带有黄色色调的地面水、地下水和饮用水等。而稀释倍数法适用于受工业污染较严重的地面水和工业废水颜色的测定。

一、铂钴比色法

本法最低检测色度为 5 度,测定范围 5～70 度。

（一）实训目的

1. 了解样品的采集和保存;

2. 掌握标准色列的配制及色度的测定。

（二）原理

将一定量的氯铂酸钾与六水合氯化钴（Ⅱ）配成颜色标准色列,与被测水样进行目视比色,确定待测水样的色度。

（三）仪器

1. 50mL 具塞比色管（同一规格且刻度线高度一致）。

2. 吸量管。

3. pH 计:精度±0.1pH 单位。

4. 离心机。

（四）试剂

分析测试使用的试剂及水,除另有说明的除外,分析时均使用符合国家标准或专业标准的分析纯试剂、去离子水或同等纯度的水。

1. 光学纯水:用在 100mL 蒸馏水或去离子水中浸泡 1h 的 0.2μm 滤膜,过滤蒸馏水或去离子水,弃去初液 250mL。贮水器应为无色、用光学纯水润洗 2～3 次的玻璃试剂瓶。用此水配制标准溶液和实验用水。

2. 铂钴标准溶液:称取 1.246g 氯铂（Ⅳ）酸钾（K_2PtCl_6,相当于 500mg 的铂）和 1.000g 六水合氯化钴（Ⅱ）（$CoCl_2 \cdot 6H_2O$,相当于 250mg 的钴）溶于约 100mL 水中,加 100mL 盐酸（$\rho=1.18g/mL$）,用水稀释至 1000mL。此溶液色度为 500 度,保存在玻璃试剂瓶中,存放暗处。

（五）实训内容

1. 采样

用至少 1L 的清洁无色的玻璃瓶按采样要求采集具有代表性的水样。

2. 标准色列的配制

在一组 50mL 的比色管中,用移液管分别加入 0.00mL、0.50mL、1.50mL、2.00mL、2.50mL、3.00mL、3.50mL、4.50mL、5.00mL、6.00mL、7.00mL 的铂钴标准溶液,用水稀释至刻度线,混匀。密塞保存。此标准色列可长期使用,但应防止此溶液蒸发及被玷污。请将对应的色度记录在数据记录实表 2-1 中。

3. 水样处理

将水样倒入 250mL 量筒中,静置 15min。

4. 测定

分取 50.0mL 澄清透明水样于比色管中。若水样色度≥70 度,可酌情少取,用水稀释至 50.0mL,使色度值落在标准溶液的色度范围内。

将水样与标准色列进行目视比色。观察时,在光线充足处,将水样与标准色列并列垂直放置,用白瓷板或白纸作衬底,目光自管口垂直向下观察,记下与水样色度相当的铂钴色度标准色列的色度。

(六)数据处理

1.水样未经稀释,可直接根据观测报告与水样最接近的标准溶液的度值。若在 0～40 度(不包括 40 度)的范围内准确到 5 度;若在 40～70 度范围内,准确到 10 度。同时报告水样的 pH 值。

2.经稀释的水样色度(A_0),也以度计。利用下式即可计算出待测水样的色度。色度测定数据记录在实表 2-1 中。

$$A_0 = A_1 \frac{V_1}{V_0}$$

式中:A_0—稀释后水样的色度,度;

A_1—稀释后水样的色度观察值,度;

V_1—水样稀释后的体积,mL;

V_0—取原水样的体积,mL。

实表 2-1 色度测定数据记录

水样 pH＝

编号	1	2	3	4	5	6	7	8	9	10	11	12	13
标准溶液/mL	0.00	0.50	1.00	1.50	2.00	2.50	3.00	3.50	4.00	4.50	5.00	6.00	7.00
色度/度													
水样色度/度													

(七)注意事项

1.如水样浑浊,则放置澄清或用离心法或用微孔 $0.45\mu m$ 滤膜滤去悬浮物,但不能用滤纸过滤。若预处理后仍得不到透明水样,则用"表色"报告。

2.要取代表性的水样,盛于清洁、无色的玻璃瓶中,尽快测定。否则应于 4℃ 保存并在 48h 内测定。

3.如实验室无氯铂酸钾,可用重铬酸钾代替。称取 0.0437g $K_2Cr_2O_7$ 和 1.000g $C_OSO_4 \cdot 6H_2O$,溶于少量水中,加 0.50mL 浓硫酸,用水稀释至 500mL。此溶液色度为 500 度。不宜久存。

4.如水样色度恰好在两标准色列之间,则取两者中间数值。如果水样色度大于 70 度,则将水样稀释一定倍数后再进行比色。

二、稀释倍数法

(一)实训目的

1.掌握用文字描述工业废水颜色及稀释倍数法的操作;

2.了解水样的干扰及消除方法。

(二)原理

把水样用光学纯水稀释到目视比较和光学纯水相比刚好看不见颜色时的稀释倍数,以此表示水样的色度,单位是倍。目视观察水样,用文字描述水样的颜色,如深蓝色、棕黄色或暗黑色等。如有可能应包括水样的透明度。所以结果以稀释倍数和文字描述相结合来表示水样的色度。

(三)仪器

1.50mL 具塞比色管(同一规格且刻度线高度一致)。

2.pH 计:精度±0.1pH 单位。

(四)实训内容

1.首先用文字描述水样颜色的种类。取 100mL 或 150mL 澄清水样于烧杯中,将烧杯置于白瓷片或白纸上,观察并描述其颜色的种类。

2.分取澄清的水样,用光学纯水以 2 的倍数逐级稀释,摇匀,将比色管以白瓷片或白纸为背景,自管口向下观察水样的颜色,并和光学纯水作对比,直至水样稀释至刚好与光学纯水无法区别为止,记下此时的稀释次数。

(五)数据处理

1.色度(倍)用下式计算得到:

$$色度(倍) = 2^n$$

式中:n—以 2 的倍数稀释水样至刚好与光学纯水相比无法区别为止时的稀释次数。

2.用文字来描述水样的颜色深浅、色调、透明度和 pH 值。

(六)注意事项

1.所取水样应无树叶、枯枝等杂物。

2.如果测定水样的真色,应用离心法去除悬浮物。如测定水样的表色,水样中大颗粒悬浮物干扰测定,应放置待其沉降后测定。

实训二　水中悬浮物(SS)的测定

一、实训目的

1.掌握水中悬浮物测定的原理;

2.掌握烘箱、滤膜、分析天平的使用;

3.能完成水中悬浮物的测定操作。

二、原理

悬浮物,又称不可滤残渣,是指截留在滤料上并于 103～105℃ 烘至恒重的固体。测定的方法是将单位体积水样通过滤料后,烘干固体残留物及滤料,将所称重量减去滤料重量,即为该水样的悬浮物值。

滤料,即孔径为 $0.45\mu m$ 滤膜或中速定量滤纸,若采用滤膜过滤则多采用负压抽滤,采用中速定量滤纸可用常压过滤方式。

三、仪器

1.电热恒温烘箱。

2. 分析天平。

3. 玻璃干燥器。

4. 全玻璃或微孔滤膜过滤器。

5. 滤膜,孔径 0.45 μm、直径 45～60 mm 或中性定量滤纸。

6. 称量瓶,内径为 30～50 mm。

7. 无齿扁嘴镊子。

四、试剂

蒸馏水或同等纯度的水。

五、实训内容

1. 水样采集

现场采样前,先用欲取水样洗涤容器 2～3 次,采集的水样如有大块漂浮物应及时去除。

2. 滤膜(或滤纸)准备

用无齿扁嘴镊子夹取微孔滤膜放于事先恒重的称量瓶里,移入烘箱中于 103～105℃烘干半小时后,取出置干燥器内冷却至室温称其质量。反复烘干、冷却、称量,直至两次称量的质量差≤0.2mg。将恒重的微孔滤膜(或将中性定量滤纸用蒸馏水洗去可溶性物质,再烘干至恒重)正确的放在滤膜过滤器的滤膜托盘上,加盖配套的漏斗,并用夹子固定好。以蒸馏水湿润滤膜,并不断吸滤。

3. 水样的测定

量取充分混合均匀的水样 100mL 抽吸过滤,使水样全部通过滤膜(或滤纸)。再以每次 10mL 蒸馏水连续洗涤三次,继续吸滤以除去痕量水分。停止吸滤后,仔细取出载有悬浮物的滤膜放在原恒重的称量瓶里,移入烘箱中于 103～105℃下烘干 1h 后移入干燥器中,使冷却到室温,称其质量。反复烘干、冷却、称量,直到两次称量的质量差≤0.4mg 为止。

六、数据处理

1. 测定结果记录(实表 2-2)

实表 2-2　水样悬浮物测定数据记录

测定方法	滤膜(滤纸)法	
	滤膜(滤纸)＋称量瓶质量/g	
称量次数	过滤前,m_1	过滤后,m_2
第 1 次		
第 2 次		
第 3 次		
第 4 次		
恒重值		
悬浮固体/(mg/L)		

2.计算

$$悬浮性固体(不可过滤残渣,mg/L) = \frac{(m_2 - m_1) \times 1000 \times 1000}{V}$$

式中:m_1—滤膜(或滤纸)+称量瓶质量,g;

　　m_2—悬浮物+滤膜(或滤纸)+称量瓶质量,g;

　　V—水样体积,mL。

七、注意事项

1.测定前应将水样中的树叶、木棒、水草等杂物从水中除去。

2.贮存水样时不能加入任何保护剂,以防止破坏物质在固、液相间的平衡分配。

3.废水黏度高时,可加 2~4 倍蒸馏水稀释,振荡均匀,待沉淀物下降后再过滤。

4.烘干温度和时间对测定结果有明显影响,务必注意过滤后的滤膜(或滤纸)不要过高温(烘箱内温度绝对不能高于 110℃)下长时间烘干,否则会严重影响结果的准确性,甚至出现计算结果为负值。

5.称重时必须准确控制时间和温度,并且每次按同样次序烘干、称重,这样容易得到恒重。

6.报告结果时应注明测定方法、过滤材料及烘干温度等。

实训三　水样浊度的测定

一、实训目的

1.掌握分光光度法测定浊度的原理和操作;
2.学会标准曲线的绘制。

二、原理

在适宜的温度下,硫酸肼与六次甲基四胺溶液进行聚合反应,形成白色高分子聚合物。以此作测定浊度的标准溶液,在同一条件下,于 680nm 波长处,分别测定水样和标准系列的吸光度,由校准曲线可查取测定水样的浊度,最后根据计算可知原水样的浊度。

该方法适用于天然水、饮用水、高浊度水浊度的测定,最低检测度为 3 度。

三、仪器

1.50mL 具塞比色管,规格一致。
2.可见分光光度计。

四、试剂

1.无浊度水:将蒸馏水通过 0.2μm 滤膜过滤,收集于过滤水荡洗两次的烧瓶中。实验过程中所用的水均为无浊度水。

2.硫酸肼溶液:准确称取 1.000g 硫酸肼$[(NH_2)_2SO_4 \cdot H_2SO_4]$溶于水,定容于 100mL

容量瓶中。

3.六次甲基四胺溶液:准确称取 10.00g 六次甲基四胺$[(CH_2)_6N_4]$溶于水,定容于 100mL 容量瓶中。

4.浊度标准储备液:分别吸取上述配制的硫酸肼溶液与六次甲基四胺溶液各 5.00mL 于 100mL 容量瓶中,混匀。于(25 ± 3)℃下静置反应 24h。冷至室温后用水稀释至标线,混匀。此溶液浊度为 400 度。可保存 1 个月。

五、实训内容

1.浊度标准系列配制

准确移取浊度标准溶液 0.00mL、0.50mL、1.25mL、2.50mL、5.00mL、10.00mL 及 12.50mL,分别置于 7 支 50mL 的比色管中,加水至标线并摇匀。标准系列浊度分别为 0 度、4 度、10 度、20 度、40 度、80 度、100 度。

2.在 680 nm 波长,用 30 mm 比色皿测定其吸光度,并作记录。

3.吸取 50.0mL 水样于 50mL 比色管中。如浊度超过 100 度,可适量少取,用无浊度水稀释至 50.0mL。按上述同等条件测定水样的吸光度。

六、数据处理

1.测定结果记录(实表 2-3)

实表 2-3　浊度测定数据记录

编号	1	2	3	4	5	6	7	水样 1	水样 2
体积/mL	0.00	0.50	1.25	2.50	5.00	10.00	12.50		
浊度/度	0	4	10	20	40	80	100		
A									

2.绘制浊度标准曲线,然后从标准曲线上即可查出测定水样相应浊度。

3.计算。

$$浊度(度)=A\times\frac{V}{V_样}$$

式中:A—稀释后水样的浊度,度;

　　V—水样经稀释后的体积,mL;

　　$V_样$—测定时吸取原水样的体积,mL。

4.结果报告

根据计算可知水样浊度范围,由实表 2-4 准确报告其浊度值。

实表 2-4　不同浊度范围测试结果的精度要求

浊度范围	1~10	10~100	100~400	400~1000	>1000
精度/度	1	5	10	50	100

七、注意事项

1.取样后应尽快测定。如需保存,应在 4℃暗处存 24h,使用前要剧烈振摇水样,使其恢复到室温。

2.所有与样品接触的玻璃器皿必须清洁,可用盐酸或表面活性剂清洗。

3.水样中应无碎屑和易沉淀的颗粒。

4.硫酸肼毒性较强,属致癌物质,取用时注意安全。

实训四　水样六价铬的测定

一、实训目的

1.理解二苯碳酰二肼光度法测水样中六价铬的原理;

2.熟悉可见分光光度计的使用操作;

3.掌握水样六价铬的测定技术。

二、原理

在酸性溶液中,六价铬离子与二苯碳酰二肼反应,生成紫红色化合物,其最大吸收波长为 540 nm,吸光度与溶液中紫红色化合物的浓度之间的关系符合比尔定律。

三、仪器

1.分光光度计。

2.50mL 具塞比色管、移液管、容量瓶等。

四、试剂

1.丙酮。

2.(1+1)硫酸。

3.(1+1)磷酸。

4.2g/L 氢氧化钠溶液。

5.氢氧化锌共沉淀剂:称取硫酸锌($ZnSO_4 \cdot 7H_2O$)8g,溶于 100mL 水中;称取氢氧化钠 2.4g,溶于 120mL 水中。将以上两溶液混合。

6.40g/L 高锰酸钾溶液。

7.铬标准储备液:称取于 120℃ 干燥 2h 的重铬酸钾(优级纯)0.2829g,用水溶解,移入 1000mL 容量瓶中,用水稀释至标线,摇匀。每毫升储备液含 0.100mg 六价铬。

8.铬标准使用液:吸取 5.00mL 铬标准储备液于 500mL 容量瓶中,用水稀释至标线,摇匀。每毫升标准使用液含 $1.00\mu g$ 六价铬。使用当天配制。

9.200g/L 尿素溶液。

10.20g/L 亚硝酸钠溶液。

11.二苯碳酰二肼溶液:称取二苯碳酰二肼(简称 DPC,$C_{13}H_{14}N_4O$)0.2g,溶于 50mL 丙酮中,加水稀释至 100mL,摇匀,贮于棕色瓶中,置于冰箱中保存。颜色变深后不能再用。

五、实训内容

1.水样预处理

(1)对不含悬浮物、低色度的清洁地面水,可直接进行测定。

(2)如果水样有色但不深,可进行色度校正。即另取一份试样,加入除显色剂以外的各种试剂,以 2mL 丙酮代替显色剂,用此溶液为测定试样溶液吸光度的参比溶液。

(3)对浑浊、色度较深的水样,应加入氢氧化锌共沉淀剂并进行过滤处理。

(4)水样中存在次氯酸盐等氧化性物质时,干扰测定,可加入尿素和亚硝酸钠消除。

(5)水样中存在低价铁、亚硫酸盐、硫化物等还原性物质时,可将 C_r^{6+} 还原为 C_r^{3+},此时,调节水样 pH 值至 8,加入显色剂溶液,放置 5min 后再酸化显色,并以同样方法作标准曲线。

2.标准曲线的绘制

(1)取 7 支 50mL 比色管,依次加入 0.00mL、0.50mL、1.00mL、2.00mL、4.00mL、6.00mL 和 8.00mL 铬标准使用液,用水稀释至标线,加入(1+1)硫酸 0.5mL 和(1+1)磷酸 0.5mL,摇匀。

(2)加入 2mL 显色剂溶液,摇匀。放置 5～10min 后,于 540nm 波长处,用 1cm 或 3cm 比色皿以水为参比,测定吸光度并作空白校正。

(3)以吸光度为纵坐标,相应六价铬含量为横坐标绘出标准曲线。

3.水样的测定

(1)取适量(含 Cr^{6+} 少于 50μg)无色透明或经预处理的水样于 50mL 比色管中,用水稀释至标线,测定方法同标准溶液。

(2)进行空白校正后根据所测吸光度从标准曲线上查得六价铬含量。

六、数据处理

1.测定结果记录(实表 2-5)

实表 2-5　水样中六价铬含量测定数据记录

编　　号	标　　准　　曲　　线							水　　样		
	0	1	2	3	4	5	6	1	2	3
铬标准溶液用量/mL	0.00	0.50	1.00	2.00	4.00	6.00	8.00			
含 C_r^{6+} 的 μg 数	0.00	0.50	1.00	2.00	4.00	6.00	8.00			
吸光度 A										

2.计算

$$水样六价铬浓度(mg/L) = \frac{m}{V}$$

式中:m—从标准曲线上查得的六价铬的含量,μg;

　　　V—水样的体积,mL。

七、注意事项

1.用于测定铬的玻璃器皿不应用重铬酸钾洗液洗涤,可用合成洗涤剂洗涤后再依次用浓硝酸洗涤,然后自来水、蒸馏水淋洗干净。

2. 六价铬与显色剂的显色反应一般控制酸度在 0.05～0.3mol/L（1/2 H_2SO_4），以 0.2mol/L 时显色最好。显色前，水样应调至中性。显色温度和放置时间对显色有影响，在 15℃时，5～15min 后颜色即可稳定。

3. 如测定清洁地面水样，显色剂可按以下方法配制：溶解 0.2g 二苯碳酰二肼于 100mL 95％的乙醇中，边搅拌边加入（1+9）硫酸 400mL。该溶液在冰箱中可存放 1 个月。用此显色剂，在显色时直接加入 2.5mL 即可，不必再加酸。但加入显色剂后，要立即摇匀，以免六价铬被乙酸还原。

实训五　原子吸收分光光度法测定水中的铅、镉

一、实训目的

1. 理解原子吸收分光光度法的原理；
2. 熟悉原子吸收分光光度计的使用方法；
3. 学会用原子吸收分光光度计测定同一水样中多种重金属的技术。

二、原理

水样溶液经消解后，被喷入空气-乙炔火焰，在高温下原子化，当从空心阴极灯发射的待测元素的特征谱线通过火焰时，待测元素的基态原子对特征谱线产生吸收，吸光度与溶液待测元素浓度成正比。

铅（Pb）和镉（Cd）的特征波长分别为 283.3nm 和 228.8nm，可见两者的特征光波长相差很大，同时，原子吸收分光光度计采用锐线光源，即各自的空心阴极灯，所以测定水样中的 Pb 时 Cd 不干扰，测定 Cd 时 Pb 亦不会干扰。

三、仪器

1. 原子吸收分光光度计。
2. 铅空心阴极灯。
3. 镉空心阴极灯。
4. 容量瓶。

四、试剂

1. （1+1）硝酸：优级纯。

2. 铅标准储备液：称取 0.5000g 金属铅（99.9％），置于 100mL 烧杯中，加（1+1）硝酸 20mL 使其溶解完全，冷却后再加（1+1）硝酸 20mL，混匀完全转移到 500mL 容量瓶中，用去离子水定容，摇匀后贮存于塑料瓶中。此溶液每毫升含 $1000\mu g$ 铅。

3. 镉标准储备液：称取 0.5000g 金属镉粉（光谱纯），溶解于 25mL（1+1）硝酸（微热溶解）中，冷却，移入 500mL 容量瓶中，用去离子水定容。此溶液每毫升含 $1000\mu g$ 镉。

4. 镉标准使用液：在 100mL 容量瓶中，精确加入 $1000\mu g/mL$ 的镉标准储备液 10.0mL，用去离子水稀释定容，摇匀备用。此镉标准使用液每毫升含 $100\mu g$ 镉。

5. 铅镉混合标准使用液:在 1000mL 容量瓶中,分别精确加入 1000μg/mL 的铅标准储备液 50mL、100μg/mL 的镉标准使用液 50mL,再加(1+1)硝酸 50mL,用去离子水稀释定容,摇匀备用。此铅镉混合标准使用液每毫升含铅 50μg、含镉 5μg。

五、实训内容

1. 水样预处理

对于受污染的地面水和有机质含量高的工业废水,用原子吸收法测定其重金属总浓度时需要对水样进行消解处理;对于较清洁或有机质含量低的水样,测定其溶解态重金属浓度时可不消解。

(1)取 50mL 或适量(约含铅 200μg、含镉 3μg)水样,置于 150mL 烧杯中,加入 5mL 浓硝酸,电热板加热,消解,蒸至近 10mL 左右,加入 5mL 硝酸和 5mL 高氯酸,继续加热至大量白烟冒出,如试液呈较深颜色,则再补加少量硝酸,继续加热至白烟冒尽,切忌煮干。

(2)冷却,加入(1+1)硝酸 2mL 溶解,完全移入 50mL 容量瓶中,用去离子水定容。

2. 空白试验

用去离子水代替水样,采用与样品相同的方法和步骤测定空白值。

3. 标准系列配制

取 6 个 50mL 容量瓶,依次加入 0.00mL、1.00mL、2.00mL、4.00mL、6.00mL 和 8.00mL 铅镉混合标准使用液,再加入(1+1)硝酸 5mL,用去离子水定容,摇匀。此混合标准系列各金属离子浓度分别为铅:0.0μg/mL、1.0μg/mL、2.0μg/mL、4.0μg/mL、6.0μg/mL 和 8.0μg/mL;镉:0.0μg/mL、0.1μg/mL、0.2μg/mL、0.4μg/mL、0.6μg/mL 和 0.8μg/mL。

4. 仪器条件选择

按所在实验室提供的原子吸收分光光度计的使用说明书启动仪器,参考实表 2-6 调节仪器状态条件。

实表 2-6　仪器状态条件选择

测定元素	Pb	Cd
空心阴极灯	铅灯	镉灯
特征波长/nm	283.8	228.8
光谱宽带/nm	2.0	1.3
灯电流/mA	2.0	2.0
燃气—压力/MPa—流量/L/min	C_2H_2—0.09—1.5	C_2H_2—0.09—1.0
助气—压力/MPa—流量/L/min	空气—0.3—6.5	空气—0.3—6.5
火焰类型	氧化性蓝色焰	氧化性蓝色焰

5. 测定

(1)在测铅状态下,测定标准系列溶液的吸光度 A(Pb),相同条件下测定空白和水样(消解过的)的吸光度。

(2)在测镉状态下,测定标准系列溶液的吸光度 A(Cd),相同条件下测定空白和水样

（消解过的）的吸光度。

六、数据处理

1. 测定结果记录（实表 2-7）

实表 2-7　水中铅、镉测定数据记录

编　号	标　准　系　列						水　样		
	0	1	2	3	4	5	0	1	2
$c(Pb)/(\mu g/mL)$	0.0	1.0	2.0	4.0	6.0	8.0			
吸光度 $A(Pb)$									
$c(Cd)/(\mu g/mL)$	0.0	0.1	0.2	0.4	0.6	0.8			
吸光度 $A(Cd)$									

2. 标准曲线的绘制与使用

（1）以浓度 $c(Pb)$ 为横坐标、吸光度 $A(Pb)$ 为纵坐标在直角坐标纸上分别绘制铅的标准曲线。根据水样的吸光度 $A^*(Pb)$（扣除空白吸收值）在该标准曲线上查找对应的 $c^*(Pb)$。

（2）以浓度 $c(Cd)$ 为横坐标、吸光度 $A(Cd)$ 为纵坐标在直角坐标纸上分别绘制镉的标准曲线。根据水样的吸光度 $A^*(Cd)$（扣除空白吸收值）在该标准曲线上查找对应的 $c^*(Cd)$。

3. 计算

$$水样铅浓度(mg/L) = c^*(Pb) \times \frac{50}{V}$$

式中：$c^*(Pb)$—从标准曲线上查得的 Pb 浓度量，$\mu g/mL$；

50—定容体积，mL；

V—水样的体积，mL。

$$水样镉浓度(mg/L) = c^*(Cd) \times \frac{50}{V}$$

式中：$c^*(Cd)$—从标准曲线上查得的 Cd 浓度量，$\mu g/mL$；

50—定容体积，mL；

V—水样的体积，mL。

七、注意事项

1. 水样消解时要注意观察，细心控制消解温度，禁忌温度过高反应物溢出和把试样蒸干。补加酸时，务必要等试样冷却后进行。

2. 高氯酸一定要在易分解有机质消解殆尽后加入，防止高氯酸与有机质反应过快而发生爆炸，切记。

3. 提供的仪器状态仅供参考，测定最佳状态随仪器型号不同而异，请以所用仪器的使用手册为准。

实训六　水样硬度的测定

一、实训目的

1. 了解硬度的概念和水样硬度测定的化学原理;
2. 掌握水样硬度的测定技术。

二、原理

EDTA 可与水中钙、镁离子生成无色可溶性络合物,指示剂铬黑 T 能与钙、镁离子生成紫红色络合物。用 EDTA 滴定钙、镁离子到终点时,钙、镁离子全部与 EDTA 络合而使铬黑 T 游离,溶液即由紫红色变为蓝色。

三、仪器

1. 50mL 滴定管。
2. 250mL 锥形瓶。
3. 50mL、5mL 的移液管。

四、试剂

1. (1+1)HCl 溶液。
2. NH_3-NH_4Cl 缓冲溶液(pH=10):称取 54g 氯化铵溶于 410mL 浓氨水,加水稀释至 1000mL。
3. 铬黑 T 指示剂:称取 0.5g 铬黑 T,用 95%乙醇溶解,并稀释到 100mL,置于冰箱中保存,存期 30d。
4. 1∶1 氨水。
5. EDTA 二钠盐标准溶液:称取 3.72g 乙二胺四乙酸二钠盐(EDTA-2Na·2H_2O)溶解于 1000mL 蒸馏水中。该 EDTA 二钠盐标准溶液的准确浓度按下面的方法标定。
   (1)锌标准溶液:准确称取干燥的锌粒 0.6537g,置于 250mL 烧杯中,盖上表面皿,缓慢加入 20mL(1+1)HCl 溶液,必要时可加热溶解。溶解后将溶液转入 1000mL 容量瓶中,用蒸馏水稀释至刻度线,摇匀。计算锌标准溶液准确浓度。

$$c_1(\text{mol/L}) = \frac{m}{M}$$

式中:m—锌粒的质量,g;
　　　M—锌的摩尔质量,g/mol。
   (2)吸取 25.00mL 锌标准溶液于 250mL 锥形瓶中,滴加 1∶1 氨水,并不断摇动直到开始出现 $Zn(OH)_2$ 白色絮状沉淀,再加入 5mL 缓冲溶液、20mL 蒸馏水、3 滴铬黑 T 指示剂,摇动锥形瓶,使指示剂溶解,溶液呈明显酒红色。用欲标定的 EDTA 溶液滴定到由酒红色变为纯蓝色即为终点,计算 EDTA 溶液的准确浓度。

$$c_2(\text{mol/L}) = \frac{c_1 \times V_1}{V}$$

式中：c_1—锌标准溶液的浓度，mol/L；

　V_1—所取锌标准溶液的体积，mL；

　V—消耗 EDTA 溶液的体积，mL。

5.5％硫化钠溶液。

6.10％盐酸羟胺溶液。

7.10％氰化钾溶液（注意：此溶液剧毒）。

五、实训内容

1.水样的采集和制备

一般水样不需要预处理。如水样中有大量泥沙、悬浮物，必须及时离心或澄清，通过 $0.45\mu m$ 有机微孔滤膜过滤后清水用硝酸调至 pH 小于 2。水样采集后应在 24h 内完成测定，否则，每升水样中应加 10mL 硝酸做保存剂，使 pH 降至 2 以下。

2.水样测定

（1）用移液管吸取 50mL 水样（若硬度过大，可取稀释水样，硬度过小可取 100mL 水样）于 250mL 的锥形瓶中。

（2）加入 4mL 缓冲液、3 滴铬黑 T 指示剂，立即用 EDTA 二钠盐溶液滴定至溶液由紫红色变为稳定蓝色为止，记录用量。

六、数据处理

1.测定结果记录（实表 2-8）

实表 2-8　水样硬度测定数据记录

水样	水样体积 V/mL	EDTA 二钠盐溶液准确浓度 c/(mol/L)	EDTA 二钠盐溶液消耗量 V_0/(mL)	水样总硬度 $CaCO_3$(mg/L)
1				
2				
3				
平均值				

2.计算

$$总硬度(CaCO_3, mg/L) = \frac{c \times V_0 \times 100.9}{V} \times 1000$$

式中：V_0—消耗 EDTA 二钠盐溶液的体积，mL；

　c—EDTA 二钠盐标准溶液的浓度，mol/L；

　V—所取水样体积，mL。

七、注意事项

1.若水样中含有金属干扰离子，会使滴定终点延迟或颜色发暗，可先向水样中加入 0.5mL 10％盐酸羟胺溶液和 1mL 5％硫化钠溶液或 0.5mL 10％氰化钾溶液，再进行滴定。

2.滴定快到终点时,务必要充分振荡锥形瓶以使 EDTA 与水样充分混合。

3.缓冲液中的氨气易挥发,应密封保存,或现用现配。否则,会影响滴定时水样的 pH 值,影响配位反应的进行,使结果偏低。

4.如果水样经过酸化保存,可用计算量的氢氧化钠中和,计算结果时应把水样由于加酸或加碱的稀释考虑在内。

5.本方法不适用于含盐量高的水,如海水。

实训七　水中溶解氧的测定

一、实训目的

1.理解碘量法测定水中溶解氧的原理;

2.学会溶解氧采样瓶的使用方法;

3.掌握碘量法测定水中溶解氧的操作技术要点。

二、原理

水样中加入硫酸锰和碱性碘化钾,水中溶解氧将低价锰氧化成高价锰,生成四价锰的氢氧化物棕色沉淀。加酸后,氢氧化物沉淀溶解,并与碘离子反应而释放出游离碘。以淀粉为指示剂,用硫代硫酸钠标准溶液滴定释放出的碘,根据滴定溶液消耗量计算溶解氧含量。

三、仪器

1.250~300mL 溶解氧瓶。

2.50mL 酸式滴定管。

3.移液管。

4.250mL 碘量瓶。

四、试剂

1.硫酸锰溶液:称取 480g 硫酸锰($MnSO_4 \cdot 4H_2O$)溶于水,用水稀释至 1000mL。此溶液加至酸化过的碘化钾溶液中,遇淀粉不得产生蓝色。

2.碱性碘化钾溶液:称取 500g 氢氧化钠溶于 300~400mL 水中;另称取 150g 碘化钾溶于 200mL 水中,待氢氧化钠溶液冷却后,将两溶液合并、混匀,用水稀释至 1000mL。如有沉淀,则放置过夜后,倾出上层清液,贮于棕色瓶中,用橡皮塞塞紧,避光保存。此溶液酸化后,遇淀粉应不呈蓝色。

3.浓硫酸($\rho = 1.84g/mL$)。

4.1% 淀粉溶液:称取 1g 可溶性淀粉,用少量水调成糊状,再用刚刚煮沸的水稀释至 100mL。冷却后加入 0.1g 水杨酸或 0.4g 氯化锌($ZnCl_2$)防腐剂。此溶液遇碘应变为蓝色,如变成紫色表示已有部分变质,要重新配制。

5.(1+5)硫酸溶液:取 1 体积 1.84g/mL 的浓硫酸慢慢加到盛有 5 体积水的烧杯中,搅匀冷却后,转入试剂瓶中。

6.重铬酸钾标准溶液[$c(1/6\ K_2Cr_2O_7)=0.0250mol/L$]:称取于 105～110℃烘干2h并冷却至恒重的优级纯重铬酸钾 1.2258g,溶于水,移入 1000mL 容量瓶中,用水稀释至标线,摇匀。

7.硫代硫酸钠溶液:称取 6.2g 硫代硫酸钠($Na_2S_2O_3 \cdot 5H_2O$)溶于煮沸放冷的水中,加入 0.2g 碳酸钠,用水稀释至 1000mL,贮于棕色瓶中,使用前用 0.0250mol/L 重铬酸钾标准溶液标定。

标定方法:于 250mL 碘量瓶中依次加入 1g 碘化钾及 100mL 蒸馏水、10.00mL 重铬酸钾标准溶液[$c(1/6K_2Cr_2O_7)=0.0250mol/L$]和5mL(1+5)硫酸,密塞,摇匀,于暗处静置 5min 后,用待标定的硫代硫酸钠溶液滴定,待溶液变成淡黄色,加入 1mL 淀粉溶液,继续滴定至蓝色刚好褪去,记录硫代硫酸钠溶液消耗量 V(mL),则硫代硫酸钠溶液浓度为:

$$c(Na_2S_2O_3)=\frac{10.00\times0.0250}{V}$$

式中:c—硫代硫酸钠溶液浓度,mol/L;

V—硫代硫酸钠溶液消耗量,mL。

五、实验步骤

1.水样采集

用溶解氧瓶采集水样。先用欲采水样冲洗溶解氧瓶,再沿瓶壁直接倾注水样或用虹吸法将吸管插入溶解氧瓶底部,注入水样至水向外溢流瓶容积的 1/3～1/2(持续 10s 左右)。采集水样后,为防止溶解氧的变化,应立即加固定剂于水样中,并存于冷暗处,同时记录水温和大气压力。

2.水样测定

(1)溶解氧的固定。用移液管插入溶解氧瓶的液面下,加入 1mL 硫酸锰溶液、2mL 碱性碘化钾溶液,盖好瓶盖,颠倒混合数次,静置。一般在取样现场固定。

(2)溶解。打开瓶塞,立即用移液管插入液面下加入 2.0mL 硫酸,盖好瓶塞,颠倒混合摇匀,至沉淀物全部溶解,放于暗处静置 5min。

(3)滴定。吸取 100.0mL 上述溶液于 250mL 锥形瓶中,用硫代硫酸钠滴定至溶液呈淡黄色,加 1mL 淀粉溶液,继续滴定至蓝色刚好褪去,记录硫代硫酸钠溶液的用量。

六、数据处理

1.测定结果记录(实表 2-9)

实表 2-9　水中溶解氧测定数据记录

水样编号	硫代硫酸钠标准溶液浓度 $c/(mol/L)$	硫代硫酸钠溶液消耗量 V/mL	水样溶解氧值 DO(mg/L)
1			
2			
3			
平均值			

2.计算

$$溶解氧浓度(O_2,mg/L)=\frac{c\times V\times 8\times 1000}{V_水}$$

式中:c——硫代硫酸钠标准溶液浓度,mol/L;

　　　V——滴定消耗硫代硫酸钠标准溶液的体积,mL;

　　　$V_水$——水样体积,mL;

　　　8——氧(1/2 O)摩尔质量,g/mol。

七、注意事项

1.当水样中亚硝酸盐氮含量高于 0.05mg/L 时会干扰测定,可加入叠氮化钠使水中的亚硝酸盐分解而消除干扰。其加入方法是预先将叠氮化钠加入碱性碘化钾溶液中。

2.若水样中含 Fe^{3+} 达 100~200mg/L 时,可加入 1mL 40% 的氟化钾溶液消除干扰。

3.若水样中含氧化性物质(如游离氯等),应预先加入相当量的硫代硫酸钠去除。

4.水样呈强酸性或强碱性时,可用氢氧化钠或盐酸调至中性后测定。

5.在固定溶解氧时,若没有出现棕色沉淀,说明溶解氧含量低。

6.在溶解棕色沉淀时,酸度要足够,否则碘的析出不彻底,影响测定结果。

实训八　水样化学需氧量(COD)的测定

一、实训目的

1.理解水样化学需氧量的测定原理;

2.学会安装化学需氧量测定回流装置;

3.掌握重铬酸钾法测定水样化学需氧量的操作技术。

二、原理

化学需氧量(COD 或 COD_{Cr})是指在一定条件下用重铬酸钾氧化水中的还原性物质所消耗的氧量,以 mg/L 表示。化学需氧量是反映水中还原性污染物质(一般多指有机污染物)含量大小的主要指标之一。

在强酸性溶液中,准确加入过量的重铬酸钾标准溶液,加热回流消解,将水样中还原性物质(主要是有机物)氧化,过量的重铬酸钾以试亚铁灵作指示剂、用硫酸亚铁铵标准溶液回滴,根据所消耗的重铬酸钾标准溶液量计算水样化学需氧量。

三、仪器

1.250mL 或 500mL 全玻璃回流装置。

2.加热装置(电炉)。

3.50mL 酸式滴定管、锥形瓶、移液管、容量瓶等。

四、试剂

1.重铬酸钾标准溶液[$c(1/6\ K_2Cr_2O_7)=0.2500mol/L$]:称取预先在 120℃烘干 2h 的

优级纯重铬酸钾 12.258g 溶于水中,移入 1000mL 容量瓶,稀释至标线,摇匀。

2.试亚铁灵指示液:称取 1.485g 邻菲啰啉($C_{12}H_8N_2 \cdot H_2O$)和 0.695g 硫酸亚铁($FeSO_4 \cdot 7H_2O$)溶于水中,稀释至 100mL,贮于棕色瓶内。

3.硫酸亚铁铵标准溶液$[c[(NH_4)_2Fe(SO_4)_2 \cdot 6H_2O] \approx 0.1mol/L]$:称取 39.5g 硫酸亚铁铵溶于水中,边搅拌边缓慢加入 20mL 浓硫酸,冷却后移入 1000mL 容量瓶中,加水稀释至标线,摇匀。临用前,用重铬酸钾标准溶液标定。

标定方法:准确吸取 10.00mL 重铬酸钾标准溶液于 500mL 锥形瓶中,加水稀释至 110mL 左右,缓慢加入 30mL 浓硫酸,混匀。冷却后,加入 3 滴试亚铁灵指示液(约 0.15mL),用硫酸亚铁铵溶液滴定,溶液的颜色由黄色经蓝绿色至红褐色即为终点。

$$c[(NH_4)_2Fe(SO_4)_2] = \frac{0.2500 \times 10.00}{V}$$

式中:c—硫酸亚铁铵标准溶液的浓度,mol/L;

　V—硫酸亚铁铵标准溶液的用量,mL。

4.硫酸—硫酸银溶液:于 500mL 浓硫酸中加入 5g 硫酸银。放置 1~2d,不时摇动使其溶解。

5.硫酸汞:结晶或粉末。

五、实训内容

1.取 20.00mL 混合均匀的水样(或适量水样稀释至 20.00mL)置于 250mL 磨口的回流锥形瓶中,准确加入 10.00mL 重铬酸钾标准溶液及数粒小玻璃珠或沸石,连接磨口回流冷凝管,从冷凝管上口慢慢地加入 30mL 硫酸—硫酸银溶液,轻轻摇动锥形瓶使溶液混匀,加热回流 2h(自开始沸腾时计时)。

对于化学需氧量高的废水样,可先取上述操作所需体积 1/10 的废水样和试剂于直径为 15mm、高为 150mm 硬质玻璃试管中,摇匀,加热后观察是否成绿色。如溶液显绿色,再适当减少废水取样量,直至溶液不变绿色为止,从而确定废水样分析时应取用的体积。稀释时,所取废水样量不得少于 5mL,如果化学需氧量很高,则废水样应多次逐级稀释。

当废水中氯离子含量超过 30mg/L 时,应先把 0.4g 硫酸汞加入回流锥形瓶中,再加 20.00mL 废水(或适量废水稀释至 20.00mL),摇匀。

2.稍冷后(约 70℃),用 90mL 水冲洗冷凝管壁,取下锥形瓶。溶液总体积不得少于 140mL,否则因酸度太大,滴定终点不明显。

3.溶液再度冷却后(约 40℃),加 3 滴试亚铁灵指示液,用硫酸亚铁铵标准溶液滴定,溶液的颜色由橙黄色经蓝绿色至红褐色即为终点,记录硫酸亚铁铵标准溶液的用量。

4.测定水样的同时,取 20.00mL 重蒸馏水,按同样操作步骤作空白试验。记录滴定空白时硫酸亚铁铵标准溶液的用量。

六、数据处理

1.测定结果记录(实表 2-10)

实表 2-10　水样化学需氧量(COD)测定数据记录

编号	稀释倍数	取样体积 V/mL	硫酸亚铁铵标准溶液 浓度 c/(mol/L)	硫酸亚铁铵标准溶液 消耗量 V₂/mL	化学需氧量 COD (mg/L)
空白					
1					
2					
3					

2. 计算

$$COD_{Cr}(mg/L) = \frac{(V_0 - V_1) \times c \times 8 \times 1000}{V}$$

式中:V_0—滴定空白时消耗硫酸亚铁铵标准溶液体积,mL;

　　　V_1—滴定水样时消耗硫酸亚铁铵标准溶液体积,mL;

　　　V—水样的体积,mL;

　　　c—硫酸亚铁铵标准溶液的浓度,mol/L;

　　　8—氧(1/2 O)的摩尔质量,g/mol。

七、注意事项

1. 使用 0.4g 硫酸汞络合氯离子的最高量可达 40mg,如取用 20.00mL 水样,即最高可络合 2000mg/L 氯离子浓度的水样。若氯离子的浓度较低,也可少加硫酸汞,使保持硫酸汞:氯离子＝10:1(质量比)。若出现少量氯化汞沉淀,并不影响测定。

2. 水样取用体积可在 10.00~50.00mL 范围内,但试剂用量及浓度需按实表 2-11 进行相应调整,也可得到满意的结果。

实表 2-11　水样取用量和试剂用量表

水样体积 (mL)	0.2500mol/L K₂Cr₂O₇ 溶液(mL)	H₂SO₄-Ag₂SO₄ 溶液(mL)	HgSO₄ (g)	〔(NH₄)₂Fe(SO₄)₂〕 (mol/L)	滴定前总体积 (mL)
10.0	5.0	15	0.2	0.050	70
20.0	10.0	30	0.4	0.100	140
30.0	15.0	45	0.6	0.150	210
40.0	20.0	60	0.8	0.200	280
50.0	25.0	75	1.0	0.250	350

3. 对于化学需氧量小于 50mg/L 的水样,应改用 0.0250mol/L 重铬酸钾标准溶液。回滴时用 0.01mol/L 硫酸亚铁铵标准溶液。

4. 水样加热回流后,溶液中重铬酸钾剩余量应为加入量的 1/5~4/5 为宜。

5. 用邻苯二甲酸氢钾标准溶液检查试剂的质量和操作技术时,由于每克邻苯二甲酸氢钾的理论 COD_{Cr} 为 1.176g,所以溶解 0.4251g 邻苯二甲酸氢钾($HOOCC_6H_4COOK$)于重蒸馏水中,转入 1000mL 容量瓶,用重蒸馏水稀释至标线,使之成为 500mg/L 的 COD_{Cr} 标准溶液。用时新配。

6. COD_{Cr} 的测定结果应保留三位有效数字。

7. 每次实验时,应对硫酸亚铁铵标准滴定溶液进行标定,实验室温较高时尤其注意其浓度的变化。

实训九　水样高锰酸盐指数的测定

一、实训目的

1. 理解高锰酸盐指数的含义及水样高锰酸盐指数测定的原理;
2. 掌握地表水等水样高锰酸盐指数测定技术的操作要点。

二、原理

高锰酸盐指数是指在一定条件下以高锰酸钾为氧化剂氧化水中的还原性物质时所消耗的高锰酸盐的量,以氧的 mg/L 来表示。按测定的溶液介质不同,分酸性高锰酸盐指数和碱性高锰酸盐指数。

高锰酸钾在酸性介质中的氧化能力比碱性强,且国标中仅将酸性高锰酸盐指数称为化学需氧量,故一般多用酸性高锰酸钾法测定高锰酸盐指数。

在酸性溶液中,以过量高锰酸钾氧化水样中的有机物和某些还原性无机物,然后用过量的草酸钠溶液还原剩余的高锰酸钾,再以高锰酸钾溶液回滴过量的草酸钠,通过计算求出水样高锰酸盐指数值。

三、仪器

1. 水浴装置
2. 250mL 锥形瓶
3. 50mL 酸式滴定管

四、试剂

1. $c(1/5KMnO_4) = 0.1mol/L$ 的高锰酸钾溶液:称取 3.2g 高锰酸钾($KMnO_4$)溶于 1.2L 水中,加热煮沸 0.5～1h,使体积减小到 1L 左右,在暗处放置过夜,用 G-3 号玻璃砂芯漏斗过滤后,滤液贮于棕色瓶中,避光保存。

2. $c(1/5KMnO_4) = 0.01mol/L$ 的高锰酸钾溶液:吸取 100mL 试剂(1)于 1000mL 容量瓶中,用水稀释至标线,混匀,贮于棕色瓶中,避光保存。

3. (1+3)硫酸:取 1 体积 1.84g/cm³ 的浓硫酸慢慢加到盛有 3 体积水的烧杯中,搅匀后,滴加试剂(2)使溶液呈浅红色,若红色褪去应再补加至浅红色不退为止,转入试剂瓶中。

4. $c(1/2Na_2C_2O_4) = 0.1000mol/L$ 草酸钠标准液:称取 0.6750g 在 105～110℃烘干 1h 并在干燥器中冷却的草酸钠($Na_2C_2O_4$,优级纯)放入烧杯中,加水和 25mL(1+3)硫酸至草酸钠全部溶解,移入 100mL 容量瓶中,用水稀释至标线。

5. $c(1/2Na_2C_2O_4) = 0.0100mol/L$ 草酸钠标准液:吸取 10.00mL 试剂(4)置于 100mL 容量瓶中,用水稀释至标线。

五、测定步骤

1.水样采集

用玻璃采样器采集待测水样 500mL 以上,低温避光保存待测。测定耗氧所需的水样的数量,视有机物含量而定。清洁透明水样取样 100mL;混浊水取 10~25mL,加蒸馏水稀释至 100mL。将水样置于 250mL 锥形瓶中。

2.水样测定

(1)吸取 100.0mL 充分混匀的水样(或经过稀释的水样)于 250mL 锥形瓶中,加入 5.0mL(1+3)硫酸,用滴定管准确加入 10.00mL $c(1/5KMnO_4)=0.01mol/L$ 的高锰酸钾溶液,摇匀.

(2)将锥形瓶立即放入沸水浴中,沸水液面要高于锥形瓶中的反应溶液液面,加热使水浴锅中的水沸腾后保持 30min(从水浴重新沸腾起计时)。

(3)取下锥形瓶,趁热加入 10.00mL $c(1/2Na_2C_2O_4)=0.0100mol/L$ 草酸钠标准使用液,摇匀。

(4)用 $c(1/5KMnO_4)=0.01mol/L$ 的高锰酸钾溶液回滴,使溶液呈微红色为止,记录滴定消耗的高锰酸钾溶液毫升数 V_1。

(5)高锰酸钾使用液校正系数的测定:将上述已滴定完毕的溶液加热至约 70℃,准确加入 10.00mL $c(1/2Na_2C_2O_4)=0.0100mol/L$ 草酸钠标准液,再用 $c(1/5KMnO_4)=0.01mol/L$ 的高锰酸钾溶液回滴至溶液呈微红色。记录相当于 10.00mL $c(1/2Na_2C_2O_4)=0.0100mol/L$ 草酸钠标准液的高锰酸钾溶液的毫升数 V_2,则高锰酸钾溶液的校正系数 $K=10.00/V_2$。

(6)若测定水样为蒸馏水稀释水样,则需另取 100mL 蒸馏水,按步骤(1)~(4)测定空白值,记录消耗的高锰酸钾溶液毫升数 V_0。

六、数据处理

1.测定结果记录(实表 2-12)

实表 2-12　水样高锰酸盐指数测定数据记录

编号	稀释倍数	f 值	所取水样体积 V/mL	草酸钠溶液浓度 c/(mol/L)	高锰酸钾溶液消耗量 V_0 或 V_1/mL	高锰酸钾溶液消耗量 V_2/mL	高锰酸钾溶液校正系数 K
空白							
1							
2							
3							

2.计算

(1)未稀释水样高锰酸盐指数(O_2,mg/L)

$$=\frac{[(10.00+V_1)K-10.00]\times c\times 8\times 1000}{100.0}$$

式中：V_1—滴定水样时，高锰酸钾溶液的消耗量，mL；

K—$c(1/5KMnO_4)=0.01mol/L$ 的高锰酸钾溶液的校正系数；

c—测定用草酸钠标准溶液的浓度，mol/L；

8—氧(1/2O)摩尔质量，g/mol。

(2)稀释水样

高锰酸盐指数(O_2,mg/L)

$$=\frac{\{[(10.00+V_1)K-10.00]-[(10.00+V_0)K-10.00]\times f\}\times c\times8\times1000}{V}$$

式中：V_0—在步骤(6)中所消耗的 0.01mol/L 高锰酸钾溶液的体积，mL；

V—所取水样体积，mL；

f—稀释的水样中所含蒸馏水的比值，如 10.0mL 水样用蒸馏水稀释至 100.0mL 时，则 $f=(100.0-10.0)/100.0=0.90$。

七、注意事项

1.水样需稀释时，应取水样的体积要求在测定中回滴过量的草酸钠标准溶液时所消耗的高锰酸钾溶液的体积在 4～6mL。如果所消耗的体积过大或过小，都需要重新取水样测定。

2.在水浴加热完毕后，水样溶液仍应保持淡红色，如果红色很浅或全部褪去，说明稀释倍数过小，应将水样稀释倍数放大后再重新测定。

3.在酸性条件下，草酸钠和高锰酸钾的反应温度应保持在 60～80℃，所以滴定操作必须趁热进行，若溶液温度过低，需适当加热。

实训十　水样生化需氧量的测定

一、实训目的

1.理解水样生物化学需氧量测定的原理；

2.学会操作生化培养箱；

3.掌握五日培养法测定水样生化需氧量的操作技术。

二、原理

生化需氧量(BOD)是指在有溶解氧的条件下，好氧微生物在分解水中有机物的生物化学氧化过程中所消耗的溶解氧量，以 BOD(mg/L)表示。生化需氧量可间接表示可被微生物降解的有机类物质的含量，是反映水体有机物受污染程度的重要指标之一。

目前测定水样生化需氧量的方法较多，国标方法是五日培养法，故多称为五日生化需氧量(BOD_5)。目前国内外普遍规定于 20±1℃培养 5d，分别测定水样培养前后的溶解氧含量，两者之差即为五日生化过程中所消耗的氧量(BOD_5)。

对某些地面水及大多数工业废水，因含较多的有机物，需要稀释后再培养测定，以降低其浓度和保证有充足的溶解氧。稀释的程度应使培养中所消耗的溶解氧大于 2mg/L，而剩余溶解氧在 1mg/L 以上。

本方法适用于测定 BOD_5 大于或等于 2mg/L,最大不超过 6000mg/L 的水样。当水样 BOD_5 大于 6000mg/L,会因稀释带来一定的误差。

三、仪器

1. 恒温培养箱。

2. 1000～2000mL 量筒。

3. 玻璃搅棒:棒长应比所用量筒高度长 20cm,在棒的底端固定一个直径比量筒直径略小,并带有几个小孔的硬橡胶板。

4. 溶解氧瓶:200～300mL,带有磨口玻塞并具有水封作用的钟形口。

5. 5～20L 细口玻璃瓶。

6. 虹吸管:供分取水样和添加稀释水用。

四、试剂

1. 磷酸盐缓冲溶液:将 8.5g 磷酸二氢钾(KH_2PO_4)、21.75g 磷酸氢二钾(K_2HPO_4)、33.4g 磷酸氢二钠($Na_2HPO_4 \cdot 7H_2O$)和 1.7g 氯化铵(NH_4Cl)溶于水中,稀释至 1000mL。此溶液的 pH 应为 7.2。

2. 硫酸镁溶液:将 22.5g 七水合硫酸镁($MgSO_4 \cdot 7H_2O$)溶于水中,稀释 1000mL。

3. 氯化钙溶液:将 27.5g 无水氯化钙溶于水中,稀释至 1000mL。

4. 氯化铁溶液:将 0.25g 六水合氯化铁($FeCl_3 \cdot 6H_2O$)溶于水中,稀释至 1000mL。

5. 盐酸溶液(0.5mol/L):将 40mL 盐酸($\rho = 1.18g/mL$)溶于水中,稀释至 1000mL。

6. 氢氧化钠溶液(0.5mol/L):将 20g 氢氧化钠溶于水中,稀释至 1000mL。

7. 亚硫酸钠溶液[$c(1/2Na_2SO_3) = 0.025mol/L$]:将 1.575g 亚硫酸钠溶于水,稀释至 1000mL。此溶液不稳定,需当天配制。

8. 葡萄糖－谷氨酸标准溶液:将葡萄糖($C_6H_{12}O_6$)和谷氨酸($HOOC-CH_2-CH_2-CHNH_2-COOH$)在 103℃ 干燥 1h 后,各称取 150mg 溶于水中,移入 1000mL 容量瓶中并稀释至标线,混合均匀。此标准溶液临用前配制。

9. 稀释水:在 5～20L 玻璃瓶内装入一定量的水,控制水温在 20℃ 左右。然后用无油空气压缩机或薄膜泵将此水曝气 2～8h,使水中溶解氧接近饱和,也可以鼓入适量纯氧。瓶口盖以两层经洗涤晾干的纱布,置于 20℃ 培养皿中放置数小时,使水中溶解氧含量达 8mg/L 左右。临用前于每升水中加入氯化钙溶液、氯化铁溶液、硫酸镁溶液、磷酸盐缓冲溶液各 1mL,并混合均匀。

稀释水的 pH 值应为 7.2,其 BOD_5 应小于 0.2mg/L。

10. 接种液可选以下任一种,以获得适用的接种液。

(1)城市污水:一般采用生活污水,在室温下放置一昼夜,取上层清液使用。

(2)表层土壤浸出液:取 100g 花园土壤或植物生长土壤,加入 1L 水,混合并静置 10min,取上层清液使用。

(3)含城市污水的河水或湖水。

(4)污水处理厂的出水。

(5)当分析含有难于降解物质的污水时,在排污口下游 3～8m 处取水样作为污水的驯化接种液。如无此种水源,可取中和或经适当稀释后的污水进行连续曝气,每天加入少量该种污水,同时加入适量表层土壤或生活污水,使能适应该种污水的微生物大量繁殖。当水中出现大量絮状物,或检查其化学耗氧量的降低值出现突变时,表明适用的微生物已进行繁殖,可用做接种液。一般驯化过程需要 3～8 天。

11.接种稀释水:取适量接种液加于稀释水中,混匀。每升稀释水中接种液加入量:生活污水为 1～10mL;表层土壤浸出液为 20～30mL;河水、湖水为 10～100mL。

接种稀释水的 pH 值为 7.2,BOD_5 值在 0.3～1.0mg/L 范围内为宜。接种稀释水配制后应立即使用。

五、实训内容

1.水样的预处理

(1)水样的 pH 值若超过 6.5～7.5 范围时,可用盐酸或氢氧化钠稀溶液调节至近于 7,但用量不要超过水样体积的 0.5%;若水样的酸度或碱度很高,可改用高浓度的碱或酸液进行中和。

(2)水样中含有铜、铅、锌、镉、铬、砷、氰等有毒物质时,可使用经驯化的微生物接种液的稀释水进行稀释,或增大稀释倍数,以减小毒物的浓度。

(3)含有少量游离氯的水样,一般放置 1～2h,游离氯即可消失。对于游离氯在短时间内不能消散的水样,可加入亚硫酸钠溶液将其除去。其加入量的计算方法是:取中和好的水样 100mL,加入(1+1)乙酸 10mL、100g/L 碘化钾溶液 1mL,混匀。以淀粉溶液作指示剂,用亚硫酸钠标准溶液滴定游离碘。根据亚硫酸钠标准溶液消耗的体积及其浓度,计算水样中所需加亚硫酸钠溶液的量。

(4)从水温较低的水域中采集的水样,可能含有过饱和溶解氧,此时应将水样迅速升温至 20℃左右,在不满瓶的情况下,充分振摇,并不时开塞放气,以赶出过饱和的溶解氧。

从水温较高的水域或废水排放口取得的水样,则应迅速使其冷却至 20℃左右,并充分振摇,使与空气中氧分压接近平衡。

2.水样的测定

(1)不经稀释的水样的测定。溶解氧含量较高、有机物含量较少的地表水,可不经稀释,而直接以虹吸法将约 20℃的混匀水样转移至两个溶解氧瓶内,转移过程中应注意不使其产生气泡。以同样的操作使两个溶解氧瓶充满水样,加塞水封。

立即测定其中一瓶溶解氧,将另一瓶放入培养箱中,在(20±1℃)培养五天后,测其溶解氧。

(2)需经稀释水样的测定:稀释倍数的确定:地面水可由测得的高锰酸盐指数乘以适当的系数求出稀释倍数。见实表 2-13。

实表 2-13　由高锰酸盐指数与一系数乘积求出稀释倍数

高锰酸盐指数 COD_{Mn} (mg/L)	系数
<5	—
5～10	0.2、0.3
10～20	0.4、0.6
>20	0.5、0.7、1.0

工业废水可由重铬酸钾法测得的 COD 值确定。通常需做三个稀释比,即使用稀释水时,由 COD 值分别乘以系数 0.075、0.15、0.225,即获得三个稀释倍数;使用接种稀释水时,则分别乘以 0.075、0.15 和 0.25,获得三个稀释倍数。

稀释倍数确定后按下法之一测定水样。

①一般稀释法:按照选定的稀释比例,用虹吸法沿筒壁先引入部分稀释水(或接种稀释水)于 1000mL 量筒中,加入需要量的均匀水样,再引入稀释水(或接种稀释水)至 800mL,用带胶板的玻璃棒小心上下搅匀。搅拌时勿使搅棒的胶板露出水面,防止产生气泡。

按不经稀释水样的测定步骤进行装瓶,测定当天溶解氧和培养 5d 后的溶解氧含量。

另取两个溶解氧瓶,用虹吸法装满稀释水(或接种稀释水)作为空白,分别测定 5d 前、5d 后的溶解氧含量。

②直接稀释法:直接稀释法是在溶解氧瓶内直接稀释。在已知两个容积相同(其差小于 1mL)的溶解氧瓶内,用虹吸法加入部分稀释水(或接种稀释水),再加入根据瓶容积和稀释比例计算出的水样量,然后引入稀释水(或接种稀释水)至刚好充满,加塞,勿留气泡于瓶内。其余操作与上述稀释法相同。

在 BOD_5 测定中,一般采用叠氮化钠改良法测定溶解氧。如遇干扰物质,应根据具体情况采用其他测定法。

六、数据处理

1. 测定数据记录(实表 2-14)

实表 2-14　水样生化需氧量测定数据记录

编号	稀释倍数	取样体积 V_1/mL	硫代硫酸钠溶液 浓度 c/(mol/L)	硫代硫酸钠溶液 消耗量 V_2/mL		溶解氧含量 DO/(mg/L)	
				培养前	5d 后	培养前	5d 后
1							
2							
3							
4							
空白 1							
空白 2							

2.计算

(1)不经稀释直接培养的水样

$$BOD_5(mg/L) = c_1 - c_2$$

式中：c_1—水样在培养前的溶解氧浓度，mg/L；

　　　c_2—水样经 5d 培养后，剩余溶解氧浓度，mg/L。

(2)经稀释后培养的水样

$$BOD_5(mg/L) = \frac{(c_1 - c_2) - (B_1 - B_2)f_1}{f_2}$$

式中：B_1—稀释水(或接种稀释水)在培养前的溶解氧浓度，mg/L；

　　　B_2—稀释水(或接种稀释水)在培养后的溶解氧浓度，mg/L；

　　　f_1—稀释水(或接种稀释水)在培养液中所占比例；

　　　f_2—水样在培养液中所占比例。

七、注意事项

1.测定一般水样的 BOD_5 时，硝化作用很不明显或根本不发生。但对于生物处理池出水，则含有大量硝化细菌。因此，在测定 BOD_5 时也包括了部分含氮化合物的需氧量。对于这种水样，如只需测定有机物的需氧量，应加入硝化抑制剂，如丙烯基硫脲(ATU，$C_4H_8N_2S$)等。

2.在两个或三个稀释比的样品中，凡消耗溶解氧大于 2mg/L 和剩余溶解氧大于1mg/L都有效，计算结果时，应取平均值。

3.为检查稀释水和接种液的质量以及化验人员的操作技术，可将 20mL 葡萄糖－谷氨酸标准溶液用接种稀释水稀释至 1000mL，测其 BOD_5，其结果应在 180～230mg/L 之间。否则，应检查接种液、稀释水或操作技术是否存在问题。

4.培养过程中应经常检查培养瓶封口的水，及时补充，避免干涸。

实训十一　水中挥发酚的测定

一、实训目的

1.了解 4-氨基安替比林分光光度法测定挥发酚的原理；

2.掌握水中挥发酚的测定操作技术和蒸馏处理技术。

二、原理

根据酚类能否与水蒸气一起蒸出的性质，分为挥发酚和不挥发酚。挥发酚多指沸点在 230℃ 以下的酚类，多属于一元酚类。酚类主要来自石油冶炼、煤气、炼焦、造纸、合成氨和化工等行业的废水。

测定水中挥发酚时，一般需要对水样进行预蒸馏处理，以消除色度、浊度等的干扰。

在 pH 值为 10.0±0.2 的介质中若有铁氰化钾存在下，与 4-氨基安替比林反应会生成橙红色的吲哚酚氨基安替比林染料，其水溶液在 510nm 波长处有最大吸收。

若用光程为 20mm 比色皿测定时,该方法对酚的最低检出浓度为 0.1mg/L。

三、仪器

1.500mL 全玻璃蒸馏器。

2.50mL 具塞比色管。

3.分光光度计。

四、试剂

1.无酚水:于 1000mL 中加入 0.2g 经 200℃活化 0.5h 的活性炭粉末,充分振摇后,放置过夜。用双层中速滤纸过滤,或加入氢氧化钠使水呈强碱性,并滴加高锰酸钾溶液至紫红色,移入蒸馏瓶中加热蒸馏,收集馏出液,盛于玻璃瓶中贮存备用。

注意:无酚水应避免与橡胶制品、橡皮塞或乳胶管等接触。

2.硫酸铜溶液:称取 50g 硫酸铜($CuSO_4 \cdot 5H_2O$)溶于无酚水中,稀释至 500mL。

3.磷酸溶液:量取 50mL 密度为 1.69g/mL 的磷酸,用无酚水稀释至 500mL。

4.甲基橙指示剂溶液:称取 0.05g 甲基橙溶于 100mL 无酚水中。

5.苯酚标准储备液:称取 1.00g 无色苯酚(C_6H_5OH)溶于无酚水中,移入 1000mL 容量瓶中,用无酚水稀释至标线,置冰箱冷藏室内保存,至少稳定 1 个月。

标定方法:

(1)吸取 10.00mL 苯酚标准储备液于 250mL 碘量瓶中,加水稀释至 100mL,加 10.0mL 0.1 mol/L 溴酸钾—溴化钾溶液,立即加入 5mL 浓盐酸,盖好瓶塞,轻轻摇匀,于暗处放置 10min。加入 1g 碘化钾,密塞,再轻轻摇匀,于暗处放置 5min 后,用 0.0125mol/L 硫代硫酸钠标准溶液滴定至溶液呈淡黄色,加入 1mL 淀粉溶液,继续滴定至蓝色刚好褪去为止,记录硫代硫酸钠溶液的用量。

(2)同时以水代替苯酚储备液做空白试验,记录滴定过程中硫代硫酸钠标准溶液用量。

(3)苯酚储备液浓度按下式计算:

$$苯酚浓度(mg/L)=\frac{(V_1-V_2)\times c\times 15.68}{V}$$

式中:V_1—空白实验中硫代硫酸钠标准溶液的用量,mL;

V_2—滴定苯酚储备液时硫代硫酸钠标准溶液的用量,mL;

V—取苯酚标准储备液体积,mL;

c—硫代硫酸钠标准溶液浓度,mol/L;

15.68—苯酚($1/6C_6H_5OH$)摩尔质量,g/mol。

6.苯酚标准中间液:取适量苯酚储备液,用水稀释至每毫升溶液含苯酚 0.010mg。使用时当天配制。

7.溴酸钾—溴化钾标准参考溶液$[c(1/6KBrO_3)=0.1mol/L]$:称取 2.784g 溴酸钾($KBrO_3$)溶于水,加入 10g 溴化钾(KBr),使其溶解,移入 1000mL 容量瓶中,稀释至标线。

8.碘酸钾标准溶液$[c(1/6KIO_3)=0.0125mol/L]$:称取预先经 180℃烘干的碘酸钾 0.4458g 溶于水,移入 1000mL 容量瓶中,稀释至标线。

9.硫代硫酸钠标准溶液$[c(Na_2S_2O_3 \cdot 5H_2O)\approx0.0125mol/L]$:称取 3.1g 硫代硫酸钠

溶于煮沸放冷的水中,加入 0.2g 碳酸钠,稀释至 1000mL。临用前用碘酸钾溶液标定:

标定方法:

吸取 10.00mL 碘酸钾溶液于 250mL 碘量瓶中,加水稀释至 100mL,加 1g 碘化钾,再加 5mL(1+5)硫酸,加塞,轻轻摇匀。置暗处放置 5min,用硫代硫酸钠溶液滴定至淡黄色,加 1mL 淀粉溶液,继续滴定至蓝色刚好褪去为止,记录硫代硫酸钠溶液用量。按下式计算硫代硫酸钠溶液浓度:

$$c(Na_2S_2O_3 \cdot 5H_2O) = \frac{0.0125 \times V_4}{V_3}$$

式中:V_3—硫代硫酸钠标准溶液消耗量,mL;

　　　V_4—移取碘酸钾标准溶液量,mL;

　　0.0125—碘酸钾标准参考溶液浓度,mol/L。

10.淀粉溶液:称取 1g 可溶性淀粉,用少量水调成糊状,加沸水至 100mL,冷却后,置冰箱内保存。

11.pH=10 的缓冲溶液:称取 20g 氯化铵(NH_4Cl)溶于 100mL 氨水中,加塞,置于冰箱中保存。

12.20g/L 4-氨基安替比林溶液:称取 4-氨基安替比林($C_{11}H_{13}N_3O$)2g 溶于水中,稀释至 100mL,置于冰箱内保存。可使用一周。

注:固体试剂易潮解、氧化,宜保存在干燥器中。

13.80g/L 铁氰化钾溶液:称取 8g 铁氰化钾{$K_3[Fe(CN)_6]$}溶于水中,稀释至 100mL,置于冰箱内保存。可使用一周。

五、实训内容

1.水样预处理

(1)量取 250mL 水样置于蒸馏瓶中,加数粒小玻璃珠以防暴沸,再加 2 滴甲基橙指示液,用磷酸溶液调节 pH 值约为 4(溶液呈橙红色),加 5.0mL 硫酸铜溶液(如采样时已加过硫酸铜,则适量补加)。

注:如加入硫酸铜溶液后产生较多量的黑色硫化铜沉淀,则应摇匀后放置片刻,待沉淀后,再滴加硫酸铜溶液,至不再产生沉淀为止。

(2)连接冷凝器,加热蒸馏,至蒸馏出约 225mL 时,停止加热,放冷。向蒸馏瓶中加入 25mL 无酚水,继续蒸馏至馏出液为 250mL 为止。

蒸馏过程中,如发现甲基橙的红色褪去,应在蒸馏结束后,再加 1 滴甲基橙指示液。如发现蒸馏后残液不呈酸性,则应重新取样,增加磷酸加入量,进行蒸馏。

2.标准系列的制备及测定

(1)于 7 支 50mL 比色管中,分别加入 0.00mL、0.50mL、1.00mL、3.00mL、5.00mL、7.00mL 和 10.00mL 苯酚标准中间液,加无酚水至 50mL 标线。

(2)各加 0.5mL 缓冲溶液(pH=10),混匀,此时 pH 值为 10.0±0.2;再加 4-氨基安替比林溶液 1mL,混匀;最后加 1mL 铁氰化钾溶液,充分混匀后,放置 10min。

(3)时间到达,立即于 510nm 波长处,用光程为 20mm 比色皿,以水为参比,测量吸光度。

3. 水样的测定

(1) 分取适量馏出液放于 50mL 比色管中, 稀释至 50mL 标线。

(2) 用与绘制标准曲线相同的步骤测定吸光度, 最后减去空白试验所得的吸光度。

4. 空白试验

以无酚水代替水样, 经蒸馏后, 按水样测定步骤进行测定, 以其结果作为水样测定的空白校正值。

六、数据处理

1. 测定结果记录(实表 2-15)

实表 2-15　水中挥发酚测定数据记录

比色管编号	标　准　系　列							样　　品		
	0	1	2	3	4	5	6	空白	样 1	样 2
苯酚标准中间液用量 V/mL	0.00	0.50	1.00	3.00	5.00	7.00	10.00			
苯酚含量 m/μg	.0	5	10	30	50	70	100			
吸光度 A										

2. 标准曲线绘制与使用

(1) 由标准系列测得的吸光度减去零浓度空白的吸光度后得到校正吸光度, 绘制以校正吸光度 A 对苯酚含量(μg)的标准曲线。

(2) 由水样测得的吸光度减去空白试验的吸光度后, 从标准曲线上查得苯酚含量(μg)。

3. 计算

$$挥发酚含量(以苯酚计, mg/L) = \frac{m}{V}$$

式中: m—水样吸光度经空白校正后从标准曲线上查得的苯酚含量, μg;

V—移取馏出液的体积, mL。

七、注意事项

1. 如水样含挥发酚较高, 移取适量水样并加至 250mL 进行蒸馏, 则在计算时应乘以稀释倍数。

2. 如果水样中有游离氯, 可加入过量的硫酸亚铁将余氯还原为氯离子, 然后蒸馏。

实训十二　水中氨氮的测定

一、实训目的

1. 掌握纳氏比色分光光度法测定水样中氨氮的原理;

2. 学会纳氏比色分光光度法测定水样中氨氮的操作技术。

二、原理

碘化汞和碘化钾的碱性溶液与氨反应生成淡红棕色胶态化合物,其色度与氨氮含量成正比,通常可在波长 410～425nm 范围内测其吸光度,计算其含量。

本法最低检出浓度为 0.025mg/L(光度法),测定上限为 2mg/L。采用目视比色法,最低检出浓度为 0.02mg/L。水样作适当的预处理后,本法可适用于地面水、地下水、工业废水和生活污水。

三、仪器

1.带氮球的定氮蒸馏装置:500mL 凯氏烧瓶、氮球、直形冷凝管。

2.分光光度计。

3.pH 计。

四、试剂

配制试剂用水均应为无氨水。

1.无氨水。可选用下列方法之一进行制备:

(1)蒸馏法:每升蒸馏水中加 0.1mL 硫酸,在全玻璃蒸馏器中重蒸馏,弃去 50mL 初馏液,接取其余馏出液于具塞磨口的玻璃瓶中,密塞保存。

(2)离子交换法:使蒸馏水通过强酸性阳离子交换树脂柱。

2.1mol/L 盐酸溶液。

3.1mol/L 氢氧化钠溶液。

4.轻质氧化镁(MgO):将氧化镁在 500℃下加热,以除去碳酸盐。

5.0.05％溴百里酚蓝指示液(pH6.0～7.6)。

6.防沫剂:如石蜡碎片。

7.吸收液:①硼酸溶液:称取 20g 硼酸溶于水,稀释至 1L。②0.01mol/L 硫酸溶液。

8.纳氏试剂。可选择下列方法之一制备:

(1)称取 20g 碘化钾溶于约 25mL 水中,边搅拌边分次少量加入二氯化汞($HgCl_2$)结晶粉末(约 10g),至出现朱红色沉淀不易溶解时,改为滴加饱和二氯化汞溶液,并充分搅拌,当出现微量朱红色沉淀不再溶解时,停止滴加氯化汞溶液。

另称取 60g 氢氧化钾溶于水,并稀释至 250mL,冷却至室温后,将上述溶液徐徐注入氢氧化钾溶液中,用水稀释至 400mL,混匀。静置过夜,将上清液移入聚乙烯瓶中,密塞保存。

(2)称取 16g 氢氧化钠,溶于 50mL 水中,充分冷却至室温。

另称取 7g 碘化钾和 10g 碘化汞(HgI_2)溶于水,然后将此溶液在搅拌下徐徐注入氢氧化钠溶液中。用水稀释至 100mL,贮于聚乙烯瓶中,密塞保存。

9.酒石酸钾钠溶液:称取 50g 酒石酸钾钠($KNaC_4H_4O_6 \cdot 4H_2O$)溶于 100mL 水中,加热煮沸以除去氨,放冷,定容至 100mL。

10.铵标准储备溶液:称取 3.819g 经 100℃ 干燥过的氯化铵(NH_4Cl)溶于水中,移入 1000mL 容量瓶中,稀释至标线。此溶液每毫升含 1.00mg 氨氮。

11.铵标准使用溶液:移取 5.00mL 铵标准储备液于 500mL 容量瓶中,用水稀释至标线。此溶液每毫升含 0.010mg 氨氮。

五、实训内容

1. 水样预处理

取 250mL 水样（如氨氮含量较高，可取适量并加水至 250mL，使氨氮含量不超过 2.5mg），移入凯氏烧瓶中，加数滴溴百里酚蓝指示液，用氢氧化钠溶液或盐酸溶液调节至 pH7 左右。加入 0.25g 轻质氧化镁和数粒玻璃珠，立即连接氮球和冷凝管，导管下端插入吸收液液面下。加热蒸馏，至馏出液达 200mL 时，停止蒸馏。定容至 250mL。

采用酸滴定法或纳氏比色法时，以 50mL 硼酸溶液为吸收液；采用水杨酸－次氯酸盐比色法时，改用 50mL 0.01mol/L 硫酸溶液为吸收液。

2. 标准曲线的绘制

吸取 0.00mL、0.50mL、1.00mL、3.00mL、5.00mL、7.00mL 和 10.0mL 铵标准使用液于 50mL 比色管中，加水至标线，加 1.0mL 酒石酸钾钠溶液，混匀。加 1.5mL 纳氏试剂，混匀。放置 10min 后，在波长 420nm 处，用光程 20mm 比色皿，以水为参比，测定吸光度。

由测得的吸光度，减去零浓度空白管的吸光度后，得到校正吸光度，绘制以氨氮含量（mg）对校正吸光度的标准曲线。

3. 水样的测定

（1）分取适量经絮凝沉淀预处理后的水样（使氨氮含量不超过 0.1mg），加入 50mL 比色管中，稀释至标线，加 0.1mL 酒石酸钾钠溶液。

（2）分取适量经蒸馏预处理后的馏出液，加入 50mL 比色管中，加一定量 1mol/L 氢氧化钠溶液以中和硼酸，稀释至标线。加 1.5mL 纳氏试剂，混匀。放置 10min 后，同标准曲线步骤测量吸光度。

4. 空白试验：以无氨水代替水样，作全程序空白测定。

六、数据处理

1. 测定结果记录（实表 2-16）

实表 2-16　水中氨氮测定数据记录

比色管编号	标　准　系　列							水　样		
	0	1	2	3	4	5	6	空白	1	2
铵标准溶液用量/mL	0.00	0.50	1.00	3.00	5.00	7.00	10.00			
氨氮含量 m/mg										
吸光度 A										

2. 标准曲线绘制与使用

（1）由标准系列测得的吸光度减去零浓度空白的吸光度后得到校正吸光度，绘制以氨氮含量（mg）对校正吸光度的标准曲线。

（2）由水样测得的吸光度减去空白试验的吸光度后，从标准曲线上查得氨氮含量（mg）。

3. 计算

$$氨氮(N,mg/L) = \frac{m}{V} \times 1000$$

式中：m—由校准曲线查得的氨氮量，mg；

　　V—水样体积，mL。

七、注意事项

1. 纳氏试剂中碘化汞与碘化钾的比例，对显色反应的灵敏度有较大影响。静置后生成的沉淀应除去。

2. 滤纸中常含痕量铵盐，使用时注意用无氨水洗涤。所用玻璃器皿应避免实验室空气中氨的沾污。

实训十三　水中亚硝酸盐氮的测定

一、实验目的

1. 了解分光光度法测定亚硝酸盐氮的原理；

2. 学会利用 N-(1-萘基)-乙二胺分光光度法测定污水中的亚硝酸盐氮的方法。

二、实验原理

在酸性介质中，pH 为 1.8 ± 0.3 时，亚硝酸盐与对氨基苯磺酰胺反应，生成重氮盐，再与 N-(1-萘基)-乙二胺偶联生成红色染料，在 540nm 波长处有最大吸收。

三、仪器

1. 分光光度计。

2. 50mL 比色管及常用的玻璃仪器。

四、试剂

1. 无亚硝酸盐的水：实验用水均为不含亚硝酸盐的水。于蒸馏水加入少许高锰酸钾晶体，使呈红色，再加氢氧化钡（或氢氧化钙）使呈碱性。置于全玻璃蒸馏器中蒸馏，弃去 50mL 初馏液，收集中间约 70% 不含锰盐的馏出液，亦可于每升蒸馏水中加 1mL 浓硫酸和 0.2mL 硫酸锰溶液（36.4g $MnSO_4 \cdot H_2O$ 溶于 1000mL 水中），加入 $1 \sim 3mL$ 0.04% 高锰酸钾溶液至呈红色，重蒸馏。

2. 磷酸（密度为 1.70g/mL）。

3. 显色剂：于 500mL 烧杯内加入 250mL 水和 50mL 磷酸，加入 20.0g 对氨基苯磺酰胺，再将 1.00g N-(1-萘基)-乙二胺二盐酸盐（$C_{10}H_7NHC_2H_4NH_2 \cdot 2HCl$）溶于上述溶液中，转移至 500mL 容量瓶中，用水稀至标线，摇匀。

此溶液贮存于棕色试剂瓶中，保存在 $2 \sim 5℃$，至少可稳定一个月。

注：本试剂有毒性，避免与皮肤接触或摄入体内。

4. 亚硝酸盐氮标准储备液：称取 1.232g 亚硝酸钠（$NaNO_2$），溶于 150mL 水中，定量转移至 1000mL 容量瓶中,用水稀释至标线,摇匀。每毫升约含 0.25mg 亚硝酸盐氮。

本溶液贮于棕色瓶中,加入 1mL 三氯甲烷,保存于 2～5℃,至少稳定一个月。储备液的标定如下:

(1)在 300mL 具塞锥形瓶中,加入 50.00mL 0.050mol/L 高锰酸钾标准溶液、5mL 浓硫酸,用 50mL 无分度吸管使下端插入高锰酸钾溶液液面下,加入 50.00mL 亚硝酸盐氮标准贮备溶液,轻轻摇匀。水浴加热至 70～80℃,按每次 10.00mL 的量加入足够的草酸钠标准溶液,使红色褪去并过量,记录草酸钠标准溶液用量(V_2)。然后用高锰酸钾标准溶液滴定过量草酸钠至溶液呈微红色,记录高锰酸钾标准溶液总用量(V_1)。

(2)再以 50mL 水代替亚硝酸盐氮标准储备液,如上操作,用草酸钠标准溶液标定高锰酸钾溶液的浓度(c_1)。按下式计算高锰酸钾标准溶液浓度:

$$c_1(1/5\text{KMnO}_4,\text{mol/L}) = \frac{0.0500 \times V_4}{V_3}$$

式中:V_3—滴定实验用水时加入高锰酸钾标准溶液总量,mL;

V_4—滴定实验用水时加入草酸钠标准溶液总量,mL;

0.0500——草酸钠标准溶液浓度($1/2\text{Na}_2\text{C}_2\text{O}_4$),mol/L。

按下式计算亚硝酸盐氮标准储备液的浓度:

$$\text{亚硝酸盐氮浓度(N,mg/L)} = \frac{(V_1c_1 - 0.0500V_2) \times 7.00 \times 1000}{50.00}$$

$$= 140V_1c_1 - 7.00V_2$$

式中:V_1—滴定亚硝酸盐氮标准储备溶液时,加入高锰酸钾标准溶液总量,mL;

V_2—滴定亚硝酸盐氮标准储备溶液时,加入草酸钠标准溶液总量,mL;

c_1—经标定的高锰酸钾标准溶液的浓度,mol/L;

7.00—亚硝酸盐氮($1/2$N)的摩尔质量,g/mol;

50.00—亚硝酸盐氮标准储备溶液取样量,mL;

0.0500—草酸钠标准溶液浓度($1/2\text{Na}_2\text{C}_2\text{O}_4$),mol/L。

5.亚硝酸盐氮中间标准液:分取 50.00mL 亚硝酸盐氮标准储备液(使含 12.5mg 亚硝酸盐氮),置于 250mL 容量瓶中,用水稀释至标线,摇匀。此溶液每毫升含 50.0μg 亚硝酸盐氮。中间液贮于棕色瓶内,保存在 2～5℃,可稳定一周。

6.亚硝酸盐氮标准使用液:取 10.00mL 亚硝酸盐氮标准中间液于 500mL 容量瓶内,用水稀释至标线,摇匀。每毫升含 1.00μg 亚硝酸盐氮。此溶液使用时,当天配制。

7.氢氧化铝悬浮液:溶解 125g 硫酸铝钾[$\text{KAl(SO}_4)_2 \cdot 12\text{H}_2\text{O}$]或十二硫酸铝铵[$\text{NH}_4\text{Al(SO}_4)_2 \cdot 12\text{H}_2\text{O}$]于 1000mL 水中,加热至 60℃,在不断搅拌下,徐徐加入 55mL 浓氨水,放置约 1h 后,移入 1000mL 量筒内,用水反复洗涤沉淀,最后至洗涤液中不含亚硝酸盐为止。澄清后,把上层清液尽量全部倾出,只留稠的悬浮物,最后加入 100mL 水,使用前应振荡均匀。

8.高锰酸钾标准溶液($1/5\text{KMnO}_4$,0.050mol/L):溶解 1.6g 高锰酸钾于 1200mL 水中,煮沸 0.5～1h,使体积减少到 1000mL 左右,放置过夜。用 G－3 号玻璃砂芯滤器过滤后,滤液贮存于棕色试剂瓶中避光保存。高锰酸钾标准溶液浓度按上述方法进行标定和计算。

9.草酸钠标准溶液($1/2\text{Na}_2\text{C}_2\text{O}_4$,0.0500mol/L):溶解经 105℃烘干 2h 的优级纯无水

草酸钠 3.350g 于 750mL 水中,定量转移至 1000mL 容量瓶中,用水稀释至标线。

10.酚酞指示剂:0.5g 酚酞溶于 50mL 95％乙醇中。

五、实训内容

1.标准曲线的绘制

取 6 支 50mL 比色管,分别加入 0.00mL、1.00mL、3.00mL、5.00mL、7.00mL 和 10.00mL 亚硝酸盐氮标准使用液,用水稀释至标线。加入 1.0mL 显色剂,密塞,混匀。静置 20min 后,在 2h 以内,于 540nm 波长处,用光程长 10mm 的比色皿,以水做参比,测量吸光度。

对测得的吸光度,减去零浓度空白管的吸光度后,获得校正吸光度,绘制以氮含量(μg)—校正吸光度的校准曲线,

2.水样的测定

当水样 pH≥11 时,可加入 1 滴酚酞指示剂,边搅拌边滴加入(1＋9)磷酸溶液至红色刚消失。

水样如有颜色和悬浮物,可向每 100mL 水中加入 2mL 氢氧化铝悬浮液,搅拌、静置、过滤,弃去 25mL 初滤液。

分取经预处理的水样于 50mL 比色管中(如含量较高,则分取适量,用水稀释至标线),加 1.0mL 显色剂,然后按校准标准曲线绘制的相同步骤操作,测量吸光度。经空白校正后,从校准曲线上查得亚硝酸盐氮量。

3.空白试验

用水代替水样,按相同步骤进行测定。

六、数据处理

1.测定数据记录(实表 2-17)

实表 2-17　水中亚硝酸盐氮含量测定数据记录

比色管编号	标 准 系 列						水 样		
	0	1	2	3	4	5	空白	1	2
亚硝酸盐氮含量 m/μg	0.00	1.0	3.0	5.0	7.0	10.0			
吸光度 A									

2.计算

$$\text{亚硝酸盐氮浓度}(N,\text{mg/L})=\frac{m}{V}$$

式中:m—从标准曲线上查得的亚硝酸盐氮含量,μg;

　　V—测定用水样体积,mL。

七、注意事项

1.如水样经预处理后,还有颜色时,则分取两份体积相同的经预处理的水样,一份加

1.0mL 显色剂,另一份改加 1.0mL(1+9)磷酸溶液。由加显色剂的水样测得的吸光度,减去空白试验测得的吸光度,再减去改加磷酸溶液的水样所测得的吸光度后,获得校正吸光度,以进行色度校正。

2.显色试剂除以混合液加入外,亦可分别配制和依次加入,具体方法如下:

对氨基苯磺酰胺溶液:称取 5g 对氨基苯磺酰胺(磺胺),溶于 50mL 浓盐酸和约 350mL 水的混合液中,稀释至 500mL。此溶液稳定。

N-(1-萘基)-乙二胺二盐酸盐溶液:称取 500mg N-(1-萘基)-乙二胺二盐酸盐溶于 500mL 水中,贮于棕色瓶中,置冰箱中保存。当色泽明显加深时,应重新配制,如有沉淀,则过滤。

于 50mL 水样(或标准管)中,加入 1.0mL 对氨基苯磺酰胺溶液,混匀。放置 2~8min,加入 1.0mL N-(1-萘基)-乙二胺二盐酸盐溶液,混匀。放置 10min 后,在 540nm 波长处测量吸光度。

3.亚硝酸盐在水中可受微生物等作用而很不稳定,在采集后应尽快进行分析,必要时冷藏以抑制微生物的影响。

4.氯胺、氯、硫代硫酸盐、聚磷酸钠和高铁离子有明显干扰。水样呈碱性(pH≥11)时,可加酚酞溶液作指示剂,滴加磷酸溶液至红色消失。水样有颜色或悬浮物,可加氢氧化铝悬浮液并过滤。

实训十四　水中总磷含量的测定

一、实训目的

(1)掌握钼酸铵分光光度法测定水中总磷的原理和测定技术;
(2)掌握过硫酸钾消解水样的预处理方法。

二、原理

总磷包括溶解的、颗粒的、有机的和无机磷。在中性条件下用过硫酸钾(或硝酸－高氯酸)使试样消解,将所含磷全部氧化为正磷酸盐。在酸性介质中,正磷酸盐与钼酸铵反应,在锑盐存在下生成磷钼杂多酸后,立即被抗坏血酸还原,生成蓝色的络合物。

三、仪器

1.医用手提式高压蒸气消毒器或一般民用压力锅(1.1~1.4kg/cm²)。
2.50mL 具塞(磨口)刻度管(比色管)。
3.分光光度计。
注:所有玻璃器皿均应用稀盐酸或稀硝酸浸泡。

四、试剂

1.浓硫酸(H_2SO_4),密度为 1.84g/mL。
2.浓硝酸(HNO_3),密度为 1.4g/mL。

3. 高氯酸($HClO_4$)，优级纯，密度为 1.68g/mL。

4. (1+1)硫酸(H_2SO_4)。

5. 硫酸，约 $c(1/2\ H_2SO_4)=1mol/L$：将 27mL 浓硫酸倒入 973mL 水中。

6. 1mol/L 氢氧化钠(NaOH)溶液：将 40g 氢氧化钠溶于水并稀释至 1000mL。

7. 6mol/L 氢氧化钠(NaOH)溶液：将 240g 氢氧化钠溶于水并稀释至 1000mL。

8. 50g/L 过硫酸钾溶液：将 5g 硫酸钾($K_2S_2O_8$)溶解于水中，并稀释至 100mL。

9. 100g/L 抗坏血酸溶液：溶解 10g 抗坏血酸($C_6H_8O_6$)于蒸馏水中，并稀释至 100mL。该溶液贮存在棕色玻璃瓶中，在冷处可稳定几周。如不变色可长时间使用。

10. 钼酸盐溶液：溶解 13g 钼酸铵$[(NH_4)Mo_7O_{24} \cdot 4H_2O]$于 100mL 水中，溶解 0.35g 酒石酸锑钾$[KSbC_4H_4O_7 \cdot 1H_2O]$于 100mL 水中。在不断搅拌下，将钼酸铵溶液徐徐加到 300mL(1+1)硫酸中，加酒石酸锑钾溶液并且混合均匀。此溶液贮存于棕色试剂瓶中，在冷处可保存 2 个月。

11. 浊度－色度补偿液：混合 2 体积的(1+1)硫酸和 1 体积的抗坏血酸溶液。使用当天配制。

12. 磷标准储备溶液：称取$(0.2197\pm0.001)g$于 110℃干燥 2h 在干燥器中放冷的磷酸二氢钾(KH_2PO_4)，用水溶解后转移至 1000mL 容量瓶中，加入大约 800mL 水、5mL(1+1)硫酸，用水稀释至标线并混匀。1.00mL 此标准溶液含 50.0μg 磷。本溶液在玻璃瓶中可贮存至少 6 个月。

13. 磷标准使用溶液：吸取 10.0mL 磷标准储备液于 250mL 容量瓶中，用水稀释至标线并混匀。1.00mL 此标准溶液含 2.0μg 磷。使用当天配制。

14. 10g/L 酚酞溶液：0.5g 酚酞溶于 50mL 95%乙醇中。

五、实训内容

1. 水样采集

取 500mL 水样后加入 1mL 硫酸调节样品的 pH 值，使之低于或等于 1，或不加任何试剂于冷处保存。含磷量较少的水样，不要用塑料瓶采样，因磷酸盐易吸附在塑料瓶壁上。

2. 水样预处理

吸取 25.0mL 样品于 50mL 具塞刻度管中。取时应仔细摇匀，以得到溶解部分和悬浮部分均具有代表性的试样。如样品中含磷浓度较高，试样体积可以减少。

3. 消解

(1)过硫酸钾消解：向水样中加 50g/L 过硫酸钾 4mL，将具塞刻度管的盖塞上后，用一小块纱布和线将玻璃塞扎紧(或用其他方法固定)，以免加热时玻璃塞冲出。将具塞刻度管放在大烧杯中，置于高压蒸汽消毒器或压力锅中加热，待锅内压力达 1.1kg/cm²、相应温度为 120℃时，保持 30min 后停止加热。待压力表指针降至零后，取出放冷，用水稀释至标线。

(2)硝酸－高氯酸消解：取 25mL 水样于锥形瓶中，加数粒玻璃珠，加 2mL 浓硝酸在电热板上加热浓缩至 10mL；冷后再加 5mL 浓硝酸，再加热浓缩至 10mL，放冷；加 3mL 高氯酸，加热至高氯酸冒白烟，此时可在锥形瓶上加小漏斗或调节电热板温度，使消解液在锥形瓶内壁保持回流状态，直至剩下 3～4mL，放冷；加水 10mL，加 1 滴酚酞指示剂；滴加 1mol/L 氢氧化钠溶液至刚呈微红色，再滴加 $c(1/2H_2SO_4)=1mol/L$ 的硫酸使微红刚好褪去，充分混匀后移至具塞刻度管中,用水稀释至标线。

4.空白试验

用去离子水代替水样,采用与样品相同的方法和步骤测定空白值。

5.磷标准系列溶液的配制

取 6 支 50mL 具塞刻度管,分别加入 0.00mL、0.50mL、1.00mL、3.00mL、5.00mL、10.00mL 磷标准使用液,加水至 25mL,消解。

6.显色

分别向各份消解液中加入 1mL 抗坏血酸溶液,混匀。30s 后加 2mL 钼酸盐溶液充分混匀。

7.吸光度测量

室温下放置 15min 后,使用光程为 30mm 的比色皿,于 700nm 波长处,以水作参比,测量吸光度。

六、数据处理

1.测定结果记录(实表 2-18)

实表 2-18 水中总磷含量测定数据记录

具塞刻度管编号	标 准 系 列						水 样		
	0	1	2	3	4	5	空白	1	2
磷含量 m/μg	0.0	1.0	2.0	6.0	10.0	20.0			
吸光度 A									

2.标准曲线的绘制与使用

(1)扣除空白实验的吸光度后,以吸光度 A 为纵坐标,对应的磷含量 $m(P)$ 为横坐标,在直角坐标纸上分别绘制标准工作曲线。

(2)扣除空白实验的吸光度后,从工作曲线上查得磷的含量。

3.计算

总磷含量以 $c(mg/L)$ 表示,按下式计算:

$$水中总磷含量\ c(P, mg/L) = \frac{m}{V}$$

式中:m—由标准曲线上查得的磷含量,μg;

V—测定用水样的体积,mL。

七、注意事项

(1)本方法适用于地面水、污水和工业废水。若取水样 25mL,则该方法的最低检出浓度为 0.01mg/L,测定上限为 0.6mg/L。

(2)如用硫酸保存水样,则当用过硫酸钾消解时,需先将试样调至中性。水样中的有机物用过硫酸钾氧化不能完全破坏时,可用硝酸-高氯酸消解。

(3)硝酸-高氯酸消解需要在通风橱中进行。高氯酸和有机物的混合物经加热易发生危险,需将试样先用硝酸消解,然后再加入硝酸—高氯酸进行消解。

(4)绝不可把消解的试样蒸干。如消解后有残渣时,用滤纸过滤于具塞刻度管中,并用水充分清洗锥形瓶及滤纸,一并转移至具塞刻度管中。

(5)在酸性条件下,砷、铬、硫干扰测定。砷大于 2mg/L 干扰测定,用硫代硫酸钠去除。硫化物大于 2mg/L 干扰测定,通氮气去除。铬大于 50mg/L 干扰测定,用亚硫酸钠去除。

(6)如试样中有浊度或色度时,需配制一个空白试样(消解后用水稀释至标线),然后向试料中加入 3mL 浊度—色度补偿液,但不加抗坏血酸溶液和钼酸盐溶液,然后从试样的吸光度中扣除空白试样的吸光度。

(7)室温低于 13℃时,可在 20～30℃水浴中显色 15min。

复习思考题

1.简要说明监测各类水体水质的主要目的和确定监测项目的原则。

2.怎样制订地面水体水质的监测方案? 以河流为例,说明如何设置监测断面和采样点?

3.对于工业废水排放源,怎样布设采样点和确定采样类型?

4.水样有哪几种保存方法? 试举几个实例说明怎样根据被测物质的性质选用不同的保存方法。

5.水样在分析测定之前,为什么进行预处理? 预处理包括哪些内容?

6.解释下列术语,说明各适用于什么情况?

瞬时水样;混合水样;综合水样;平均混合水样;平均比例混合水样。

7.何谓真色和表色? 怎样根据水质污染情况选择适宜的测定颜色的方法? 为什么?

8.怎样采集测定溶解氧的水样? 说明电极法和碘量法测定溶解氧的原理。怎样消除干扰? 两种方法各有什么优缺点?

9.水体中各种含氮化合物是怎样相互转化的? 测定各种形态的含氮化合物对评价水体污染和自净状况有何意义?

10.欲测定某水样中的亚硝酸盐氮和硝酸盐氮,试选择适宜的测定方法,列出测定要点。

11.怎样用分光光度法测定水样中的六价铬和总铬?

12.阐述下列水质指标的含意,对一种水体来说,它们之间在数量上是否有一定的关系? 为什么? COD,BOD,TOD,TOC。

13.说明测定水样 BOD_5 的原理,怎样估算水样的稀释倍数? 怎样应用和配制稀释水和接种稀释水?

第 3 章

大气和废气监测

知识目标

1. 了解大气污染物的种类及特点;
2. 理解并掌握大气污染监测方案的制订,掌握大气样品的采集方法;
3. 掌握大气常规监测项目的监测方法;
4. 掌握烟气烟尘的监测方法。

能力目标

1. 能够制订大气污染监测方案;
2. 能够对大气中常规监测项目(总悬浮颗粒物、PM_{10}、二氧化硫、二氧化氮等)按国家标准测定方法进行测定;
3. 能够对固定污染源进行监测;
4. 能够对室内空气污染物(甲醛等)进行监测。

项目导入

空气污染概述

一、大气、空气和空气污染

大气系指包围在地球周围的气体,其厚度达 $1000 \sim 1400 km$,其中,对人类及生物生存起着重要作用的是近地面约 10km 内的空气层(对流层)。空气层厚度虽然比大气层厚度小得多,但空气质量却占大气总质量的 95% 左右。在环境科学书籍、资料中,常把"空气"和"大气"作为同义词使用。

清洁干燥的空气主要组分是:氮78.06%、氧20.95%、氩0.93%。这三种气体的总和约占总体积的99.94%,其余尚有十多种气体总和不足0.1%。实际空气中含有水蒸气,其浓度因地理位置和气象条件不同而异,干燥地区可低至0.02%,而暖湿地区可高达0.46%。清洁的空气是人类和生物赖以生存的环境要素之一。在通常情况下,每人每日平均吸入10~12m³的空气,在60~90m³的肺泡面积上进行气体交换,吸收生命所必需的氧气,以维持人体正常生理活动。

随着工业及交通运输等事业的迅速发展,特别是煤和石油的大量使用,将产生的大量有害物质如烟尘、二氧化硫、氮氧化物、一氧化碳、碳氢化合物等排放到空气中,当其浓度超过环境所能允许的极限并持续一定时间后,就会改变空气的正常组成,破坏自然的物理、化学和生态平衡体系,从而危害人们的生活、工作和健康,损害自然资源及财产、器物等,这种情况即被称为空气污染。

二、空气污染的危害

空气污染会对人体健康和动植物产生危害,对各种材料产生腐蚀损害。

对人体健康的危害可分为急性作用和慢性作用。急性作用是指人体受到污染的空气侵袭后,在短时间内即表现出不适或中毒症状的现象。历史上曾发生过数起急性危害事件,例如,伦敦烟雾事件,造成空气中二氧化硫高达3.5mg/m³,总悬浮颗粒物4.5mg/m³,一周雾期内伦敦地区死亡4703人;洛杉矶光化学烟雾事件是由于空气中碳氢化合物和氮氧化物急剧增加,受强烈阳光照射,发生一系列光化学反应,形成臭氧、过氧乙酰硝酸酯和醛类等强氧化剂烟雾造成的,致使许多人喉头发炎,鼻、眼受刺激红肿,并有不同程度的头痛。慢性作用是指人体在低污染物浓度的空气长期作用下产生的慢性危害。这种危害往往不易引人注意,而且难于鉴别,其危害途径是污染物与呼吸道黏膜接触;主要症状是眼、鼻黏膜刺激、慢性支气管炎、哮喘、肺癌及因生理机能障碍而加重高血压心脏病的病情。根据动物试验结果,已确定有致癌作用的污染物质达数十种,如某些多环芳香烃、脂肪烃类、金属类(砷、镍、铍等)。近些年来,世界各国肺癌发病率和死亡率明显上升,特别是工业发达国家增长尤其快,而且城市高于农村。通过大量事实和研究证明,空气污染是重要的致癌因素之一。

空气污染对动物的危害与对人的危害情况相似。对植物的危害可分为急性、慢性和不可见三种。急性危害是在高浓度污染物情况下短时间内造成的危害,常使作物产量显著降低,甚至枯死。慢性危害是在低浓度污染物作用下长时间内造成的危害,会影响植物的正常发育,有时出现危害症状,但大多数症状不明显。不可见危害只造成植物生理上的障碍,使植物生长在一定程度上受到抑制,但从外观上一般看不出症状。常采用植物生产力测定、叶片内污染物分析等方法判断慢性和不可见危害情况。

空气污染能使某些物质发生质的变化,造成损失,如二氧化硫能很快腐蚀金属制品及使皮革、纸张、纺织品等变脆,光化学烟雾能使橡胶轮胎龟裂等。

三、空气污染源

空气污染源可分为自然源和人为源两种。自然污染源是由于自然现象造成的,如火山爆发时喷射出大量粉尘、二氧化硫气体等;森林火灾产生大量二氧化碳、碳氢化合物、热辐射等。人为污染源是由于人类的生产和生活活动造成的,是空气污染的主要来源,主要有:

（一）工业企业排放的废气

在工业企业排放的废气中，排放量最大的是以煤和石油为燃料，在燃烧过程中排放的粉尘、二氧化硫、氮氧化物、一氧化碳、碳氢化合物等，其次是工业生产过程中排放的多种有机和无机污染物质。表 3-1 列出各类工业企业向空气中排放的主要污染物。

（二）交通运输工具排放的废气

主要是交通车辆、轮船、飞机排出的废气。其中，汽车数量最大，并且集中在城市，故对空气质量特别是城市空气质量影响大，是一种严重的空气污染源，其排放的主要污染物有碳氢化合物、一氧化碳、氮氧化物和黑烟等。

（三）室内空气污染源

随着人们生活水平、现代化水平的提高，加上信息技术的飞速发展，人们在室内活动的时间越来越长，据估计，现代人，特别是生活在城市中的人 80％ 以上的时间是在室内度过的。因此，近年来对建筑物室内空气质量的监测及其评估，在国内外引起广泛重视。据测量，室内污染物的浓度高于室外污染物浓度 2～5 倍。室内环境污染直接威胁着人们的身体健康，流行病学调查表明：室内环境污染将提高急、慢性呼吸系统障碍疾病的发生率，特别使肺结核、鼻、咽、喉和肺癌、白血病等疾病的发生率、死亡率上升，导致社会劳动效率降低。室内污染来源是多方面的，含有过量有害物质的化学建材大量使用、装修不当、高层封闭建筑新风不足、室内公共场合人口密度过高等。使室内污染物质难以被分稀释和置换，从而引起室内环境污染。

室内空气污染来源有：化学建材和装饰材料中的油漆；胶合板、内墙涂料、刨花板中含有的挥发性的有机物，如甲醛、苯、甲苯、氯仿等有毒物质；大理石、地砖、瓷砖中的放射性物质的排放（氡气及其子体）；烹饪、吸烟等室内燃烧所产生的油、烟污染物质；人群密集且通风不良的封闭室内 CO_2 过高；空气中的霉菌、真菌和病毒等。

表 3-1　各类工业企业向空气排放的主要污染物

部门	企业类别	排出主要污染物
电力	火力发电厂	烟尘、SO_2、NO_x、CO、苯并芘等
冶金	钢铁厂	烟尘、SO_2、O、氧化铁尘、氧化锰尘、锰尘等
	有色金属冶炼厂	烟尘（Cu、Cd、Pb、Zn 等重金属）、SO_2 等
	焦化厂	烟尘、SO_2、CO、H_2S、酚、苯、萘、烃类等
化工	石油化工厂	SO_2、H_2S、NO_x、氰化物、氯化物、烃类等
	氮肥厂	烟尘、NO_x、CO、NH_3、硫酸气溶胶等
	磷肥厂	烟尘、氟化氢、硫酸气溶胶等
	氯碱厂	氯气、氯化氢、汞蒸气等
	化学纤维厂	烟尘、H_2S、NH_3、CS_2、甲醇、丙酮等
	硫酸厂	SO_2、NO_x、砷化物等
	合成橡胶厂	烯烃类、丙烯腈、二氯乙烷、二氯乙醚、乙硫醇、氯化甲烷等
	农药厂	砷化物、汞蒸气、氯气、农药等
	冰晶石厂	氟化氢等
机械	机械加工厂	烟尘等
	仪表厂	汞蒸气、氰化物等

部门	企业类别	排出主要污染物
轻工	灯泡厂 造纸厂	烟尘、汞蒸气等 烟尘、硫醇、H_2S 等
建材	水泥厂	水泥尘、烟尘等

四、大气污染物及其存在的状态

大气污染物的种类不下数千种,已发现有危害作用而被人们注意到的有一百多种,其中大部分是有机物。

依据大气污染物的形成过程,可将其分为一次污染物和二次污染物。

1. 一次污染物

是直接从各种污染源排放到大气中的有害物质。常见的主要有二氧化硫、氮氧化物、一氧化碳、碳氢化合物、颗粒性物质等。颗粒性物质中包含苯并(a)芘等强致癌物质、有毒重金属、多种有机和无机化合物等。

2. 二次污染物

是一次污染物在大气中相互作用或它们与大气中的正常组分发生反应所产生的新污染物。这些新污染物与一次污染物的化学、物理性质完全不同,多为气溶胶,具有颗粒小、毒性一般比一次污染物大等特点。常见的二次污染物有硫酸盐、硝酸盐、臭氧、醛类(乙醛和丙烯醛等)、过氧乙酰硝酸酯(PAN)等。

大气中污染物质的存在状态由其自身的物理、化学性质及形成过程决定,气象条件也起一定作用。一般有两种存在状态,即分子状态和粒子状态。分子状态污染物也称气体状态污染物,粒子状态污染物也称气溶胶状态污染物或颗粒污染物。

1. 分子状态污染物

某些物质如二氧化硫、氮氧化物、一氧化碳、氯化氢、氯气、臭氧等沸点都很低,在常温、常压下以气体分子形式分散于大气中。还有些物质如苯、苯酚等,虽然在常温、常压下是液体或固体,但因其挥发性强,故能以蒸气态进入大气中。

无论是气体分子还是蒸气分子,都具有运动速度较大、扩散快、在大气中分布比较均匀的特点。它们的扩散情况与自身的比重有关,比重大者向下沉降,如汞蒸气等;比重小者向上飘浮,并受气象条件的影响,可随气流扩散到很远的地方。

2. 粒子状态污染物

粒子状(颗粒状)污染物是分散在大气中的微小液体和固体颗粒。粒径大小在 $0.01\sim 100\mu m$ 之间,是一个复杂的非均匀体系。通常根据颗粒物的重力沉降特性分为降尘和飘尘,粒径大于 $10\mu m$ 的颗粒物能较快地沉降到地面上,称为降尘;粒径小于 $10\mu m$ 的颗粒物 (PM_{10}),可以长期漂浮在大气中,这类颗粒物称为可吸入颗粒物或飘尘(IP)。空气污染常规测定项目总悬浮颗粒物(TSP)是粒径小于 $100\mu m$ 颗粒物的总称。

粒径小于 $10\mu m$ 的颗粒物还具有胶体的特性,故又称气溶胶。它包括平常所说的雾、烟和尘。

雾是液态分散型气溶胶和液态凝结型气溶胶的统称。形成液态分散性气溶胶的物质在常温下是液体,当它们因飞溅、喷射等原因被雾化后,即形成微小的液滴分散在大气中。液态凝结型气溶胶则是由于加热使液体变为蒸汽散发在大气中,遇冷后凝结成微小的液滴悬浮在大气中,雾的粒径一般在 $10\mu m$。

烟是指燃煤时所产生的煤烟和高温熔炼时产生的烟气等,它是固态凝结型气溶胶,生成这种气溶胶的物质在通常情况下是固体,在高温下由于蒸发或升华作用变成气体逸散到大气中,遇冷凝结成微小的固体颗粒,悬浮在大气中构成烟。烟的粒径一般在 $0.01\sim1\mu m$ 之间。平常所说的烟雾,具有烟和雾的特性,是固、液混合气溶胶。一般烟和雾同时形成时就构成烟雾。

尘是固体分散性微粒,它包括交通车辆行驶时带起的扬尘、粉碎、爆破时产生的粉尘等。

五、空气中污染物的时空分布特点

与其他环境要素中的污染物质相比较,空气中的污染物质具有随时间、空间变化大的特点。了解该特点,对于获得正确反映空气污染实况的监测结果有重要意义。

空气污染物的时空分布及其浓度与污染物排放源的分布、排放量及地形、地貌、气象等条件密切相关。

气象条件如风向、风速、大气湍流、大气稳定度总在不停地改变,故污染物的稀释与扩散情况也不断地变化。同一污染源对同一地点在不同时间所造成的地面空气污染浓度往往相差数倍至数十倍;同一时间不同地点也相差甚大。一次污染物和二次污染物浓度在一天之内也不断地变化。一次污染物因受逆温层及气温、气压等限制,清晨和黄昏浓度较高,中午较低;二次污染物如光化学烟雾,因在阳光照射下才能形成,故中午浓度较高,清晨和夜晚浓度低。风速大,大气不稳定,则污染物稀释扩散速度快,浓度变化也快;反之,稀释扩散慢,浓度变化也慢。

污染源的类型、排放规律及污染物的性质不同,其时空分布特点也不同。例如,我国北方城市空气中 SO_2 浓度的变化规律是:在一年内,1、2、11、12 月属采暖期,SO_2 浓度比其他月份高;在一天之内,6:00—8:00 和 18:00—21:00 为供热高峰时间,SO_2 浓度比其他时间高。点污染源或线污染源排放的污染物浓度变化较快,涉及范围较小;大量地面小污染源(如工业区炉窑、分散供热锅炉等)构成的面污染源排放的污染浓度分布比较均匀,并随气象条件变化有较强的变化规律。就污染物的性质而言,质量轻的分子态或气溶胶态污染物高度分散在空气中,易扩散和稀释,随时空变化快;质量较重的尘、汞蒸气等,扩散能力差,影响范围较小。

六、空气中污染物的浓度表示方法

空气中污染物浓度有两种表示方法,即单位体积质量浓度和体积比浓度,根据污染物存在状态选择使用。

(一)单位体积质量浓度

单位体积质量浓度是指单位体积空气中所含污染物的质量数,用 C 表示,常用单位为 mg/m^3 或 $\mu g/m^3$,这种表示方法对任何状态的污染物都适用。

(二)体积比浓度

体积比浓度是污染物体积与气样总体积的比值,用 C_p 表示,常用单位为 mL/m^3(ppm)或 $\mu L/m^3$(ppb)。这种浓度表示方法仅适用于气态或蒸气态物质。

因为单位体积质量浓度受温度和压力变化的影响,为使计算出的浓度具有可比性,我国空气质量标准采用标准状况(0℃,101.325kPa)时的体积。非标准状况下的气体体积可用气态方程式换算成标准状况下的体积,换算式如下:

$$V_0 = \frac{V_t \times 273 \times P}{(273+t) \times 101.325}$$

式中:V_0—标准状态下的体积(L);

　　　P—采样现场的大气压(kP$_a$);

　　　t—采样现场温度(℃);

　　　V_t—现场状态下气体样品体积(L)。

　　　计算现场状态下的采样体积 V_t

$$V_t = Q \times t$$

式中:V_t—通过一定流量采集一定时间后获得的气体样品体积,L;

　　　Q—采样流量,L/min;

　　　t—采样时间,min。

　　　以上两种单位可以互相换算,如下式:

$$C_P = 22.4 \times (C/M)$$

式中:C_P—以 mL/m³(ppm)表示的气体浓度;

　　　C—以 mg/m³ 表示的气体浓度;

　　　M—污染物质的分子质量,g/mol。

任务分析

任务一　空气污染监测方案的制订

制订空气污染监测方案的程序同制订水和废水监测方案一样,首先要根据监测目的进行调查研究,收集相关的资料,然后经过综合分析,确定监测项目,设计布点网络,选定采样频率、采样方法和监测技术,建立质量保证程序和措施,提出进度安排计划和对监测结果报告的要求等。下面结合我国现行技术规范,对监测方案的基本内容加以介绍。

一、监测目的

(1)通过对环境空气中主要污染物质进行定期或连续地监测,判断空气质量是否符合《环境空气质量标准》或环境规划目标的要求,为空气质量状况评价提供依据。

(2)为研究空气质量的变化规律和发展趋势,开展空气污染的预测预报,以及研究污染物迁移、转化情况提供基础资料。

(3)为政府环保部门执行环境保护法规,开展空气质量管理及修订空气质量标准提供依据和基础资料。

二、基础资料收集

进行大气污染监测前,首先要收集必要的基础资料,然后经过综合分析,确定监测项目,设计布点网络,选定采样频率、采样方法和监测技术,建立质量保证程序和措施,提出监测结果报告要求及进度计划等。

（一）污染源分布及排放情况

通过调查,将监测区域内的污染源类型、数量、位置、排放的主要污染物及排放量一一弄清楚,同时还应了解所用原料、燃料及消耗量。注意将由高烟囱排放的较大污染源与由低烟囱排放的小污染源区别开来。因为小污染源的排放高度低,对周围地区地面空气中污染物浓度影响比高烟囱排放源大。另外,对于交通运输污染较重和有石油化工企业的地区,应区别一次污染物和由于光化学反应产生的二次污染物。因为二次污染物是在大气中形成的,其高浓度可能在远离污染源的地方,在布设监测点时应加以考虑。

（二）气象资料

污染物在空气中的扩散、迁移和一系列的物理、化学变化在很大程度上取决于当时当地的气象条件。因此,要收集监测区域的风向、风速、气温、气压、降水量、日照时间、相对湿度、温度垂直梯度和逆温层底部高度等资料。

（三）地形资料

地形对当地的风向、风速和大气稳定情况等有影响,是设置监测网点应当考虑的重要因素。例如,工业区建在河谷地区时,出现逆温层的可能性大;位于丘陵地区的城市,市区内空气污染物的浓度梯度会相当大;位于海边的城市会受海、陆风的影响,而位于山区的城市会受山谷风的影响等。为掌握污染物的实际分布状况,监测区域的地形越复杂,要求布设监测点越多。

（四）土地利用和功能分区情况

监测区域内土地利用情况及功能区划分也是设置监测网点应考虑的重要因素之一。不同功能区的污染状况是不同的,如工业区、商业区、混合区、居民区等。还可以按照建筑物的密度、有无绿化地带等作进一步分类。

（五）人口分布及人群健康情况

环境保护的目的是维护自然环境的生态平衡,保护人群的健康,因此,掌握监测区域的人口分布、居民和动植物受空气污染危害情况及流行性疾病等资料,对制订监测方案、分析判断监测结果是有益的。

此外,对于监测区域以往的空气监测资料等也应尽量收集,供制订监测方案参考。

三、监测项目

大气中的污染物质多种多样,应根据优先监测的原则,选择那些危害大、涉及范围广、测定方法成熟的污染物进行监测。

（一）空气污染常规监测项目

必测项目:SO_2、氮氧化物、TSP、硫酸盐化速率、灰尘、自然降尘量。

选测项目:CO、飘尘、光化学氧化剂、氟化物、铅、Hg、苯并[a]芘、总烃及非甲烷烃。

（二）连续采样实验室分析项目

必测项目:二氧化硫、氮氧化物、总悬浮颗粒物、硫酸盐化速率、灰尘、自然降尘量。

选测项目:一氧化碳、可吸入颗粒物 PM_{10}、光化学氧化剂、氟化物、铅、苯并[a]芘、总烃及非甲烷烃。

（三）大气环境自动监测系统监测项目

必测项目：二氧化硫、二氧化氮、总悬浮颗粒物或可吸入颗粒物、一氧化碳。

选测项目：臭氧、总碳氢化合物。

四、采样点的布设

（一）布设采样点的原则和要求

（1）采样点应设在整个监测区域的高、中、低三种不同污染物浓度的地方；

（2）在污染源比较集中、主导风向比较明显的情况下，应将污染源的下风向作为主要监测范围，布设较多的采样点，上风向布设少量点作为对照；

（3）工业较密集的城区和工矿区，人口密度及污染物超标地区，要适当增设采样点；城市郊区和农村，人口密度小及污染物浓度低的地区，可酌情少设采样点；

（4）采样点的周围应开阔，采样口水平线与周围建筑物高度的夹角应不大于 30 度，测点周围无局部污染源，并应避开树木及吸附能力较强的建筑物。交通密集区的采样点应设在距人行道边缘至少 1.5m 远处；

（5）各采样点的设置条件要尽可能一致或标准化，使获得的监测数据具有可比性；

（6）采样高度根据监测目的而定，研究大气污染对人体的危害，应将采样器或测定仪器设置于常人呼吸带高度，即采样口应在离地面 1.5～2m 处；研究大气污染对植物或器物的影响，采样口高度应与植物或器物高度相近；连续采样例行监测采样口高度应距地面 3～15m；若置于屋顶采样，采样口应与基础面有 1.5m 以上的相对高度，以减小扬尘的影响。特殊地形地区可视实际情况选择采样高度。

（二）布点方法

1. 功能区布点法

一个城市或一个区域可以按其功能分为工业区、居民区、交通稠密区、商业繁华区、文化区、清洁区、对照区等。各功能区的采样点数目的设置不要求平均，通常在污染集中的工业区、人口密集的居民区、交通稠密区应多设采样点。同时在对照区或清洁区设 1～2 个对照点。

2. 网格布点法

这种布点法是将监测区域地面划分成若干均匀网状方格，采样点设在两条直线的交点处或方格中心。每个方格为正方形，可从地图上均匀描绘，方格实地面积视所测区域大小、污染源强度、人口分布、监测目的和监测力量而定，一般是 1～9km² 布一个点。若主导风向明确，下风向设点应多一些，一般约占采样点总数的 60%。这种布点方法适用于有多个污染源且分布比较均匀的情况，如图 3.1 所示。

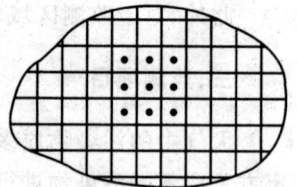

图 3.1　网格布点法

3. 同心圆布点法

此种布点方法主要用于多个污染源构成的污染群，或污染集中的地区。布点时以污染源为中心画出同心圆，半径视具体情况而定，再从同心圆画射线若干，放射线与同心圆圆周的交点即是采样点。不同圆周上的采样点数目不一定相等或均匀分布，常年主导风向的下风向比上风向多设一些点。例如，同心圆半径分别取 4km，10km，20km，40km，从里向外各圆周上分别设 4,8,8,4 个采样点,如图 3.2 所示。

4. 扇形布点法

此种方法适用于主导风向明显的地区,或孤立的高架点源。以点源为顶点,主导风向为轴线,在下风向地面上划出一个扇形区域作为布点范围。扇形的角度一般为 45°,也可更大些,但不能超过 90°。采样点设在扇形平面内距点源不同距离的若干弧线上。每条弧线上设 3~4 个采样点,相邻两点与顶点连线的夹角一般取 10°~20°。在上风向应设对照点,如图 3.3 所示。

图 3.2　同心圆布点法

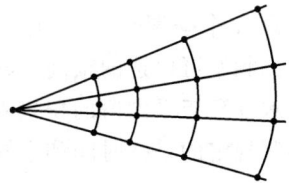

5. 平行布点法

平行布点法适用于线性污染源。线性污染源如公路等,在距公路两侧 1m 左右布设监测网点,然后在距公路 100m 左右的距离布设与前面监测点对应的监测点,目的是了解污染物经过扩散后对环境产生的影响。在前后两点对比采样的时候注意污染物组分的变化。

图 3.3　扇形布点法

在采用同心圆和扇形布点法时,应考虑高架点源排放污染物的扩散特点,在不计污染物本底浓度时,点源脚下的污染物浓度为零,随着距离增加,很快出现浓度最大值,然后按指数规律下降。因此,同心圆或弧线不宜等距离划分,而是靠近最大浓度值的地方密一些,以免漏测最大浓度的位置。

以上几种采样布点方法,可以单独使用,也可以综合使用,目的就是要求能有代表性地反映污染物浓度,为大气监测提供可靠的样品。

(三)采样点数目

采样点的数目设置是一个与精度要求和经济投资相关的效益函数,应根据监测范围大小、污染物的空间分布特征、人口分布密度、气象、地形、经济条件等因素综合考虑确定。以城市人口数确定大气环境污染例行监测采样点的设置数目如表 3-2 所示。

表 3-2　大气环境污染例行监测采样点设置数目

市区人口/万人	SO_2、NO_2 或 NO_x、TSP	灰尘自然降尘量	硫酸盐化速率
≤50	3	≥3	≥6
50~100	4	4—8	6—12
100~200	5	8—11	12—18
200~400	6	12—20	18—30
>400	7	20—30	30—40

五、采样时间和采样频率

采样时间系指每次采样从开始到结束所经历的时间,也称采样时段。采样频率系指在一定时间范围内的采样次数。这两个参数要根据监测目的、污染物分布特征及人力物力等因素决定。采样时间短,试样缺乏代表性,监测结果不能反映污染物浓度随时间的变化,仅适用于事故性污染、初步调查等情况的应急监测。

为增加采样时间,目前采用两种办法:

一是增加采样频率,即每隔一定时间采样测定一次,取多个试样测定结果的平均值为代

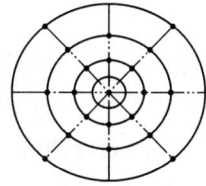

表值。例如,在一个季度内,每六天或每个月采样一天,而一天内又间隔等时间采样测定一次(如在 2、8、14、20 时采样分别测定),求出日平均、月平均和季度平均监测结果。这种方法适用于受人力、物力限制而进行人工采样测定的情况,是目前进行大气污染常规监测、环境质量评价现状监测等广泛采用的方法。若采样频率安排合理、适当,积累足够多的数据,则具有较好的代表性。

二是使用自动采样仪器进行连续自动采样,若再配用污染组分连续或间歇自动监测仪器,其监测结果能很好地反应污染物浓度的变化,得到任何一段时间(如 1 小时、1 天、1 个月、1 个季度或 1 年)的代表值(平均值),这是最佳采样和测定方式。显然,连续自动采样监测频率可以选的很高,采样时间很长,如一些发达国家为监测空气质量的长期变化趋势,要求计算年平均值的积累采样时间在 6000 小时以上。我国监测技术规范对大气污染例行监测规定的采样时间和采样频率列于表 3-3。

表 3-3　采样时间和采样频率

监测项目	采样时间和频率
二氧化硫	隔日采样,每天连续采 24±0.5 小时,每月 14～16 天,每年 12 个月
氮氧化物	同二氧化硫
TSP	隔双日采样,每天连续采 24±0.5 小时,每月 5～6 天,每年 12 个月
灰尘自然降尘量	每月采样 30±2 天,每年 12 个月
硫酸盐化速率	每月采样 30±2 天,每年 12 个月

任务二　空气样品的采集方法和采样仪器

采集空气样品的方法可归纳为直接采样法和富集(浓缩)采样法两类。

一、直接采样法

当空气中被测组分浓度较高,或所用的分析方法灵敏度很高时,可选用直接采取少量气体样品的采样法。用该法测得的结果是瞬时或者短时间内的平均浓度,而且可以比较快地得到分析结果。直接采样法常用的容器有以下几种。

(一)注射器采样

用 100mL 的注射器直接连接一个活塞(图 3.4)。采样时,先用现场空气或废气抽洗注射器 3～5 次,然后抽样,密封进样口,将注射器进气口朝下,垂直放置,使注射器的内压略大于大气压。要注意样品存放时间不宜太长,一般要当天分析完。此外所用的注射器要做磨口密封性的检查,有时需要对注射器的刻度进行校准。

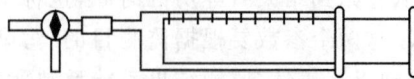

图 3.4　玻璃注射器

（二）塑料袋采样

常用的塑料袋有聚乙烯、聚氯乙烯和聚四氯乙烯袋等,用金属衬里(铝箔等)的袋子采样,能防止样品的渗透。为了检验对样品的吸附或渗透,建议事先对塑料袋进行样品稳定性试验。稳定性较差的,用已知浓度的待测物在与样品相同的条件下保存,计算出吸附损失后,对分析结果进行校正。此外,应对其气密性进行检查:将袋充足气后,密封进气口,将其置于水中,不应冒气泡。

（三）真空瓶采样

真空瓶是一种用耐压玻璃制成的固定容器,其容积为500～1000mL(见图3.5),采样前抽至真空。采样时打开瓶塞,被测空气自行充进瓶中。真空采样瓶要注意的是必须要进行严格的漏气检查和清洗。

（四）采气管采样

采样管的两端有活塞,其容积为100～500mL(见图3.6),采集时在现场用二联球打气,使通过采气管的被测气体量至少为管体积的6～10倍,充分置换掉原有的空气,然后封闭两端管口。采样体积即为采气管的容积。

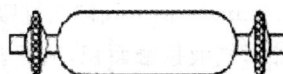

图 3.5　真空采气瓶

二、富集(浓缩采样法)

图 3.6　真空采气管

大气中的污染物质浓度一般都比较低(ppm～ppb 数量级),直接采样法往往不能满足分析方法检测限的要求,故需要用富集采样法对大气中的污染物进行浓缩。富集采样时间一般比较长,测得结果代表采样时段的平均浓度,更能反映大气污染的真实情况。这种采样方法有溶液吸收法、固体阻留法、低温冷凝法及自然沉降法等。

（一）溶液吸收法

该方法是采集大气中气态、蒸气态及某些气溶胶态污染物质的常用方法。采样时,用抽气装置将欲测空气以一定流量抽入装有吸收液的吸收管(瓶)。采样结束后,倒出吸收液进行测定,根据测得结果及采样体积计算大气中污染物的浓度。

溶液吸收法的吸收效率主要决定于吸收速度和样气与吸收液的接触面积。

欲提高吸收速度,必须根据被吸收污染物的性质选择效能好的吸收液。常用的吸收液有水、水溶液和有机溶剂等。按照它们的吸收原理可分为两种类型,一种是气体分子溶解于溶液中的物理作用,如用水吸收大气中的氯化氢、甲醛;用5%的甲醇吸收有机农药;用10%乙醇吸收硝基苯等。另一种吸收原理是基于发生化学反应。例如,用氢氧化钠溶液吸收大气中的硫化氢基于中和反应;用四氯汞钾溶液吸收 SO_2 基于络合反应等。理论和实践证明,伴有化学反应的吸收溶液的吸收速度比单靠溶解作用的吸收液吸收速度快的多。因此,除采集溶解度非常大的气态物质外,一般都选用伴有化学反应的吸收液。吸收液的选择原则是:

(1)与被采集的物质发生化学反应快或对其溶解度大;

(2)污染物质被吸收液吸收后,要有足够的稳定时间,以满足分析测定所需时间的要求;

(3)污染物质被吸收后,应有利于下一步分析测定,最好能直接用于测定;

(4)吸收液毒性小、价格低、易于购买,且尽可能回收利用。

增大被采气体与吸收液接触面积的有效措施是选用结构适宜的吸收管(瓶)。

(1)气泡吸收管

这种吸收管可装 5～10mL 吸收液,采样流量为 0.5～2.0L/min,适用于采集气态和蒸气态物质。对于气溶胶态物质,因不能像气态分子那样快速扩散到气液界面上,故吸收效率差。

(2)冲击式吸收管

这种吸收管有小型(装 5～10mL 吸收液,采样流量为 3.0L/min)和大型(装 50～100mL吸收液,采样流量为 30L/min)两种规格,适宜采集气溶胶态物质。因为该吸收管的进气管喷嘴孔径小,距瓶底又很近,当被采气样快速从喷嘴喷出冲向管底时,则气溶胶颗粒因惯性作用冲击到管底被分散,从而易被吸收液吸收。冲击式吸收管不适合采集气态和蒸气态物质,因为气体分子的惯性小,在快速抽气情况下,容易随空气一起跑掉。

(3)多孔筛板吸收管(瓶)

该吸收管可装 5～10mL 吸收液,采样流量为 0.1～1.0L/min。吸收瓶有小型(装 10～30mL 吸收液,采样流量为 0.5～2.0L/min)和大型(装 50～100mL)吸收液,采样流量 30L/min)两种。气样通过吸收管(瓶)的筛板后,被分散成很小的气泡,且阻留时间长,大大增加了气液接触面积,从而提高了吸收效果。它们除适合采集气态和蒸气态物质外,也能采集气溶胶态物质。

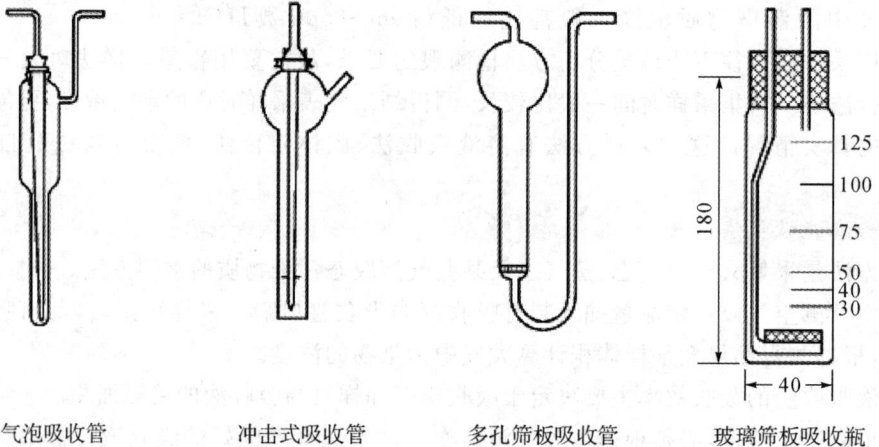

气泡吸收管　　　　冲击式吸收管　　　　多孔筛板吸收管　　　玻璃筛板吸收瓶

图 3.7　气体吸收管

(二)填充柱阻留法

填充柱是用一根长 6～10cm、内径 3～5mm 的玻璃管或塑料管,内装颗粒状或纤维状填充剂制成。采样时,让气样以一定流速通过填充柱,则欲测组分因吸附、溶解或化学反应等作用被阻留在填充剂上,达到浓缩采样的目的。采样后,通过解吸或溶剂洗脱,使被测组分从填充剂上释放出来进行测定。根据填充剂阻留作用的原理,可分为吸附型、分配型和反应型三种类型。

1.吸附型填充柱

这种柱的填充剂是颗粒状固体吸附剂,如活性炭、硅胶、分子筛、高分子多孔微球等。它们都是多孔性物质,比表面积大,对气体和蒸气有较强的吸附能力。有两种表面吸附作用:一种是由于分子间引力引起的物理吸附,吸附力较弱;另一种是由于剩余价键力引起的化学吸附,吸附力较强。极性吸附剂如硅胶等,对极性化合物有较强的吸附能力;非极性吸附剂如活性炭等,对非极性化合物有较强的吸附能力。一般说来,吸附能力越强,采样效率越高,但这往往会给解吸带来困难。因此,在选择吸附剂时,既要考虑吸附效率,又要考虑易于解吸。

2.分配型填充柱

这种填充柱的填充剂是表面涂高沸点有机溶剂(如异十三烷)的惰性多孔颗粒物(如硅藻土),类似于气液色谱柱中的固定相,只是有机溶剂的用量比色谱固定相大。当被采集气样通过填充柱时,在有机溶剂(固定液)中分配系数大的组分保留在填充剂上而被富集。例如,空气中的有机氯农药(六六六、DDT 等)和多氯联苯(PCB)多以蒸气或气溶胶态存在,用溶液吸收法采样效率低,但用涂渍 5％甘油的硅酸铝载体填充剂采样,采集效率可达 90％～100％。

3.反应型填充柱

这种柱的填充剂是由惰性多孔颗粒物(如石英砂、玻璃微球等)或纤维状物(如滤纸、玻璃棉等)表面涂渍能与被测组分发生化学反应的试剂制成。也可以用能和被测组分发生化学反应的纯金属(如 Au、Ag、Cu 等)丝毛或细粒作填充剂。气样通过填充柱时,被测组分在填充剂表面因发生化学反应而被阻留。采样后,将反应产物用适宜溶剂洗脱或加热吹气解吸下来进行分析。例如,空气中的微量氨可用装有涂渍硫酸的石英砂填充柱富集。采样后,用水洗脱下来测定之。反应型填充柱采样量和采样速度都比较大,富集物稳定,对气态、蒸气态和气溶胶态物质都有较高的富集效率。

(三)滤料阻留法

该方法是将过滤材料(滤纸、滤膜等)放在采样夹上,用抽气装置抽气,则空气中的颗粒物被阻留在过滤材料上,称量过滤材料上富集的颗粒物质量,根据采样体积,即可计算出空气中颗粒物的浓度。

滤料采集空气中气溶胶颗粒物基于直接阻截、惯性碰撞、扩散沉降、静电引力和重力沉降等作用。滤料的采集效率除与自身性质有关外,还与采样速度、颗粒物的大小等因素有关。低速采样,以扩散沉降为主,对细小颗粒物的采集效率高;高速采样,以惯性碰撞作用为主,对较大颗粒物的采集效率高。空气中的大小颗粒物是同时并存的,当采样速度一定时,就可能使一部分粒径小的颗粒物采集效率偏低。此外,在采样过程中,还可能发生颗粒物从滤料上弹回或吹走现象,特别是采样速度大的情况下,颗粒大、质量重粒子易发生弹回现象;颗粒小的粒子易穿过滤料被吹走,这些情况都是造成采集效率偏低的原因。

常用的滤料有纤维状滤料,如滤纸、玻璃纤维滤膜、过氯乙烯滤膜等;筛孔状滤料,如微孔滤膜、核孔滤膜、银薄膜等。滤纸的孔隙不规则且较少,适用于金属尘粒的采集。因滤纸吸水性较强,不宜用于重量法测定颗粒物浓度。玻璃纤维滤膜吸湿性小,耐高温,耐腐蚀,通气阻力小,采集效率高,常用于采集悬浮颗粒物,但其机械强度差,某些元素含量较高。聚氯乙烯或聚苯乙烯等合成纤维膜通气阻力小,并可用有机溶剂溶解成透明溶液,便于进行颗粒物分散度及颗粒物中化学组分的分析。微孔滤膜是由硝酸(或醋酸)纤维素制成的多孔性薄膜,孔径细小、均匀,重量轻,金属杂质含量极微,溶于多种有机溶剂,尤其适用于采集分析金属的气溶胶。核孔滤膜是将聚碳酸酯薄膜覆盖在铀箔上，用中子流轰击，使铀核分裂产生的碎片穿过薄膜形成微孔，再经化学腐蚀处理制成。这种膜薄而光滑，机械强度好，孔径均匀，不亲水，适用于精密的重量分析，但因微孔呈圆柱状，采样效率较微孔滤膜低。银薄膜由微细的银粒烧结制成，具有与微孔滤膜相似的结构，它能耐400℃高温，抗化学腐蚀性强，适用于采集酸、碱气溶胶及含煤焦油、沥青等挥发性有机物的气样。

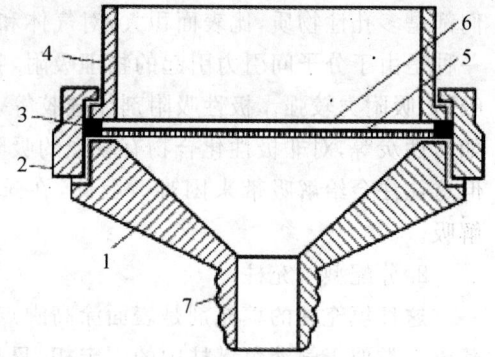

1.底座；2.紧固圈；3.封圈；4.接座圈；
5.支撑网；6.滤膜；7.抽气接口

图3.8　颗粒物采样夹

（四）低温冷凝法

空气中某些沸点比较低的气态污染物质，如烯烃类、醛类等，在常温下用固体填充剂等方法富集效果不好，而低温冷凝法可提高采集效率。

低温冷凝采样法是将U形或蛇形采样管插入冷阱（见图3.9）中，当空气流经采样管时，被测组分因冷凝而凝结在采样管底部。如用气相色谱法测定，可将采样管与仪器进气口连接，移去冷阱，在常温或加热情况下气化，进入仪器测定。

致冷的方法有半导体致冷器法和致冷剂法。常用致冷剂有冰（0℃）、冰－盐水（－10℃）、干冰－乙醇（－72℃）、干冰（－78.5℃）、液氧（－183℃）、液氮（－196℃）等。

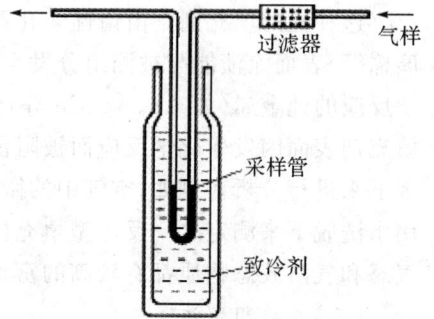

图3.9　低温冷凝采样

低温冷凝采样法具有效果好、采样量大、利于组分稳定等优点，但空气中的水蒸气、二氧化碳，甚至氧也会同时冷凝下来，在气化时，这些组分也会气化，增大了气体总体积，从而降低浓缩效果，甚至干扰测定。为此，应在采样管的进气端装置选择性过滤器（内装过氯酸镁、碱石棉、氯化钙等），以除去空气中的水蒸气和二氧化碳等。但所用干燥剂和净化剂不能与被测组分发生作用，以免引起被测组分损失。

（七）自然积集法

这种方法是利用物质的自然重力、空气动力和浓差扩散作用采集空气中的被测物质，如自然降尘量、硫酸盐化速率、氟化物等空气样品的采集。采样不需动力设备，简单易行，且采样时间长，测定结果能较好地反映空气污染情况。如降尘试样的采集、硫酸盐化速率试样的采集（后面详细介绍）。

三、采样仪器

直接采样法采样时用注射器、塑料袋、采气管等即可。富集采样法使用的采样仪器主要由收集器、流量计、抽气泵三部分组成。大气采样仪器的型号很多，按其用途可分为气态污染物采样器和颗粒物采样器等。

四、采样效率及评价

采样效率指在规定的采样条件下,所采集污染物的量占其总量的百分比。污染物存在的状态不同,评价方法也不同。

(一)采集气态和蒸气态污染物效率的评价方法

1.绝对比较法

精确配制一个已知浓度 c_0 的标准气体,用所选用的采样方法采集标准气体,测定其浓度 c_1,则其采样效率 K 为

$$K = \frac{c_1}{c_0} \times 100\%$$

这种方法评价采样效率虽然比较理想,但由于配制已知浓度的标准气体有一定的困难,在实际中很少采用。

2.相对比较法

配制一个恒定但不要求知道待测污染物准确浓度的气体样品,用 2~3 个采样管串联起来采集所配样品,分别测定各采样管中的污染物的浓度,采样效率 K 为

$$K = \frac{c_1}{c_1 + c_2 + c_3} \times 100\%$$

式中,c_1、c_2、c_3 分别为第一、第二、第三管中分析测得浓度。

用这种方法评价采样效率,第二、第三管中污染物的浓度所占的比例越小,采样效率越高。一般要求 K 值为 90% 以上。采样效率过低时,应更换采样管、吸收剂或降低抽气速度。

(二)采集颗粒物效率的评价方法

1.颗粒数比较法

即所采集到的颗粒物数目占总颗粒数目的百分比。采样时,用一个灵敏度很高的颗粒计数器测量进入滤料前后空气中的颗粒数。则采样效率 K 为

$$K = \frac{n_1 - n_2}{n_1} \times 100\%$$

式中:n_1—进入滤料前空气中的颗粒数,即总颗粒数,个;

n_2—进入滤料后空气中的颗粒数,个。

2.质量比较法

即所采集到的颗粒物质量占总质量的百分比。采样效率 K 为

$$K = \frac{m_1}{m_2} \times 100\%$$

式中:m_1—采集颗粒物的质量,g;

m_2—采集颗粒物的总质量,g。

当全部颗粒物的大小相同时,这两种采样效率在数值上才相等。但是,实际上这种情况是不存在的,而粒径几微米以下的小颗粒物的颗粒数总是占大部分,而按质量计算却占很小部分,故质量采样效率总是大于颗粒数采样效率。在大气监测评价中,评价采集颗粒物方法的采样效率多用质量采样效率表示。

五、采样记录

采样记录与实验室分析测定记录同等重要。不重视采样记录,往往会导致一大批监测

数据无法统计而报废。采样记录的内容有:被测污染物的名称及编号;采样地点和采样时间;采样流量和采样体积;采样时的温度、大气压力和天气情况;采样仪器和所用吸收液;采样者、审核者姓名。

任务三　气态和蒸气态污染物质的测定

一、二氧化硫

SO_2 是主要空气污染物之一,为例行监测的必测项目。它来源于煤和石油等燃料的燃烧、含硫矿石的冶炼、硫酸等化工产品生产排放的废气。SO_2 是一种无色、易溶于水、有刺激性气味的气体,能通过呼吸进入气管,对局部组织产生刺激和腐蚀作用,是诱发支气管炎等疾病的原因之一,特别是当它与烟尘等气溶胶共存时,可加重对呼吸道黏膜的损害。

测定二氧化硫的方法有四氯汞钾盐酸副玫瑰苯胺分光光度法、甲醛吸收副玫瑰苯胺分光光度法、紫外荧光法、电导法、库仑滴定法、火焰光度法等。

(一)四氯汞钾溶液吸收—盐酸副玫瑰苯胺分光光度法

该法是被国内外广泛用于测定 SO_2 的方法,具有灵敏度高、选择性好等优点,但吸收液毒性较大。

1.方法原理

气样中的二氧化硫被由氯化钾和氯化汞配制成的四氯汞钾吸收后,生成稳定的二氯亚硫酸盐络合物,后与甲醛生成羟基甲基磺酸($HOCH_2SO_3H$),羟基甲基磺酸再和盐酸副玫瑰苯胺(即品红)反应生成紫色络合物,其颜色深浅与二氧化硫含量成正比,用分光光度法测定。

2.测定

实际测定时,有两种操作方法。

(1)所用盐酸副玫瑰苯胺显色溶液含磷酸量较少。最终显色溶液 pH 为 1.6 ± 0.1,呈红紫色,最大吸收波长 548nm,试剂空白值较高,检出限为 $0.75\mu g/25mL$;当采样体积为 30L 时,最低检出浓度为 $0.025mg/m^3$。

(2)最终显色溶液 pH 为 1.2 ± 0.1,呈蓝紫色,最大吸收波长 575nm,试剂空白值较低,检出限为 $0.40\mu g/7.5mL$;当采样体积为 10L 时,最低检出浓度为 $0.04mg/m^3$,灵敏度较方法一略低。

3.注意事项:

(1)温度、酸度、显色时间等因素影响显色反应;标准溶液和试样溶液操作条件应保持一致。

(2)氮氧化物、臭氧及锰、铁、铬等离子对测定有干扰。采样后放置片刻,臭氧可自行分解;加入磷酸和乙二胺四乙酸二钠盐可消除或减小某些金属离子的干扰。

(二)甲醛缓冲溶液吸收—盐酸副玫瑰苯胺分光光度法

该法避免了使用毒性大的四氯汞钾吸收液,灵敏度、准确度与四氯汞钾溶液吸收法相当,且样品采集后相当稳定,但对于操作条件要求较严格。

1.方法原理

二氧化硫被甲醛缓冲溶液吸收后,生成稳定的羟基甲磺酸加成化合物。在样品溶液中加入氢氧化钠使加成化合物分解，释放出的二氧化硫与盐酸副玫瑰苯胺、甲醛作用，生成紫红色化合物，根据颜色深浅，用分光光度计在 577nm 处进行测定。当用 10mL 吸收液采气 10L 时，最低检出浓度 $0.020mg/m^3$。

2. 干扰及去除

本方法的主要干扰物为氮氧化物、臭氧及某些重金属元素。加入氨磺酸钠可消除氮氧化物的干扰；采样后放置一段时间可使臭氧自行分解；加入磷酸及环己二胺四乙酸二钠盐可以消除或减少某些金属离子的干扰。在 10mL 样品中存在 $50\mu g$ 钙、镁、铁、镍、锰、铜等离子及 $5\mu g$ 二价锰离子时不干扰测定。

本方法适宜测定浓度范围为 $0.003\sim1.07mg/m^3$。最低检出限为 $0.2g/10mL$。当用 10mL 吸收液采气样 10L 时，最低检出浓度为 $0.02mg/m^3$；当用 50mL 吸收液，24h 采气样 300L 取出 10mL 样品测定时，最低检出浓度为 $0.003mg/m^3$。

（三）钍试剂分光光度法

该方法也是国际标准化组织推荐的测定 SO_2 标准方法。它所用吸收液无毒，采集样品后稳定，但灵敏度较低，所需气样体积大，适合于测定 SO_2 日平均浓度。

方法测定原理：空气中 SO_2 用过氧化氢溶液吸收并氧化成硫酸。硫酸根离子与定量加入的过量高氯酸钡反应，生成硫酸钡沉淀，剩余钡离子与钍试剂作用生成紫红色的钍试剂钡络合物，据其颜色深浅，间接进行定量测定。有色络合物最大吸收波长为 520nm。当用 50mL 吸收液采气 $2m^3$ 时，最低检出浓度为 $0.01mg/m^3$。

（四）紫外荧光法

荧光通常是指某些物质受到紫外光照射时，各自吸收了一定波长的光之后，发射出比照射光波长长的光，而当紫外光停止照射后，这种光也随之很快消失。当然，荧光现象不限于紫外光区，还有 X 荧光、红外荧光等。利用测荧光波长和荧光强度建立起来的定性、定量方法称为荧光分析法。

1. 原理

对于很稀的溶液，$F=kc$，即荧光强度与荧光物质浓度呈线性关系。荧光强度和浓度的线性关系仅限于很稀的溶液。

2. 大气中 SO_2 的测定

紫外荧光法测定大气中的 SO_2，具有选择性好、不消耗化学试剂、适用于连续自动监测等特点，已被世界卫生组织在全球监测系统中采用。目前广泛用于大气环境地面自动监测系统中。

用波长 $190\sim230nm$ 紫外光照射大气样品，则 SO_2 吸收紫外光被激发至激发态，即

$$SO_2 + h\nu_1 \rightarrow SO_2^*$$

激发态 SO_2^* 不稳定，瞬间返回基态，发射出波峰为 330nm 的荧光，即

$$SO_2^* \rightarrow SO_2 + h\nu_2$$

发射荧光强度和 SO_2 浓度成正比，用光电倍增管及电子测量系统测量荧光强度，即可得知大气中 SO_2 的浓度。

荧光法测定 SO_2 的主要干扰物质是水分和芳香烃化合物。水的影响一方面是由于 SO_2 可溶于水造成损失，另一方面由于 SO_2 遇水产生荧光猝灭而造成负误差，可用半透膜渗透法或反应室加热法除去水的干扰。芳香烃化合物在 $190\sim230nm$ 紫外光激发下也能发

射荧光造成正误差,可用装有特殊吸附剂的过滤器预先除去。

紫外荧光 SO_2 监测仪由气路系统及荧光计两部分组成。该仪器操作简便。开启电源预热 30min,待稳定后通入零气,调节零点,然后通入 SO_2 标准气,调节指示标准气浓度值,继之通入零气清洗气路,待仪器指零后即可采样测定。如果采微机控制,可进行连续自动监测,其最低检测浓度可达 1ppb。

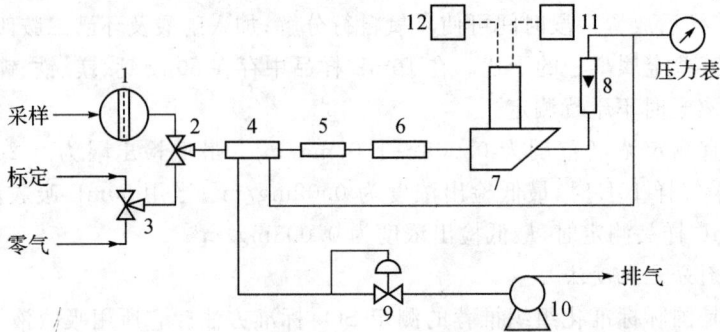

1.除尘过滤器;2.采样电磁阀;3.零气/标定电磁阀;4.渗透膜除温器;5.毛细管;6.除烃器;7.反应室;
8.流量计;9.调节阀;10.抽气泵;11.电源;12.信号处理及显示系统

图 3.10　紫外荧光 SO_2 监测仪气路系统

二、氮氧化物的测定

空气中的氮氧化物以一氧化氮、二氧化氮、三氧化二氮、四氧化二氮、五氧化二氮等多种形态存在,其中二氧化氮和一氧化氮是主要存在形态,为通常所指的氮氧化物。它们主要来源于石化燃料高温燃烧和硝酸、化肥等生产排放的废气,以及汽车排气。

NO 为无色、无臭、微溶于水的气体,在空气中易被氧化成 NO_2。NO_2 为棕红色具有强刺激性臭味的气体,毒性比 NO 高四倍,是引起支气管炎、肺损害等疾病的有害物质。空气中 NO、NO_2 常用的测定方法有盐酸萘乙二胺分光光度法、化学发光法、原电池库仑法及定电位电解法。

(一)盐酸萘乙二胺分光光度法

该方法采样与显色同时进行,操作简便,灵敏度高,是国内外普遍采用的方法。可分别测定 NO、NO_2、和 NO_x 总量。

1.原理

用冰乙酸、对氨基苯磺酸和盐酸萘乙二胺配成吸收液采样,空气中的 NO_2 被吸收转变成亚硝酸和硝酸。在冰乙酸存在条件下,亚硝酸与对氨基苯磺酸发生重氮化反应,然后再与盐酸萘乙二胺偶合,生成玫瑰红色偶氮染料,在 540nm 波长处有最大吸收,其颜色深浅与气样中 NO_2 浓度成正比,因此可用分光光度法测定。

在此反应中,吸收液吸收空气中的 NO_2 后,并不是 100% 的生成亚硝酸,还有一部分生成硝酸,计算结果时需要用 Sailsman 实验系数 f 进行换算。该系数是用 NO_2 标准混合气体进行多次吸收实验测定的平均值,表征在采气过程中被吸收液吸收生成偶氮染料的亚硝酸量与通过采样系统的 NO_2 总量的比值,一般为 0.88,当空气中 NO_2 浓度高于 $0.720mg/m^3$ 时为 0.77,在计算结果时需除以该系数。f 值受空气中 NO_2 的浓度、采样流量、吸收瓶类型、采样效率等因素影响,故测定条件应与实际样品保持一致。

2.测定方法

NO 不与吸收液发生反应,测定 NO_x 总量时,必须先使气样通过三氧化二铬－砂子氧化管,将 NO 氧化成 NO_2 后,再通入吸收液进行吸收和显色。由此可见,不通过三氧化铬－砂子氧化管,测得的是 NO_2 含量;通过氧化管,测得的是 NO_x 总量,二者之差为 NO 的含量。根据所用氧化剂不同,分为高锰酸钾氧化法和三氧化铬－石英砂氧化法。两种方法显色、定量测定原理是相同的。当吸收液体积为 10mL 采样 $4\sim24$mL 时,NO_x(以 NO_2 计)的最低检出浓度为 0.005mg/m³。

(1)酸性高锰酸钾溶液氧化法

如图 3.11 所示,空气中 NO_2 被串联的第一支吸收瓶中吸收液吸收生成偶氮染料,空气中的 NO 不与吸收液反应,通过氧化管被氧化为 NO_2 后,被串联的第二支吸收瓶中的吸收液吸收生成粉红色的偶氮染料,分别于波长 $540\sim545$nm 之间处测量其吸光度,用分光光度法比色定量。

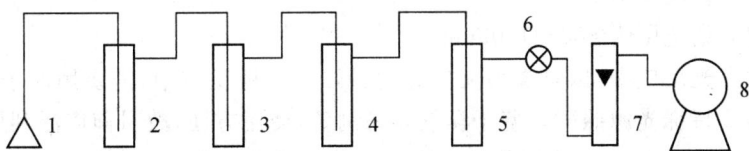

1.空气入口;2.显色吸收液瓶;3.酸性高锰酸钾溶液氧化瓶;4.显色吸收液瓶;
5.干燥瓶;6.止水夹;7.流量计;8.抽气泵

图 3.11　空气中 NO_x、NO 和 NO_2 采样流程

(2)三氧化铬石英砂氧化法

该方法是在显色吸收液瓶前接一内装三氧化铬石英砂(氧化剂)管,当用空气采样器采样时,空气中氮氧化物经过三氧化铬－石英砂氧化管后,以二氧化氮的形式与吸收液中的对氨基磺酸进行重氮化反应,再与盐酸萘乙二胺偶合,生成粉红色的偶氮染料,分别于波长 $540\sim545$nm 之间处测量其吸光度,用分光光度法比色定量。

3.注意事项

(1)吸收液应为无色,如显微红色,说明已被亚硝酸根污染,应检查试剂和蒸馏水的质量。

(2)吸收液长时间暴露在空气中或受日光照射,也会显色,使空白值增高,应密闭避光保存。

(3)氧化管适于相对湿度 30%～70% 条件下使用,应经常注意是否吸湿引起板结或变成绿色而失效。

(二)化学发光法

1.原理

某些化合物分子吸收化学能后,被激发到激发态,再由激发态返回至基态时,以光量子的形式释放出能量,这种化学反应称为化学发光反应,利用测量化学发光强度对物质进行分析测定的方法称为化学发光分析法。

NO_x 可利用下列几种化学发光反应测定:

(1)$NO+O_3 \rightarrow NO_2^* +O_2$

$NO_2^* \rightarrow NO_2 + h\nu$

该反应的发射光谱在 $600\sim3200nm$ 范围内,最大发射波长为 $1200nm$。

(2)$NO_2+O\rightarrow NO+O_2$

　　$O+NO+M\rightarrow NO_2^*+M$

　　$NO_2^*\rightarrow NO_2+h\nu$

反应发射光谱在 $400\sim1400nm$ 范围内,峰值波长为 $600nm$。

(3)$NO_2+H\rightarrow NO+OH$

　　$NO+H+M\rightarrow HNO^*+M$

　　$HNO^*\rightarrow HNO+h\nu$

反应发射光谱范围为 $600\sim700nm$。

(4)$NO_2+h\nu\rightarrow NO+O$

　　$O+NO+M\rightarrow NO_2^*+M$

　　$NO_2^*\rightarrow NO_2+h\nu$

反应发射光谱范围为 $400\sim1400nm$。

在第一种发光反应中,以臭氧为反应剂;在第二、三种反应中,需要用原子氧或原子氢;第四种反应需要特殊光源照射。鉴于臭氧容易制备,使用方便,故目前广泛利用第一种发光反应测定大气中的 NOx。反应产物的发光强度可用下式表示:

$$I=K\frac{[NO][O_3]}{M}$$

式中:I——发光强度;

　　[NO]、[O_3]——分别为 NO 和 O_3 的浓度;

　　M—参与反应的第三种物质浓度,该反应用空气;

　　K—与化学发光反应温度有关的常数。

如果 O_3 是过量的,而 M 也是恒定的,所以发光强度与 NO 浓度成正比,这是定量分析的依据。但是,测定 NO_x 总浓度时,需预先将 NO_2 转换为 NO。

化学发光分析法的特点是:灵敏度高,可达 ppb 级,甚至更低;选择性好,对于多种污染物质共存的大气,通过化学发光反应和发光波长的选择,可不经分离有效地进行测定;线性范围宽,通常可达 5~6 个数量级。为此,在环境监测、生化分析等领域得到较广泛的应用。

三、一氧化碳

一氧化碳(CO)是空气中主要污染物之一,它主要来自石油、煤炭燃烧不充分的产物和汽车排气;一些自然灾害如火山爆发、森林火灾等也是来源之一。

CO 是一种无色、无味的有毒气体,燃烧时呈淡蓝色火焰。它容易与人体血液中的血红蛋白结合,形成碳氧血红蛋白,使血液输送氧的能力降低,造成缺氧症。中毒较轻时,会出现头痛、疲倦、恶心、头晕等感觉;中毒严重时,则会发生心悸亢进、昏睡、窒息而造成死亡。

测定大气中 CO 的方法有非分散红外吸收法、气相色谱法、定电位电解法、汞置换法等,其中非分散红外吸收法为空气连续采样实验室分析和自动监测的国家标准分析方法。

1.非分散红外吸收法原理

CO、CO_2 等气态分子受到红外辐射($1\sim25\mu m$)时,吸收各自特征波长的红外光,引起分子振动能级和转动能级的跃迁,而产生红外吸收光谱。在一定浓度范围内,吸收光谱的峰值

（吸光度）与气态物质浓度之间的关系符合朗伯—比尔定律。因此,测定它的吸光度即可确定气态物质的浓度。

CO 红外吸收峰在 $4.5\mu m$ 附近,CO_2 在 $4.3\mu m$ 附近,水蒸气在 $3\mu m$ 和 $6\mu m$ 附近。由于空气中 CO_2 和水蒸气的浓度远远大于 CO 的浓度,会干扰 CO 的测定。测定前可采用通过干燥剂或者用制冷剂的方法除去水蒸气。由于红外波谱一般在 $1\sim25\mu m$,测定时无须用分辨率高的分光系统,只需用窄带光学滤光片或气体滤波室将红外辐射限制在 CO 吸收的窄带光范围内以消除 CO_2 的干扰,故称为非分散红外法。

2. 非分散红外吸收法 CO 监测仪

CO 监测仪的工作原理见图 3.12。从红外光源发射出能量相等的两束平行光,被同步电机带动的切光片交替切断。然后,一束光作为测量光束,通过滤波室、测量室射入检测室。由于测量室内有气样通过,则气样中的 CO 吸收了部分特征波长的红外光使光强减弱,且 CO 含量越高,光强减弱的就越多。另一束光作为参比光束通过滤波室(内充 CO 和水蒸气,用以消除干扰光)、参比室(内充不吸收红外光的气体,如氮气)射入检测室,其特征吸收波长光强度不变。检测室用一金属薄膜(厚 $5\sim10\mu m$)分隔为上、下两室,均充等浓度 CO 气体,在金属薄膜一侧还固定一圆形金属片,距薄膜 $0.05\sim0.08mm$,二者组成一个电容器。这种检测器称为电容检测器或薄膜微音器。由于射入检测室的参比光束强度大于测量光束强度,使两室中气体的温度产生差异,导致下室中的气体膨胀压力大于上室,使金属薄膜偏向固定金属片一方,从而改变了电容器两极间的距离,也就改变了电容,由其变化值即可得出待测样品中 CO 的浓度值。利用电子技术将电容变化转化为电流变化,经放大及信号处理系统处理后,传送到指示表和记录仪。

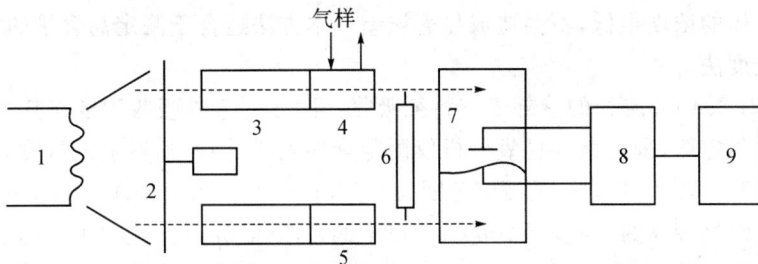

1—红外光源;2—切光片;3—滤波室;4—测量室;5—参比室;6—调零挡板;

7—检测室;8—放大及信号处理系统;9—指示表及记录仪

图 3.12　非分散红外吸收法 CO 监测仪原理示意图

四、光化学氧化剂的测定

总氧化剂是空气中除氧以外的那些显示有氧化性质的物质,一般指能氧化碘化钾析出碘的物质,主要有臭氧、过氧乙酰硝酸酯、氮氧化物等。光化学氧化剂是指除去氮氧化物以外的能氧化碘化钾的物质,二者的关系为:

　　　　光化学氧化剂＝总氧化剂－0.269×氮氧化物

式中:0.269 为 NO_2 的校正系数,即在采样后 $4\sim6h$ 内,有 26.9% 的 NO_2 与碘化钾反应。因为采样时在吸收管前安装了三氧化铬石英砂氧化管,将 NO 等低价氮氧化物氧化成 NO_2,所以式中使用空气中 NO_x 总浓度。

测定空气中光化学氧化剂常用硼酸碘化钾分光光度法,其原理基于:用硼酸碘化钾吸收液吸收空气中的臭氧及其他氧化剂,吸收反应如下:

$$O_3 + 2I^- + 2H^+ \rightleftharpoons I_2 + O_2 + H_2O$$

碘离子被氧化析出碘分子的量与臭氧等氧化剂有定量关系,于352nm处测定游离碘的吸光度,与标准色列吸光度比较,可得总氧化剂浓度,扣除NO_x参加反应的部分后,即为光化学氧化剂的浓度。

五、臭氧

大气中含有极微量的臭氧,是高空大气的正常组分。大气中的氧在太阳紫外线的照射下或受雷击也可以形成臭氧,雨天雷电交加时也可产生臭氧。

臭氧具有刺激性,量大时会刺激黏膜和损害中枢神经系统,引起支气管炎和头痛等症状。在紫外线的作用下,臭氧参与烃类和NO_x的光化学反应形成光化学烟雾。臭氧的测定方法有吸光光度法、化学发光法、紫外线吸收法等。国家标准中测定臭氧含量有两个标准:一是靛蓝二磺酸钠分光光度法,另一是紫外光度法。

1. 靛蓝二磺酸钠分光光度法

用含有靛蓝二磺酸钠的磷酸盐缓冲溶液作吸收液采集空气样品,则空气中的O_3与吸收液中蓝色的靛蓝二磺酸钠等摩尔反应,褪色生成靛红二磺酸钠。在610nm处测量吸光度,用标准曲线定量。当采样体积5～30L时,测定范围为0.030～1.200mg/m³。Cl_2、ClO_2、NO_2对O_3的测定产生正干扰;空气中SO_2、H_2S、PANs和HF的浓度分别高于750μg/m³、110μg/m³、1800μg/m³和2.5μg/m³时,对O_3的测定产生负干扰。一般情况下,空气中上述气体的浓度很低,不会造成显著误差。本方法适合于测定高含量的臭氧。

2. 紫外光度法

根据O_3对254nm波长的紫外光有特征吸收,且O_3对紫外吸收程度与其浓度间的关系符合朗伯-比尔定律,采用紫外臭氧分析仪测定紫外光通过O_3后减弱的程度,便可求出O_3浓度。25℃和101.325Pa时,O_3的测定范围为2.14μg/m³(0.001μL/L)～2mg/m³(1μL/L)。

本法不受常见气体的干扰,但20μg/m³以上的苯乙烯、5μg/m³以上的苯甲醛、100μg/m³以上的硝基苯酚以及100μg/m³以上的反式甲基苯乙烯,对紫外臭氧测定仪产生干扰,影响臭氧的测定。

六、硫酸盐化速率的测定

硫酸盐化速率是指排放到大气中的SO_2、H_2S、硫酸蒸气等含硫污染物,经过一系列演变和反应,最终形成危害更大的硫酸雾和硫酸盐雾的速度。测定方法有二氧化铅-重量法、碱片-重量法、碱片-离子色谱法和碱片-铬酸钡分光光度法等。

(一)二氧化铅-重量法

1. 原理

大气中的SO_2、H_2S、硫酸蒸气等与采样管上的二氧化铅反应生成硫酸铅,用碳酸钠溶液处理,使硫酸铅转化为碳酸铅,释放出硫酸根离子,再加入$BaCl_2$溶液,生成$BaSO_4$沉淀,用重量法测定,其结果以每日在100cm²二氧化铅面积上所含SO_3的毫克数表示。最低检出浓度0.05SO_3/(100cm²·d)。吸收反应式如下:

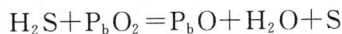

$$SO_2 + P_bO_2 = P_bSO_4$$
$$H_2S + P_bO_2 = P_bO + H_2O + S$$
$$P_bO_2 + S + O_2 = P_bSO_4$$

2. 测定

(1)二氧化铅采样管制备:在素瓷管上涂一层黄蓍胶乙醇溶液,再用适当大小的湿纱布平整地绕贴在素瓷管上,再均匀地刷上一层黄蓍胶乙醇溶液,除去气泡,自然晾至近干后,将 PbO_2 黄蓍胶乙醇溶液研磨制成的糊状物均匀地涂在纱布上,涂布面积约 $100cm^2$,晾干,移入干燥器存放。

(2)采样:采样时,将 PbO_2 采样管固定在百叶箱中,在采样点上放置(30 ± 2)d。注意不要接近烟囱等污染源;收样时,将 PbO_2 采样管放入密闭容器中。

(3)测定:准确测量 PbO_2 涂层的面积,将采样管放入烧杯中,用碳酸钠溶液淋洗涂层,用镊子取下纱布,并用碳酸钠溶液冲净瓷管,取出。洗涤液经搅拌、盖好、放置 $2\sim3$h 或过夜。在沸水浴上加热至近沸,保持 30min,稍冷,用倾斜法过滤并洗涤,获得样品滤液。在滤液中加适量甲基橙指示剂,滴加盐酸溶液至红色并稍过量。在沸水浴上加热,驱尽 CO_2 后,滴加 $BaCl_2$ 溶液,至 $BaSO_4$ 沉淀完全,加热 30min,冷却,放置 2h,用恒重的玻璃砂芯坩埚抽气过滤,洗涤至滤液中不含氯离子。将玻璃砂芯坩埚及沉淀于 $105\sim110℃$ 下烘至恒重。同时,将保存在干燥器内的空白采样管按同样操作测定试剂空白值,按下式计算测定结果:

$$硫酸盐化速率〔SO_3 mg/(100cm^2 PbO_2 \cdot d)〕 = \frac{W_s - W_0}{S \cdot n} \cdot \frac{M_{SO_3}}{M_{BaSO_4}} \times 100\%$$

式中:W_s—样品管测得的 $BaSO_4$ 质量,mg;

$\quad\quad W_0$—空白管测得的 $BaSO_4$ 质量,mg;

$\quad\quad n$—采样天数,准确至 0.1d;

$\quad\quad S$—采样管上 PbO_2 涂层面积,cm^2;

$\quad\quad M_{SO_3}/M_{BaSO_4}$—$SO_3$ 与 $BaSO_4$ 相对分子质量之比,0.343。

该方法的测量结果受诸多因素的影响,如 PbO_2 的粒度、纯度和表面活性度;PbO_2 涂层厚度和表面湿度;含硫污染物的浓度及种类;采样时的风速、风向及空气温度、湿度等。

(二)碱片重量法

将用碳酸钾溶液浸渍的玻璃纤维滤膜曝露于空气中,碳酸钾与空气中的 SO_2 等反应生成硫酸盐,加入 $BaCl_2$ 溶液将其转化为 $BaSO_4$ 沉淀,用重量法测定。

测定结果表示方法同二氧化铅法;方法最低检出浓度为 $0.05mg/(100cm^2 PbO_2 \cdot d)$。

任务四　大气颗粒污染物监测

空气中颗粒物的测定项目有:总悬浮颗粒物浓度、可吸入颗粒物浓度、自然降尘量、颗粒物中化学组分含量等。

一、总悬浮颗粒物(TSP)的测定

测定总悬浮颗粒物,国内外广泛采用滤膜捕集-重量法。原理为用抽气动力抽取一定体积的空气通过已恒重的滤膜,则空气中的悬浮颗粒物被阻留在滤膜上,根据采样前后滤膜重量之差及采样体积，即可计算（TSP）的浓度。滤膜经处理后，可进行化学组分分析。

总悬浮颗粒物采样器按照采气流量可分为大流量（1.1～1.7m³/min）和中流量（50～150L/min）两种类型。采样器连续采样 24h，按照下式计算 TSP 浓度：

$$TSP(mg/m^3) = \frac{W}{Q_n \cdot t}$$

式中：W—阻留在滤膜上的 TSP 重量，mg；

$\quad Q_n$—标准状况下的采样流量，m³/min；

$\quad t$—采样时间，min。

采样器在使用过程中至少每月校准一次。

二、可吸入颗粒（IP 或 PM₁₀）的测定

测定 PM_{10} 方法有重量法、压电晶体振荡法、β 射线吸收法以及光散射法等。本书主要介绍重量法。

根据采样流量不同，分为大流量采样－重量法、中流量采样—重量法和小流量采样—重量法。

大流量采样－重量法使用安装有大粒子切割器的大流量采样器采样，当一定体积的空气通过采样器时，粒径大于 $10\mu m$ 的颗粒物被分离出去，小于 $10\mu m$ 的颗粒物被收集在预先恒重的滤膜上，根据采样前后滤膜质量之差及采样体积，按下式可以计算出可吸入颗粒的浓度：

$$PM_{10}(mg/m^3) = \frac{G_2 - G_1}{V_n}$$

式中：G_1—采样前滤膜的质量，g；

$\quad G_2$—采样后滤膜的质量，g；

$\quad V_n$—换算成标准状况下的采样体积，m³。

采样时，必须将采样头及入口各部件旋紧，防止空气从旁侧进入采样器而导致测定误差；采样后的滤膜需置于干燥器中平衡 24h，再称量至恒重。

中流量采样重量法采用装有大粒子切割器的中流量采样器采样，测定方法同大流量法。

小流量法使用小流量采样，如我国推荐的 13L/min 采样；采样器流量计一般用皂膜流量计校准；其他同大流量法。

三、灰尘自然沉降量的测定

该指标系指在空气环境条件下，单位时间靠重力自然沉降落在单位面积上的颗粒物量（简称降尘）。自然降尘能力主要决定于自身质量和粒度大小，但风力、降水、地形等自然因素也起着一定的作用。因此，把自然降尘和非自然降尘区分开是很困难的。

灰尘自然沉降量用重量法测定。

1.降尘试样采集

采集空气中降尘的方法分为湿法和干法两种，其中，湿法应用更为普遍。

湿法采样是在一定大小的圆筒形玻璃（或塑料、瓷、不锈钢）缸中加入一定量的水，放置在距地面 5～12m 高，附近无高大建筑物及局部污染源的地方（如空旷的屋顶上），采样口距

基础面 1~1.5m,以避免顶面扬尘的影响。为防止冰冻和抑制微生物及藻类的生长,保持缸底湿润,需加入适量乙二醇。采样时间为 30 天,多雨季节注意及时更换集尘缸,防止水满溢出。各集尘缸采集的样品合并后测定。

干法采样一般使用标准集尘器(见图 3.13)。夏季也需加除藻剂。我国干法采样用的集尘缸示于图 3.14,在缸底放入塑料圆环,圆环上再放置塑料筛板。

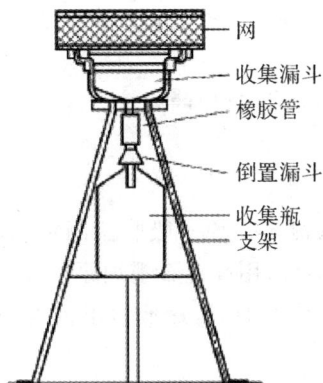

图 3.13　标准集尘器

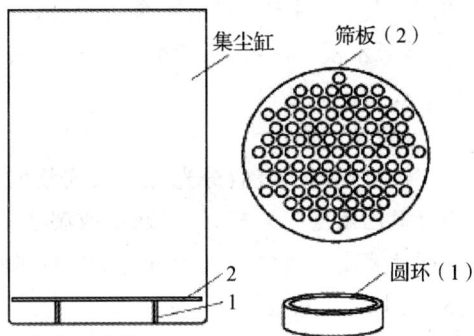

图 3.14　干法采样集尘缸

2. 降尘试样测定

将瓷坩埚(或瓷蒸发皿)编号,首先洗净、烘干、干燥冷却、称重,再烘干、冷却,再称重,直至恒重。小心清除落入缸内的异物,并用水将附着的细小尘粒冲洗下来,如用干法取样,需将筛板和圆环上的尘粒洗入缸内。将缸内的溶液和尘粒全部转移到 1000mL 烧杯中,在电热板上小心蒸发,使体积浓缩至 10~20mL。将烧杯中溶液和尘粒转移到已恒重的瓷坩锅中,用水冲洗附在烧杯壁上的尘粒,并入瓷坩埚中。在电热板上小心蒸干后烘干至恒重,称量记录结果。按下式计算:

$$M(t \cdot km^2/30d) = \frac{(W_1 - W_2) \times 30 \times 10^4}{S \cdot n}$$

式中:M—降尘总量,$t \cdot km^2/30d$;

　　W_1—总重,g;

　　W_2—空蒸发皿重,g;

　　S—积尘缸缸口面积,cm^2;

　　n—实际采样天数,d。

四、总悬浮颗粒物(TSP)中污染组分的测定

(一)某些金属元素和非金属化合物的测定

颗粒物中常需测定的金属元素和非金属化合物有铍、铬、铅、铁、铜、锌、镉、镍、钴、锑、锰、砷、硒、硫酸盐、硝酸盐、氯化物、五氧化二磷等。它们多以气溶胶形式存在,其测定方法分为不需要样品预处理和需要样品预处理两类。不需样品预处理的方法如中子活化法、X射线荧光光谱法、等离子体发射光谱法等。这些方法灵敏度高,测定速度快,且不破坏试样,能同时测定多种金属及非金属元素,但所用仪器价格昂贵,普及使用尚有困难。需要对样品进行预处理的方法如分光光度法、原子吸收分光光度法、荧光分光光度法、催化极谱法等,所

用仪器价格较低,是目前广泛应用的方法。本书主要介绍铍、六价铬、铁、铅的测定方法。

1.样品预处理方法

预处理方法因组分不同而异,常用的方法有:

(1)湿式分解法:即用酸溶解样品,或将二者共热消解样品。常用的酸有盐酸、硝酸、硫酸、磷酸、高氯酸等。消解试样常用混合酸(见第二章)。

(2)干式灰化法:将样品放在坩埚中,置于马福炉内,在 400～800℃下分解样品,然后用酸溶解灰分,测定金属或非金属元素。

(3)水浸取法:用于硫酸盐、硝酸盐、氯化物、六价铬等水溶性物质的测定。

2.测定方法简介

(1)铍的测定

铍可用原子吸收分光光度法或桑色素荧光分光光度法测定。原子吸收法测定原理是:用过氯乙烯滤膜采样,经干灰法或湿法分解样品并制备成溶液,用高温石墨炉原子吸收分光光度计测定。当将采集 $10m^3$ 气样的滤膜制备成 10mL 样品溶液时,最低检出浓度一般可达 3×10^{-10} mg/m^3。

桑色素荧光分析法的原理是:将采集在过氯乙烯滤膜上的含铍颗粒物用硝酸、硫酸消解,制备成溶液。在碱性条件下,铍离子与桑色素反应生成络合物,在 430nm 激发光照射下,产生黄绿色荧光(530nm),用荧光分光光度计测定荧光强度进行定量。当将采集 $10m^3$ 气样的滤膜制备成 25mL 样品溶液,取 5mL 测定时,最低检出浓度一般可达 5×10^{-7} mg/m^3。

(2)六价铬的测定

空气中的六价铬化合物主要以气溶胶存在。用水浸取玻璃纤维滤膜上采集的铬的化合物,在酸性条件下,六价铬氧化二苯碳酰二肼生成可溶性的紫红色化合物可以用分光光度法监测。

(3)铁的测定

用过氯乙烯滤膜采集颗粒物样品,经干灰法或消解法分解样品后制成样品溶液。在酸性介质中,高价铁被还原成能与 4,7-二苯基-1,10-邻菲罗啉生成红色螯合物的亚铁离子,该螯合物可用分光光度法测定。

(4)铅的测定

铅可用原子吸收分光光度法或双硫腙分光光度法。后者操作复杂,要求严格。对于铜、锌、锡、镍、锰、铬等金属均可采用原子吸收分光光度法测定。

(二)有机化合物的测定

颗粒物中的有机组分很复杂,很多物质都具有致癌的作用,目前受到普遍关注的是多环芳烃。

任务五　降水监测

降水监测的目的是了解在降雨(雪)过程中从空气中降落到地面的沉降物主要组成,某些污染组分的性质和含量,为分析和控制空气污染提供依据。特别是酸雨对土壤、森林、湖泊等生态系统的潜在危害及对器物、材料的腐蚀,成为世界普遍关注的环境问题之一,其主要源于煤、碳燃料燃烧排放烟气中的酸性物质。

一、采样点的布设

降水采样点设置数目应视研究目的和区域具体情况确定。我国规定,对于常规监测,人口 50 万以上的城市布三个采样点,50 万以下的城市布两个采样点。一般县城可设一个采样点。

采样点的位置要兼顾城区、农村或清洁对照区,要考虑区域的环境特点,如气象、地形、地貌和工业分布等;应避开局部污染源,四周无遮挡雨、雪的高大树木或建筑物。

二、样品的采集

(一)采样器

(1)采集雨水使用聚乙烯塑料桶或玻璃缸,其上口直径为 30cm,高度不低于 30cm。也可采用自动采样器。图 3.15 是一种分段连续自动采集雨水的采样器。将足够数量的容积相同的采水瓶由高向低依次排列,当第一个瓶子装满后,则自动关闭,雨水继续流入第二、第三个瓶子等。例如,在一次性降雨中,每 1mm 降雨量收集 100mL 雨水,共收集三瓶,以后的雨水再收集在一起。最好使用直入式自动采样器,即雨水能直接落入采水容器,不通过漏斗、管道等部件。这种采样器由降水传感器、接水容器和自动打开、关闭其盖子的控制器组成。

(2)采集雪水用上口径为 50cm 以上,高度不低于 50cm 的聚乙烯塑料容器。

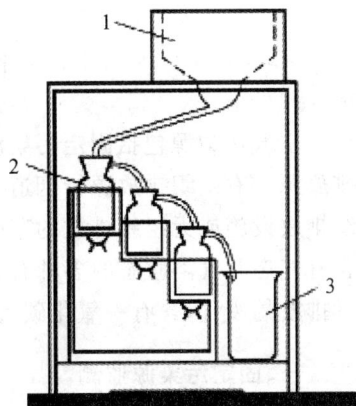

图 3.15　自动雨水采样器
1—漏斗;2—采水瓶;3—集水缸

(二)采样方法

(1)每次降雨(雪)开始,立即将清洁的采样器放置在预定的采样点支架上,采集全过程(开始到结束)雨(雪)样。如遇连续几天降雨(雪),每天上午 8 时开始,连续采集 24h 为一次样。

(2)采样器应高于基础面 1.2m 以上。

(3)样品采集后,应贴上标签,编好号,记录采样地点、日期、采样起止时间、雨量等。

降雨起止时间、降雨量、降雨强度等可使用自动雨量计测量。这类仪器由降雨量或降雨强度传感器、变换器(变为脉冲信号)、记录仪等组成。

(三)水样的保存

由于降水中含有尘埃颗粒物、微生物等微粒,所以除测定 pH 值和电导率的降水样不过滤外,测定金属和非金属离子的水样均需用孔径 $0.45\mu m$ 的滤膜过滤。

降水中的化学组分含量一般都很低,易发生物理变化(如挥发、吸收空气中 SO_2 等)、化学变化和生物作用,故采样后应尽快测定,如需要保存,一般不主张添加保存剂,而密封后放于冰箱内 4℃ 保存。

三、降水组分的测定

(一)测定项目和测定频次

测定项目应根据监测目的确定,我国环境监测技术规范对降水例行监测要求测定项目如下:

一级测点为:pH 值、电导率、K^+、Na^+、Ca^{2+}、Mg^{2+}、NH_4^+、SO_4^{2-}、NO_2^-、NO_3^-、F^-、Cl^-;有条件时应加测有机酸(甲酸、乙酸)。对 pH 和降水量,要做到逢雨必测;连续降水超过24h 时,每 24h 采集一次降水样品进行分析。在当月有降水的情况下,每月测定不少于一次,可随机选一个或几个降水量较大的样品分析上述项目。

省、市监测网络中的二、三级测点视实际需要和可能决定测定项目。

(二)测定方法

十二个项目的测定方法与"水和废水监测"中这些项目的测定方法相同.

任务六　污染源监测

空气污染源包括固定污染源和流动污染源。固定污染源又分为有组织排放源和无组织排放源。有组织排放源指烟道、烟囱及排气筒等。无组织排放源指设在露天环境中的无组织排放设施或无组织排放的车间、工棚等。它们排放的废气中既含有固态的烟尘和粉尘,也含有气态和气溶胶态的多种有害物质。流动污染源指汽车、火车、飞机、轮船等交通运输工具排放的废气,含有一氧化碳、氮氧化物、碳氢化合物、烟尘等。

一、固定污染源监测

(一)监测目的和要求

监测目的:检查排放的废气有害物质含量是否符合国家或地方的排放标准和总量控制标准;评价净化装置及污染防治设施的性能和运行情况,为空气质量评价和管理提供依据。

监测要求:进行有组织排放污染源监测时,要求生产设备处于正常运转状态下,对因生产过程而引起排放情况变化的污染源,应根据其变化特点和周期进行系统监测。进行无组织排放污染源监测时,通常在监控点采集空气样品,捕捉污染物的最高浓度。

监测内容包括:排放废气中有害物质的浓度(mg/m^3);有害物质的排放量(kg/h);废气排放量(m^3/h)。

在计算废气排放量和污染物质排放浓度时,都使用标准状况下(温度为 0℃,大气压力为 101.3kPa 或 760mmHg 柱)的干气体体积。

(二)采样点布设

正确地选择采样位置,确定适当的采样点数目,是决定能否获得代表性的废气样品和尽可能地节约人力、物力的一项很重要的工作。

1.采样位置

采样位置应选在气流分布均匀稳定的平直管段上,避开弯头、变径管、三通管及阀门等易产生涡流的阻力构件。一般原则是按照废气流向,将采样断面设在阻力构件下游方向大于 6 倍管道直径处或上游方向大于 3 倍管道直径处。即使客观条件难于满足要求,采样断面与阻力构件的距离也不应小于管道直径的 1.5 倍,并适当增加测点数目。采样断面气流流速最好在 5m/s 以下。此外,由于水平管道中的气流速度与污染物的浓度分布不如垂直管道中均匀,所以应优先考虑垂直管道。还要考虑方便、安全等因素。

2.采样点数目

因烟道内同一断面上各点的气流速度和烟尘浓度分布通常是不均匀的,因此,必须按照一定原则进行多点采样。采样点的位置和数目主要根据烟道断面的形状、尺寸大小和流速分布情况确定。

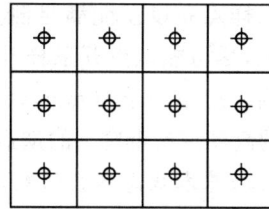

图 3.16　矩形烟道采样点布设

(1)矩形(或方形)烟道　将烟道断面分成一定数目的等面积矩形小块,各小块中心为采样点的位置,如图 3.16 所示。小矩形的数目可根据烟道断面的面积确定,按照表 3-4 所列数据确定。小矩形面积一般不超过 0.6m²。

表 3-4　矩(方)形烟道的分块和测点数

烟道断面积/m²	等面积小块长边长/m	测点数
0.1~0.5	<0.35	1~4
0.5~1.0	<0.50	4~6
1.0~4.0	<0.67	6~9
4.0~9.0	<0.75	9~16
>9.0	≤1.0	≤20

当水平烟道内积灰时,应从总断面面积中扣除积灰断面面积,按有效面积设置采样点。

(2)圆形烟道　在选定的采样断面上设两个相互垂直的采样孔。如图 3.17 所示将烟道断面分成一定数量的同心等面积圆环,沿两个采样孔中心线设四个采样点。若采样断面上气流流速均匀,可设一个采样孔,采样点数目减半。当烟道直径小于 0.3m,且流速均匀时,可在烟道中心设一个采样点。不同直径圆形烟道的等面积环数、采样点数及采样点距离烟道内壁的距离见表 3-5。

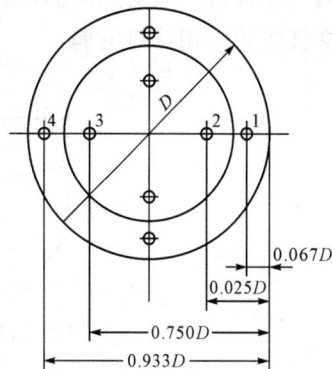

图 3.17　圆形烟道采样点布设

表 3-5　圆形烟道的分环和各点距烟道内壁的距离

(单位:m)

烟道直径 /m	分环数 /个	各测点距烟道内壁的距离(以烟道直径为单位)									
		1	2	3	4	5	6	7	8	9	10
<0.6	1	0.146	0.856								
0.6~1.0	2	0.067	0.250	0.750	0.933						
1.0~2.0	3	0.044	0.146	0.296	0.704	0.854	0.956				
2.0~4.0	4	0.033	0.105	0.194	0.323	0.677	0.806	0.895	0.967		
>4.0	5	0.026	0.082	0.146	0.226	0.342	0.658	0.774	0.854	0.918	0.974

（3）拱形烟道　这种烟道的上部为半圆形，下部为矩形，因此可分别按圆形和矩形烟道的布点方法确定采样点的位置和数目，如图 3.18 所示。

采样点布设在能满足测压管和采样管到达各采样点位置的情况下，尽可能地少开采样孔，一般开两个互成 90 度角的孔。采样孔内径应不小于 80mm，采样孔管长应不大于 50mm。对正压下输送的高温或有毒废气的烟道应采用带有闸板阀的密封采样孔。

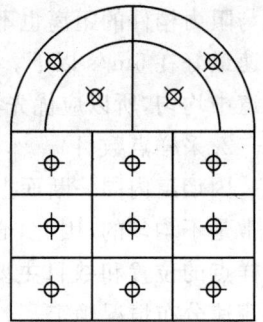

图 3.18　拱形烟道

（三）基本状态参数的测定

烟道排气的体积、温度和压力是烟气的基本状态常数，也是计算烟气流速、颗粒物及有害物质浓度的依据。

1. 温度的测量

对于直径小、温度不高的烟道，可使用长杆水银温度计。测量时，应将温度计球部放在靠近烟道中心位置，封闭测孔，待温度稳定后（5min）读数，读数时不要将温度计抽出烟道外。

对于直径大、温度高的烟道，要用热电偶测温毫伏计测量。测温原理是将两根不同的金属导线连成闭合回路，当两接点处于不同温度环境时，便产生热电势，两接点温差越大，热电势越大。如果热电偶一个接点温度保持恒定（称为自由端），则热电偶的热电势大小便完全决定于另一个接点的温度（称为工作端），用毫伏计测出热电偶的热电势，可得知工作端所处的环境温度。测量原理见图 3.19。根据测温高低，选用不同材料的热电偶。测量 800℃ 以下的烟气用镍铬－康铜热电偶；测量 1300℃ 以下烟气用镍铬－镍铝热电偶；测量 1600℃ 以下的烟气用铂－铂铑热电偶。

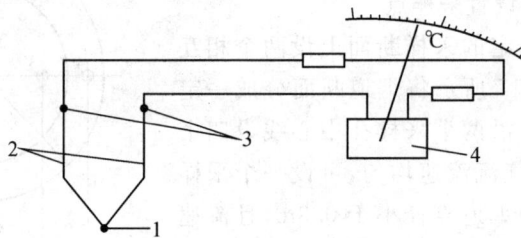

1—工作端；2—热电偶；3—自由端；4—测温毫伏计

图 3.19　热电偶测温原理图

2. 压力的测量

烟气的压力分为全压（P_t）、静压（P_s）和动压（P_v）。静压是单位体积气体所具有的势能，表现为气体在各个方向上作用于器壁的压力。动压是单位体积气体具有的动能，是使气体流动的压力。全压是气体在管道中流动具有的总能量。在管道中任意一点上，三者的关系为：$P_t = P_s + P_v$，所以只要测出三项中任意两项，即可求出第三项。

测量烟气压力常用测压管和压力计。

（1）测压管

常用的测压管有标准皮托管和 S 型皮托管。

标准皮托管的结构见图 3.20，它是一根弯成 90 度的双层同心圆管，前端呈半圆形，前方有一开孔与内管相通，用来测量全压；在靠近前端的外管壁上开有一圈小孔，通至后端的侧出口,用来测量静压。标准皮托管具有较高的测量精度,但测孔很小,当烟气中颗粒物浓度大时,易被堵塞,适用于测量含尘量少的烟气。

S型皮托管由两根相同的金属管并联组成(见图3.21),其测量端有两个大小相等、方向相反的开口,测量烟气压力时,一个开口面向气流,接受气流的全压,另一个开口背向气流,接受气流的静压。由于气体绕流的影响,测得的静压比实际值小,因此,在使用前必须用标准皮托管进行校正。因开口较大,适用于测颗粒物含量较高的烟气。

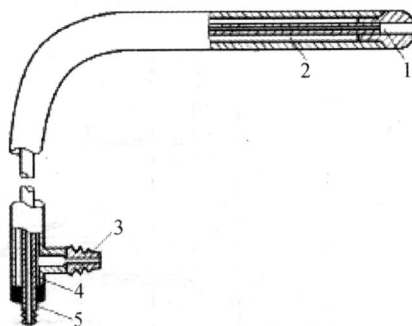

1—全压测孔;2—静压测孔;3—静压管接口;
4—全压管;5—全压管接口
图 3.20　标准皮托管

(2)压力计

常用的压力计有U形压力计和斜管式微压计。

U形压力计是一个内装工作液体的U形玻璃管。常用的工作液体有水、乙醇、汞,视被测压力范围选用。用于测量烟气的全压和静压。

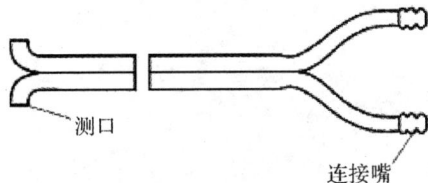

测口

连接嘴

图 3.21　S型皮托管

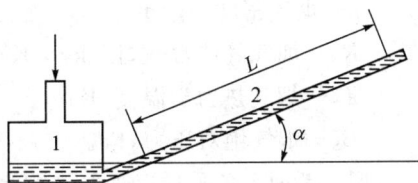

1—容器;2—玻璃管
图 3.22　倾斜式微压计

斜管式微压计(图3.22)由一截面积较大的容器和一截面积很小的玻璃管组成,内装工作溶液,玻璃管上有刻度,以指示压力读数。测压时,将微压计容器开口与测压系统压力较高的一端连接,斜管与压力较低的一端连接,则作用在两液面上的压力差使液柱沿斜管上升,指示出所测压力。斜管上的压力刻度是由斜管内液柱长度、斜管截面积、斜管与水平面夹角及容器截面积、工作溶液密度等参数计算得知的。这种微压计用于测量烟气动压。

(3)测量方法

先检查压力计液柱内有无气泡,微压计和皮托管是否漏气,然后按照图3.23(a)和图3.23(b)所示的连接方法分别测量烟气的动压和静压。其中,使用S型皮托管测量静压时,只用一路测压管,将其测量口插入测点,使测口平面平行于气流方向,出口端与U型压力计一端连接。

3.流速和流量的计算

(1)烟气流速

在测出烟气的温度、压力等参数后,按下式计算各测点的烟气流速 V_S

$$V_S = K_p \sqrt{2p_v/\rho}$$

或者　　　$V_S = = K_p \sqrt{2P_v} \sqrt{R_S T_S B_S}$

式中:V_S—烟气流速,/s;

　　　K_p—皮托管校正系数;

　　　P_v—烟气动压,Pa;

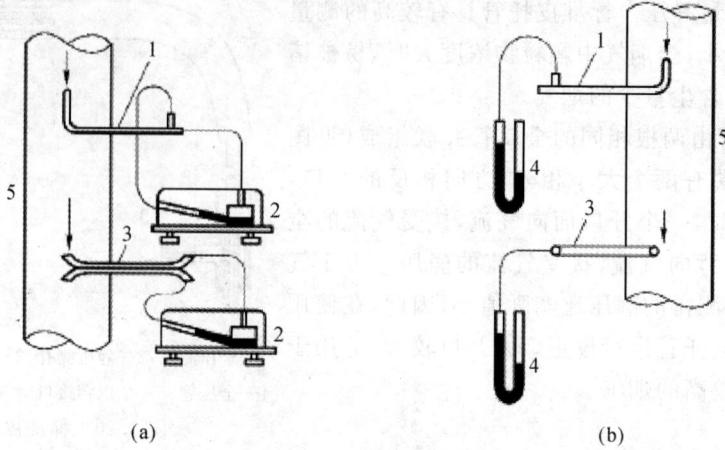

(a)　　　　　　　　　　　　　(b)

1—标准皮托管;2—斜管式微压计;3—S型皮托管;4—型压力计;5—烟道
图 3.23　动压和静压测量方法

ρ—烟气密度,kg/m^3;

R_s—烟气气体常数,$J/(kg \cdot K)$;

T_s—烟气热力学温度,K;

B_s—烟气绝对压力,Pa。

烟道断面上各采样点烟气平均流速公式

$$V_s = (V_1 + V_2 \cdots + V_n)/n$$

式中:V_s—烟气平均流速,m/s;

V_1、V_2、V_n—断面上各测点烟气流速,m/s;

n—测点数。

(2)烟气流量

$$Q_s = 3600 V_s S$$

式中:Q_s—烟气流量,m^3/h;

S—测点烟道横截面面积,m^2。

标准状态下干烟气流量按下式计算

$$Q_{Nd} = Q_s \cdot (1 - X_w) \cdot \frac{B_a + P_s}{101325} \cdot \frac{273}{273 + t_s}$$

式中:Q_{Nd}—标准状态下干烟气流量,m^3/h;

P_s—烟气静压,Pa;

B_a—大气压力,Pa;

X_w—湿烟气中水蒸气的体积分数;

t_s——烟气温度,℃。

烟气的体积由采样流量和采样时间的乘积求得。

(四)含湿量的测定

与大气相比,烟气中的水蒸气含量较高,变化范围较大,为了便于比较,监测方法规定以除去水蒸气后标准状态下的干烟气表示。含湿量的测定方法有重量法、冷凝法和干湿球温度计法。

　　1.冷凝法

　　抽取一定体积的烟气,通过冷凝器,根据冷凝出的水量及从冷凝器排出的烟气中的饱和水蒸气量计算烟气的含湿量。该方法的测定装置如图 3.24 所示。含湿量按下式计算。

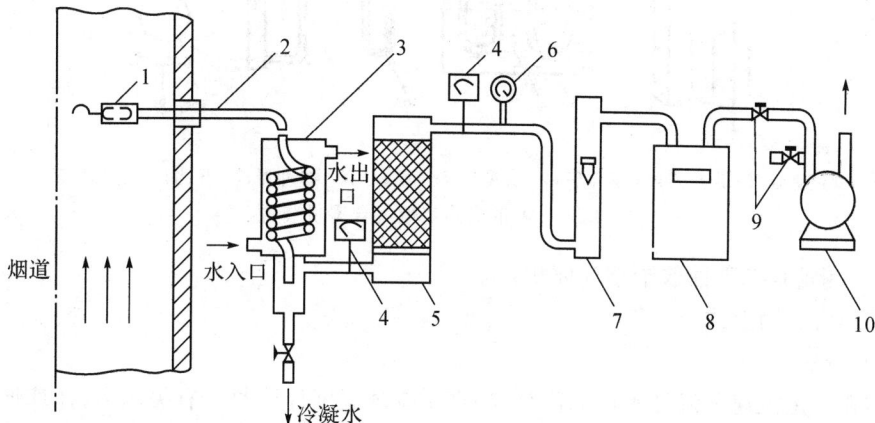

1—滤筒;2—采样管;3—冷凝器;4—温度计;5—干燥器;6—真空压力表;7—转子流量计;
8—累计流量计;9—调节阀;10—抽气泵

图 3.24　冷凝法测定含湿量装置

$$X_w = \frac{1.24G_w + V_s \cdot \dfrac{P_a}{B_a+P_r} \cdot \dfrac{273}{273+t_r} \cdot \dfrac{B_a+P_r}{101325}}{1.24G_w + V_s \cdot \dfrac{273}{273+t_r} \cdot \dfrac{B_a+P_r}{101325}} \times 100\%$$

$$X_w = \frac{461.4(273+t_r)G_w + P_z V_s}{461.4(273+t_r)G_w + (B_a+P_r)V_a} \times 100\%$$

式中:X_w—烟气中水蒸气的体积分数;

　　G_w—冷凝器中的冷凝水量,g;

　　V_s—测量状态下抽取烟气体积,L;

　　P_z—冷凝器出口烟气中饱和水蒸气压,kPa;

　　B_a—大气压力,kPa;

　　P_r—流量计前烟气表压,kPa;

　　t_r—流量计前烟气温度,℃;

　　1.24—标准状态下 1g 水蒸气的体积,L。

　　(2)重量法

　　从烟道中抽取一定体积的烟气,使之通过装有吸收剂的吸收管,则烟气中的水蒸气被吸收剂吸收,吸收管的增重即为所采烟气中的水蒸气重量。该方法的测定装置如图 3.25 所示。

　　烟气中的含湿量按下式计算:

$$X_w = \frac{1.24G_w}{V_d \cdot \dfrac{273}{273+t_r} \cdot \dfrac{B_a+P_r}{101325} + 1.24G_w} \times 100\%$$

式中:G_w—吸湿管采样后增加的质量,g;

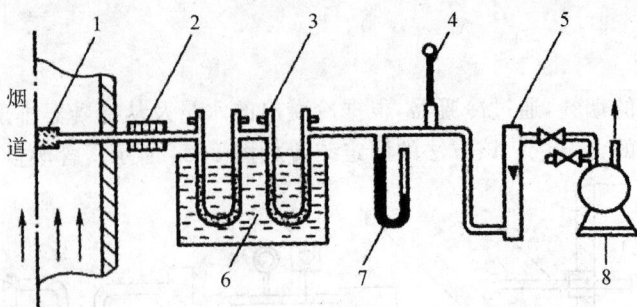

1—过滤器;2—加热器;3—吸湿管;4—温度计;5—流量计;6—冷却器;7—压力计;8—抽气泵

图 3.25　重量法测定烟气含湿量装置

V_d—测量状态下抽取干烟气体积,L。

其他项含义同上式。

(3)湿球法

气体在一定流速下流经干湿温度计,根据干湿球温度计读数及有关压力,计算烟气中含湿量。

(五)烟尘浓度的测定

1.原理

抽取一定体积烟气通过已知质量的捕尘装置,根据捕尘装置采样前后的质量差和采样体积计算烟尘的浓度。将采样体积转化为标准状态下的采样体积,按下式计算烟尘浓度。

$$C = \frac{m}{V_{nd}} \times 10^6$$

式中:c—烟气中烟尘浓度,mg/m³;

　　m—测得烟尘质量,g;

　　V_{nd}—标准状态下干烟气体积,L。

2.等速采样

测定排气烟尘浓度必须采用等速采样法,即烟气进入采样嘴的速度应与采样点烟气流速相等。采气流速大于或小于采样点烟气流速都将造成测定误差。图 3.26 示意出不同采样速度下烟尘运动情况。当采样速度(v_n)大于采样点的烟气流速(v_s)时,由于气体分子的惯性小,容易改变方向,而尘粒惯性大,不容易改变方向,所以采样嘴边缘以外的部分气流被抽入采样嘴,而其中的尘粒按原方向前进,不进入采样嘴,从而导致测量结果偏低;当采样速度(v_n)小于采样点的烟气流速(v_s)时,情况正好相反,使测定结果偏高;只有 $v_n = v_s$ 时,气体和烟尘才会按照它们在采样点的实际比例进入采样嘴,采集的烟气样品中烟尘浓度才与烟气实际浓度相同。

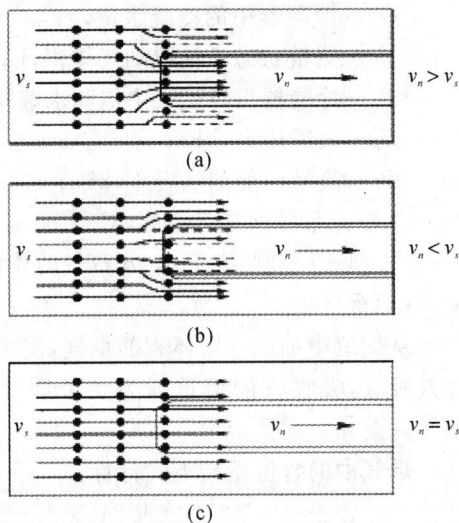

图 3.26　不同采样速度时颗粒物运动状况

3.等速采样方法

(1)预测流速(或普通采样管)法:该方法在采样前先测出采样点的烟气温度、压力、含湿量,计算出流速,再结合采样嘴直径计算出等速采样条件下各采样点的采样流量。采样时,通过调节流量调节阀按照计算出的流量采样。由于预测流速法测定烟气流速与采样不是同时进行,故仅适用烟气流速比较稳定的污染源。

(2)皮托管平行测速采样法:该方法将采样管、S 型皮托管和热电偶温度计固定在一起插入同一采样点,根据预先测得的烟气静压、含湿量和当时测得的动压、温度等参数,结合选用的采样嘴直径,由编有程序的计算器及时算出等速采样流量,迅速调节转子流量计至所要求的读数。此法与预测流速采样法不同之处在于测定流量和采样几乎同时进行,适用于工况易发生变化的烟气。

(3)动态平衡型等速管采样法:该方法利用装置在采样管中的孔板在采样抽气时产生的压差与采样管平行放置的皮托管所测出的烟气动压相等来实现等速采样。当工况发生变化时,通过双联斜管微压计的指示,可及时调整采样流量,随时保持等速采样条件。

4.采样类型

分为移动采样、定点采样和间断采样。移动采样是用一个捕集器在已确定的采样点上移动采样,各点采样时间相同,计算出断面上烟尘的平均浓度。定点采样是在每个测点上采一个样,求出断面上烟尘平均浓度,并可了解断面上烟尘浓度变化情况。间断采样适用于有周期性变化的排放源,即根据工况变化情况,分时段采样,求出时间加权平均浓度。

(六)烟气黑度的测定

烟气黑度是一种用视觉方法监测烟气中排放有害物质情况的指标。尽管这一指标难以确定与烟气中有害物质含量之间的精确对应关系,也不能取代污染物排放量和排放浓度的实际监测,但其测定方法简便易行,成本低廉,适合反映燃煤类烟气中有害物质的排放情况。测定烟气黑度的主要方法有:林格曼黑度图法、测烟望远镜法、光电测烟仪法等。

1.林格曼黑度图法

该方法是把林格曼烟气黑度图放在适当的位置上,将图上的黑度与烟气的黑度(不透光度)相比较,凭人的视觉对烟气的黑度进行评价(见图 3.27)。

我国使用的林格曼烟气黑度图如图 3.28 所示。它由 6 个不同黑度的小块(14cm×21cm)组成,除全白与全黑分别代表林格曼黑度 0 级和 5 级外,其余 4 块是在白色背景底上画上不同宽度的黑色条格,根据黑色条格在整个小块中面积的百分数来确定级别,黑色条格的面积占 20% 为 1 级,占 40% 为 2 级,占 60% 为 3 级,占 80% 为 4 级。

测定应在白天进行。观测刚离开烟囱、黑度最大部位的烟气。连续观测烟气黑度不少于 30min,记下烟气的林格曼级数及持续时间。在 30min 内,如果出现 2 级林格曼黑度的累计时间超过 2min,则烟气的黑度计为 2 级,出现 3 级林格曼黑度的累计时间超过 2min 计为 3 级,出现 4 级林格曼黑度的累计时间超过 2min 计为 4 级,出现超过 4 级林格曼黑度时计为 5 级。如果烟气黑度介于两个林格曼级之间,可估计一个 0.5 或 0.25 林格曼级数。

采用林格曼图监测烟气黑度取决于观测者的判断能力,其观测到的黑度读数也与天空的均匀性和亮度、风速、烟囱的大小和形状及观察时照射光线的角度有关。

2.测烟望远镜法

测烟望远镜是在望远镜筒内安装了一个圆形光屏板,光屏板的一半是透明玻璃,另一半

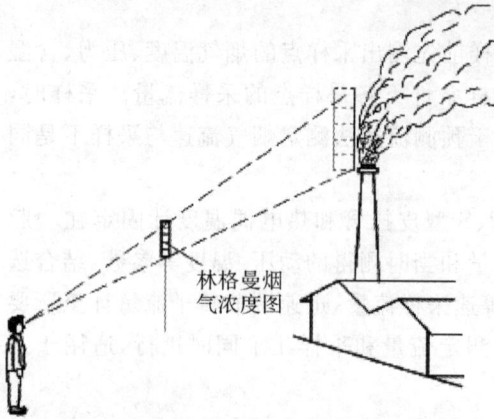

图 3.27　用林格曼烟气黑度图观测烟气

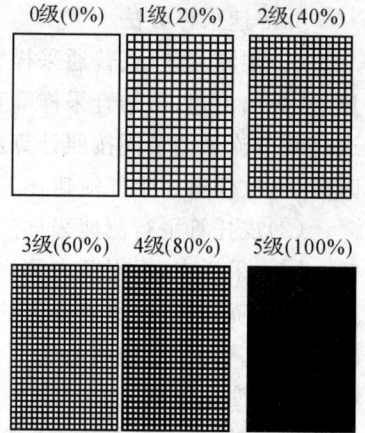

图 3.28　林格曼烟气黑度图

是 0～5 级林格曼黑度标准图。观测时,透过光屏的透明玻璃部分观看烟囱出口烟气的烟色,通过与光屏另一半的林格曼黑度标准图比较,确定烟气黑度的级别。

该方法对观测条件的要求和计算黑度级别的方法同林格曼黑度图法。

3.光电测烟仪法

该方法是利用测烟仪内的光学系统搜集烟气的图像,把烟气的透光率与仪器内安装的标准黑度板透光率(黑度板透光率是根据林格曼黑度分级定义确定的)比较,经光学系统处理后,用光电检测系统把光信号转换成电信号,自动显示和打印烟气的林格曼黑度级数。利用这种仪器测定烟气黑度,可以排除人视力因素的影响。

(七)烟气组分的测定

烟道排气组分包括主要气体组分和微量有害气体组分。主要气体组分为氮、氧、二氧化碳和水蒸气等。测定这些组分的目的是考察燃料燃烧情况和为烟尘测定提供计算烟气密度、分子量等参数的数据。有害组分为一氧化碳、氮氧化物、硫氧化物和硫化氢等。

1.样品的采集

由于气态和蒸气态物质分子在烟道内分布比较均匀,不需要多点采样,在靠近烟道中心的任何一点都可采集到具有代表性的气样。同时,气体分子质量极小,可不考虑惯性作用,故也不需要等速采样。但因为烟气湿度大、温度高、烟尘及有害气体浓度大,并具有腐蚀性,所以在采样管头部应装有烟尘滤器,采样管需要加热或保温并且耐腐蚀,防止水蒸气冷凝而导致被测组分损失。

2.烟气主要组分的测定

烟气中的主要组分为 N_2、O_2、CO_2 和水蒸气等,可采用奥氏气体分析器吸收法和仪器分析法测定。奥氏气体分析器吸收法的测定原理是用适当的吸收液吸收烟气中的欲测组分,通过测定前后气体体积的变化计算欲测组分的含量。例如,用 KOH 溶液吸收 CO_2;用焦性没食子酸溶液吸收 O_2;用氨性氯化亚铜溶液吸收 CO 等;还有的带有燃烧法测 H_2 装置。依次吸收 CO_2、O_2 和 CO 后,剩余气体主要是 N_2。

用仪器分析法可以分别测定烟气中的组分,其准确度比奥式气体分析器吸收法高。

3.烟气中有害组分的测定

对含量较低的有害组分,其测定方法原理大多与空气中气态有害组分相同;对于含量高的组分,多选用化学分析法。

二、流动污染源监测

污染大气环境的主要流动污染源是汽车,汽车排气是石油体系燃料在内燃机内燃烧后的产物,含有氮氧化物、碳氢化合物、CO 等有害组分。

汽车排气中污染物含量与其运转工况(怠速、加速、定速、减速)有关,因为怠速法试验工况简单,可使用便携式仪器测定一氧化碳和碳氢化合物,故应用广泛。

(一)汽油车怠速排气中一氧化碳、碳氢化合物的测定

1.怠速工况条件

发动机运转,离合器处于接合位置,油门踏板与手油门处于松开位置,变速器处于空挡位置;采用化油器的供油系统,其阻风门处于全开位置。

2.测定方法

一般采用非分散红外气体分析仪进行测定。专用分析仪有国产 MEXA－324F 型汽车排气分析仪,可直接显示测定结果。测定时,先将汽车发动机由怠速加速至中等转速,保持 5s 以上,再降至怠速状态,插入采样管(深度不少于 500mm)测定,读取最大值。若为多个排气管,应取各排气管测定值的算术平均值。

(二)汽油车排气中氮氧化物的测定

在汽车尾气排气管处用取样管将废气引出(用采样泵),经冰浴(冷凝除水)、玻璃棉过滤器(除油尘),抽取到 100mL 注射器中,然后将抽取的气样经氧化管注入冰乙酸－对氨基苯磺酸－盐酸萘乙二胺吸收显色液,显色后用分光光度法测定,测定方法同大气中 NO_x 的测定。

(三)柴油车排气烟度的测定

由汽车柴油机或柴油车排出的黑烟含有多种颗粒物,其组分复杂,但主要是炭的聚合体(占 85％以上),还有少量氧、氢、灰分和多环芳烃化合物等。为防止烟尘对环境的污染,国家制订出一系列排气烟度的排放标准。

汽车排气烟度常用滤纸式烟度计测定,以波许单位(R_b)或滤纸烟度单位(FSN)表示。

1.测定原理

用一只活塞式抽气泵在规定的时间内从柴油机排气管中抽取一定体积的排气,让其通过一定面积的白色滤纸,排气中的炭粒就附着在滤纸上,将滤纸染黑,然后用光电测量装置测量染黑滤纸的吸光度,以吸光度大小表示烟度大小。规定洁白滤纸的烟度为零,全黑滤纸的烟度为 10。滤纸式烟度计烟度刻度计算式为:

$$R_b = 10 \times (1 - I/I_0)$$

式中:R_b——波许烟度单位;

I——被测烟样滤纸反射光强度;

I_0——洁白滤纸反射光强度。

由于滤纸的质量会直接影响烟度测定结果,所以要求滤纸色泽洁白,纤维及微孔均匀,机械强度和通气性良好,以保证烟气中的炭粒能均匀地分布在滤纸上,提高测定精度。

2.波许烟度计

当抽气泵活塞受脚踏开关的控制而上行时,排气管中的排气依次通过取样探头、取样软

管及一定面积的滤纸被抽入抽气泵,排气中的黑烟被阻留在滤纸上,然后用步进电机(或手控)将已抽取黑烟的滤纸送到光电检测系统测量,由仪表直接指示烟度值。规程中要求按照一定时间间隔测量三次,取其平均值。

采集烟样后的滤纸经光源照射,则部分光被滤纸上的炭粒吸收,另一部分被滤纸反射给环形硒光电池,产生相应的光电流,送入测量仪表测量。

任务七　室内空气监测

室内环境是指人们工作、生活、社交及其他活动所处的相对封闭的空间,包括住宅、办公室、教室、医院、候车(机)室及交通工具等室内活动场所。随着生活水平的提高和生活方式的改变,人们在室内生活的时间越来越长,室内空气质量的优劣直接影响到人们的工作和生活。室内空气污染是指由于引入污染源或通风不足而导致室内空气有害物质含量升高,并引发人群不适(如注意力分散,工作效率下降,严重时还会使人产生头痛、恶心、疲劳、皮肤红肿等)症状的现象。

一、室内空气污染的主要来源

1.人体呼吸、烟气

研究结果表明,人体在新陈代谢过程中,会产生约 500 多种化学物质,经呼吸道排出的有 149 种,人体呼吸散发出的病原菌及多种气味,其中混有多种有毒成分,决不可忽视。人体通过皮肤汗腺排出的体内废物多达 171 种,例如尿素、氨等。此外,人体皮肤脱落的细胞,大约占空气尘埃的 90%。若浓度过高,将形成室内生物污染,影响人体健康,甚至诱发多种疾病。

吸烟是室内空气污染的主要来源之一。烟雾成分复杂,有固相和气相之分。经国际癌症研究所专家小组鉴定,并通过动物致癌实验证明,烟草烟气中的"致癌物"多达 40 多种。吸烟可明显增加心血管疾病的发病几率,是人类健康的"头号杀手"。

2.装修材料、日常用品

室内装修使用各种涂料、油漆、墙布、胶粘剂、人造板材、大理石地板以及新购买的家具等,都会散发出酚、甲醛、石棉粉尘、放射性物质等,它们可导致人们头疼、失眠、皮炎和过敏等反应,使人体免疫功能下降,因而国际癌症研究所将其列为可疑致癌物质。

3.微生物、病毒、细菌

微生物及微尘多存在于温暖潮湿及不干净的环境中,随灰尘颗粒一起在空气中飘散,成为过敏源及疾病传播的途径。特别是尘螨,是人体支气管哮喘病的一种过敏源。尘螨喜欢栖息在房间的灰尘中,春秋两季是尘螨生长、繁殖最旺盛时期。

4.厨房油烟

过去,厨房油烟对室内空气的污染很少被人们重视。据研究表明,城市女性中肺癌患者增多,经医院诊断大部分患者为腺癌,它是一种与吸烟极少有联系的肺癌病例。进一步的调研发现,致癌途径与厨房油烟导致突变性和高温食用油氧化分解的致变物有关。厨房内的另一主要污染源为燃料的燃烧。在通风差的情况下,燃具产生的一氧化碳和氮氧化物的浓度远远超过空气质量标准规定的极限值,这样的浓度必然会造成对人体的危害。

5. 空调综合征

长期在空调环境中工作的人,往往会感到烦闷、乏力、嗜睡、肌肉痛,感冒的发生几率也较高,工作效率和健康明显下降,这些症状统称为"空调综合征"。造成这些不良反应的主要原因是在密闭的空间内停留过久,CO_2、CO、可吸入颗粒物、挥发性有机化合物以及一些致病微生物等的逐渐聚集而使污染加重。上述种种原因造成室内空气质量不佳,引起人们出现很多疾病,继而影响了工作效率。

二、室内空气污染的特点

1. 累积性

室内环境是一个相对密闭的空间,其空气流动性远不如室外大气,因而大气扩散稀释作用受到诸多因素限制。污染物进入室内空间后,其浓度在较长时间内不降低,甚至短期内升高,即时常表现为污染物累积效应。

2. 长期性

甲醛、苯等许多室内污染物来自大芯板和油漆涂料等永久性室内装修材料,这些装修材料只要存在室内就会不断释放污染物质,直至材料报废移出。污染源的长期存在是室内污染具有长期性的最主要原因,因而即使开窗通风换气,也只能是通风换气期间污染物浓度降低,通风换气结束,污染物浓度又会逐渐升高。

3. 多样性

引发室内空气污染的污染源多种多样,释放污染物的种类多种多样,因而室内空气污染的表现也是多种多样。再者,同类型同强度的室内空气污染程度,因居住者身体健康状况不同,其受害症状及危害程度也多种多样。

三、主要室内空气污染物

1. 甲醛

甲醛是一种无色、极易溶于水、具有刺激性气味的气体。甲醛具有凝固蛋白质的作用,其 35%～40% 的水溶液被称作福尔马林,常用作浸渍标本和室内消毒。室内甲醛的主要污染源是复合木制品(刨花板、密度板、胶合板等人造板材制作的家具)、胶黏剂、墙纸、化纤地毯、油漆、炊事燃气和吸烟等。甲醛对人体的危害具长期性、潜伏性、隐蔽性的特点。长期吸入低浓度的甲醛可引发鼻咽癌等疾病。短时间吸入高浓度的甲醛,首先会感到眼睛、鼻子和咽喉不舒服,进而会引发咳嗽、哮喘、恶心、呕吐和头痛,甚至导致鼻出血。

2. 苯

苯是一种无色、具有特殊芳香气味的气体。苯及苯系物被人体吸入后,可出现中枢神经系统麻醉作用;可抑制人体造血功能,使红血球、白血球和血小板减少,再生障碍性贫血患病率增大;可导致女性月经异常和胎儿先天性缺陷等危害症状。化学胶、油漆、涂料和黏合剂是室内空气中苯的主要来源。

3. 挥发性有机物

挥发性有机物(volatile organic compounds,VOCs)是指沸点在 $50\sim260℃$ 之间、室温下饱和蒸汽压大于 133.322Pa 的易挥发性有机化合物。室内空气中常见的 VOCs 有甲醛、苯、甲苯、二甲苯、乙苯、苯乙烯、三氯乙烯、四氯乙烯和四氯化碳等。由于 VOCs 成分复杂、种类繁多,故一般不予以逐个分别表示,而以总挥发性有机物 TVOC(total volatile organic compounds)表示其总量。VOCs 多表现出毒性、刺激性和致癌性,对人体健康造成现实或潜在的危害。VOCs 能引起机体免疫水平失调,影响中枢神经系统功能,出现头晕、头痛、嗜睡、无力、胸闷等症状;也能影响消化系统,出现食欲不振、恶心等,严重时甚至损伤肝脏和造血系统。室内空气中 VOCs 的来源主要是复合板、涂料、粘结剂等建筑装修材料,其次是消毒剂、清洁剂和空气清新剂等化学合成生活用品,此外还有炊事燎气、香烟、装饰植物等天然生活用品。

4.氨

氨是一种无色、极易溶于水、具有刺激性气味的气体。氨可通过皮肤及呼吸道进入机体引起中毒,又因其极易溶于水而对眼、喉和上呼吸道作用快、刺激性强。短时间接触氨,轻者引发鼻充血和分泌物增多,重者可导致肺水肿。长时间接触低浓度氨可引起咽喉炎,使患者声音嘶哑。长时间接触高浓度氨可引发咽喉水肿、痉挛而导致窒息,也可能出现呼吸困难、肺水肿和昏迷休克。室内空气中氨的主要来源是混凝土中的防冻剂、防火板中的阻燃剂和化工涂料中的增白剂。

5.氡

氡是一种无色、无味、无法觉察的放射性气体。氡及其子体随空气进入人体附着于气管薄膜及肺部表面,或溶入体液进入细胞组织形成体内辐射,诱发肺癌、白血病和呼吸道病变。世界卫生组织认为氡是仅次于吸烟引起肺癌的第二大致癌物质。水泥、砖块、沙石、花岗岩、大理石和陶瓷砖等建筑材料,以及地质断裂带处的土壤都会有氡及其子体析出。

四、室内环境有害物质监测方案的制订

(一)样品采集

1.采样点位及数目

采样点位数量应根据室内面积大小和现场情况确定,要能正确反映室内空气污染物的污染程度。公共场所原则上小于 50m² 的房间应设 1~3 个点;50m²~100m² 设 3~5 个点;100m² 以上至少设 5 个点。居室面积小于 10m² 的设 1 个点;10m²~25m² 设 2 个点;25m²~50m² 设 3~4 个点。两点之间的距离相距 5m 左右。

多点采样时应按对角线或梅花式布点法均匀布点,应避开通风口,离墙壁及室内器物外壁距离应大于 0.5m,离门窗距离应大于 1m。采样点的高度原则上与人的呼吸带高度一致,一般相对高度 1.0~1.5m 之间。也可根据房间的使用功能,室内人群高低以及在房间立、坐或卧时间长短来选择采样高度。有特殊要求的可根据具体情况而定。

2.采样时间及频次

新装修房间的室内空气监测应在装修完成 7d 以后进行,一般建议在使用前采样监测。监测时采样应在对外门窗关闭 12h 后进行,装有中央空调的室内环境采样时空调应正常运转,有特殊要求的可根据现场情况及要求而定。一般年平均浓度至少连续或间隔采样 3 个月,日平均浓度至少连续或间隔采样 18h;8h 平均浓度至少连续或间隔采样 6h;1h 平均浓度至少连续或间隔采样 45min。

3.采样方法

采样应按照欲测污染物检验方法中规定的操作步骤进行。要求年平均、日平均、8h 平

均值参数的,可以先做筛选采样检验.检验结果符合标准值要求即为达标,若筛选采样检验结果达不到室内空气质量标准值要求,必须按年平均、日平均、8h 平均值的要求,用累积采样检验结果重新评价。

筛选法采样,要求采样前先关闭对外门窗 12h,再在门窗关闭条件下至少采样 45min;或者采用瞬时采样,采样间隔时间为 10～15min。每个点位应至少采集 3 次样品,每次的采样量大致相同,以监测结果的平均值作为该采样点位的小时均值。

4.采样仪器

室内空气污染监测常用的采样装置及用法与室外大气监测基本相同。主要采样装置有玻璃注射器(100mL)、空气采样袋、气泡吸收管、"U"形多孔玻板吸收管、滤膜、固体吸附管(内径 3.5～4.0mm,长 80～180mm 的玻璃吸附管,或内径 5mm、长 90mm 内壁抛光的不锈钢管)和不锈钢采样罐。

5.采样记录

采样时要使用墨水笔或签字笔对采样情况做出详细的现场记录。每个样品上要贴上标签,标明点位编号、采样日期和时间、测定项目等,字迹应端正、清晰。采样记录随样品一同报到实验室。

(二)监测项目及分析方法

监测项目可根据《室内空气质量标准》和《室内装饰装修材料有害物质限量标准》的规定;分析方法可参照空气和废气监测方法。

技能训练

实训一　环境空气中颗粒物的测定

一、总悬浮颗粒物的测定——重量法

(一)实训目的

1.掌握测定大气中悬浮颗粒物(TSP)的基本原理和方法;

2.能够正确操作使用 TSP 采样器;

3.能够及时解决在采样现场出现的技术问题。

(二)方法适用范围

本方法适合于用大流量和中流量总悬浮颗粒物采样器(简称采样器)进行空气中总悬浮颗粒物的测定。方法的检出限为 $0.001mg/m^3$。总悬浮颗粒物含量过高或雾天采样使滤膜阻力大于 10kPa 时,本方法不适用。

(三)原理

通过具有一定切割特性的采样器,以恒速抽取定量体积的空气,空气中粒径小于 $100\mu m$ 的悬浮颗粒物,被截留在已恒重的滤膜上。根据采样前、后滤膜重量之差及采样体积,计算总悬浮颗粒物的浓度。滤膜经处理后,可进行组分分析。

(四)仪器和材料

1.大流量或中流量采样器。

2. X 光看片机:用于检查滤膜有无缺损。

3. 打号机:用于在滤膜及滤膜袋上打号。

4. 镊子:用于夹取滤膜。

5. 滤膜:超细玻璃纤维滤膜,对 $0.3\mu m$ 标准粒子的截留效率不低于 99%,在气流速度为 $0.45m/s$ 时,单张滤膜阻力不大于 $3.5kPa$,在同样气流速度下,抽取经高效过滤器净化的空气 5h,$1cm^2$ 滤膜失重不大于 $0.012mg$。

6. 滤膜袋:用于存放采样后对折的采尘滤膜。袋面印有编号、采样日期、采样地点、采样人等项栏目。

7. 滤膜保存盒:用于保存、运送滤膜,保证滤膜在采样前处于平展不受折状态。

8. 恒温恒湿箱:箱内空气温度要求在 $15\sim30℃$ 连续可调,控温精度 $\pm1℃$;箱内相对湿度应控制在 (50 ± 5)%。恒温恒湿箱可连续工作。

9. 天平

(1)总悬浮颗粒物大盘天平:用于大流量采样滤膜称重。称量范围 $\geqslant10g$;感量 1mg;再现性(标准差)$\leqslant2mg$。

(2)分析天平:用于中流量采样滤膜称重。称量范围 $\geqslant10g$;感量 0.1mg;再现性(标准差)$\leqslant0.2mg$。

(五)实训内容

1. 采样器的流量校准

新购置或维修后的采样器在启用前,需进行流量校准,正常使用的采样器每月需进行一次流量校准。流量校准仪器可用孔口流量计,也可用电子校准装置。校准流量时,要确保气路密封连接,流量校准后,如发现滤膜上尘的边缘轮廓不清晰或滤膜安装歪斜等情况,可能造成漏气,应重新进行校准。校准合格的采样器,即可用于采样,不得再改动调节器状态。

2. 采样

(1)滤膜准备

检查滤膜(不得有针孔或任何缺陷)→滤膜编号(光滑表面两个对角上)→滤膜袋编号→滤膜在 $15\sim30℃$ 恒温恒湿箱中平衡 24h,记录平衡温度与湿度→称量滤膜 W_0(g)(在上述平衡条件下,大流量采样器滤膜称量精确到 1mg;中流量采样器滤膜称量精确到 0.1mg。)→滤膜盒中保存(不得弯曲或折叠)。

(2)安放滤膜及采样

取出滤膜夹,清洁采样头内及滤膜夹的灰尘→将准备好的滤膜绒面向上安放在滤膜支持网上,放上滤膜夹→安好采样头顶盖→设置采样时间,启动采样→样品采完后,取下滤膜,放入号码相同的滤膜袋内→填写采样记录(实表 3-2)。

取滤膜时,如发现滤膜损坏,或滤膜上尘的边缘轮廓不清晰、滤膜安装歪斜(说明漏气),则本次采样作废,需重新采样。

3. 样品测定

在与干净滤膜相同条件下平衡 24h→在上述平衡条件下称量滤膜→记录滤膜重量 W_1(g),记录表格见实表 3-1。

滤膜增重:大流量滤膜不小于 100mg,中流量滤膜不小于 10mg。

（六）数据处理

1. 测定数据记录（实表 3-1、实表 3-2）

实表 3-1　总悬浮颗粒物分析原始记录表

样品名称：环境空气　　　　　　　　　　　　　　　　　　　收样日期：　年　月　日

称重日期：W_0：　年　月　日　　　　　W_1：　年　月　日　　　　天平编号：

方法依据：GB/T 15432—1995　　　　　　　　　　　　　　方法检出限：0.001mg/m³

计算公式：公式 $c = K \times (W_1 - W_0)/V_0$　（大流量采样器 $K = 1 \times 10^6$；中流量采样器 $K = 1 \times 10^9$）

序号	样品编号	标准状态下采样体积 V_0/m^3	采样前滤膜 W_0/g	采样后滤膜 W_1/g	$(W_0 - W_1)$ /g	样品浓度 (mg/m³)

分析：　　　　　　　　校准：　　　　　　　　　　　审核：

实表 3-2　大气采样原始记录表

委托单位：　　　　　　采样点名称：　　　　　　　　　　　　采样日期：　年　月　日

方法依据：　　　　　　采样器型号：　　　　　　　　　　　　采样器编号：

天气状况：　　　　　　相对湿度：　　%　　　　风向：　　　　　　　　风速：　　m/s

序号	监测项目	样品编号	采样起止时间		累计采样时间 /min	采样流量 (L/min)	气温 $T/℃$	气压 P/kPa	采样体积 V_t/L	标准状态下采样体积 V_0/L
			开始	结束						
计算公式					样品现场处理情况					

采样：　　　　　　　　送样：　　　　　　　　　　接样：

2. 计算

（1）将采样体积按下式换算成标准状态下采样体积

$$V_0 = V_t \times \frac{T_0}{T_0 + t} \times \frac{P}{P_0}$$

式中：V_0—标准状态下的采样体积，L；

　　　V_t—采样体积，L＝采样流量(L/min)×采样时间(min)；

　　　t—采样点的气温，℃；

　　　T_0—标准状态下的绝对温度，273K；

　　　P—采样点的大气压力，kPa；

　　　P_0—标准状态下的大气压力，101kPa。

（2）大气中总悬浮颗粒物含量

$$总悬浮颗粒物含量(\mu g/m^3) = \frac{K \times (W_1 - W_0)}{V_0}$$

式中：K—常数，大流量采样器 $K = 1 \times 10^6$；中流量采样器 $K = 1 \times 10^9$；

W_1—采样后滤膜重，g；

W_0—采样前滤膜重，g；

V_0—标准状态下的采样体积，m^3。

（七）注意事项

1. 采样时应使采样头的进气方向与仪器的排气方向不在同一方位上，采样时应迎风向采样。

2. 当两台总悬浮颗粒物采样器安放位置相距不大于 4m、不少于 2m 时，同时采样测定总悬浮颗粒物含量，相对偏差不大于 15％，以保证测试方法的再现性。

3. 要经常检查采样头是否漏气，当采样后滤膜上颗粒物与四周白边之间的界线模糊，表明滤膜密封垫没有垫好或密封性能不好，应更换滤膜密封垫。

二、大气飘尘浓度测定方法（PM₁₀ 的测定）

（一）实训目的

1. 掌握测定大气飘尘浓度的基本原理和方法。

2. 能够正确操作使用 PM_{10} 采样器。

3. 能及时解决在采样现场出现的技术问题。

（二）原理

使一定体积的空气，进入切割器，将 $10\mu m$ 以上粒径的微粒分离。小于这一粒径的微粒随着气流经分离器的出口被阻留在已恒重的滤膜上。根据采样前后滤膜的重量差及采样体积，计算出飘尘浓度，以 mg/m^3 表示。

（三）仪器和材料

1. PM_{10} 大流量或中流量采样器。

2～9. 同 TSP 法中（四）2～9。

（四）实训内容

1. 采样器的流量校准

同 TSP 法。

2. 采样

（1）采用合格的超细玻璃纤维滤膜。采样前在干燥器内放置 24h，用感量优于 0.1mg 的分析天平称重，放回干燥器 1h 后再称重，两次重量之差不大于 0.4mg 即为恒重（实表 3-4）。

（2）将已恒重好的滤膜，用镊子放入洁净采样夹内的滤网上，牢固压紧至不漏气，连接好采样器，按照采样仪器有关说明正确启动仪器，开始采样。如果测定任何一次浓度，每次需更换滤膜；如测日平均浓度，样品采集在一张滤膜上。采样结束后，用镊子取出滤膜，将有尘面两次对折，放入纸袋，并做好采样记录（实表 3-3）。

3. 样品测定

在与干净滤膜相同的平衡条件下平衡 24h→在上述平衡条件下称重滤膜→记录滤膜重量 $W_1(g)$（实表 3-4）。

（五）数据处理

1. 测定数据记录（实表 3-3、实表 3-4）

实表 3-3 大气采样原始记录表

委托单位： 采样点名称： 采样日期： 年 月 日

方法依据： 采样器型号： 采样器编号：

天气状况： 相对湿度： ％ 风向： 风速： m/s

序号	监测项目	样品编号	采样起止时间		累计采样时间 /min	采样流量 (L/min)	气温 $T/℃$	气压 P/kPa	采样体积 V_t/L	标准状态下采样体积 V_0/L
			开始	结束						
计算公式					样品现场处理情况					

采样： 送样： 接样：

实表 3-4 可吸入颗粒物分析原始记录表

样品名称：环境空气 收样日期： 年 月 日

称重日期：W_0： 年 月 日 W_1： 年 月 日 天平编号：

方法依据：GB 6921—1986 计算公式：公式 $c=[(W_1-W_0)\times1000]/V_0$

分析编号	样品编号	标准状态下采样体积 V_0/m^3	采样前滤膜 W_0/g			采样后滤膜 W_1/g			$(W_0-W_1)/g$	样品浓度 (mg/m^3)
			1	2	3	1	2	3		

分析： 校准： 审核：

2. 计算

飘尘浓度计算按下式计算

$$c=\frac{(W_1-W_0)\times1000}{V_0}$$

式中：c—飘尘浓度，mg/m^3；

　　W_1—采样后滤膜重，g；

　　W_0—采样前滤膜重，g；

　　V_0—标准状态下的采样体积，m^3。

（六）注意事项

1. 采样点应避开污染源及障碍物，如测定交通枢纽处飘尘，采样点应布置在距人行道边缘 1m 处。

2. 如果测定任何一次浓度，采样时间不得少于 1h，测定日平均浓度，间隔采样时不得少于 4 次。

3. 采样时，采样器入口距地面高度不得低于 1.5m。

4. 采样不能在雨、雪和风速大于 8m/s 等天气条件下进行。

5. 当 PM_{10} 含量很低时，采样时间不能过短，要保证足够的采尘量，以减少称量误差。

实训二　大气中氮氧化物的测定(Saltzman 法)

一、实训目的

1. 掌握溶液吸收富集采样方法对大气中分子态污染物的采集；
2. 掌握盐酸萘乙二胺分光光度法测定大气中氮氧化物的原理和操作技术；
3. 能够正确操作使用大气采样器。

二、方法使用范围

当采样体积为 4～24L 时,本标准适用于测定空气中二氧化氮的浓度范围为 0.015～2.0mg/m³。

三、原理

空气中的二氧化氮与吸收液中的对氨基苯磺酸进行重氮化反应,再与 N-(1-萘基)乙二胺盐酸盐作用,生成粉红色的偶氮染料,于波长 540～545nm 处,测定吸光度。

四、仪器

1. 采样导管:硼硅玻璃、不锈钢、聚四氟乙烯或硅胶管,内径约为 6mm,尽可能短一些,任何情况下不得长于 2m,配有朝下的空气入口。
2. 吸收瓶:内装 10mL、25mL 或 50mL 吸收液的多孔玻板吸收瓶,液柱不低于 80mm。检查吸收瓶的玻板阻力,气泡分散的均匀性及采样效率。
3. 空气采样器:

(1)便携式空气采样器(用于短时间采样):流量范围 0～1L/min。采气流量为 0.4L/min 时,误差小于±5%。采样前用电子皂膜流量计或玻璃皂膜流量计进行流量校准。

(2)恒温自动连续采样器(用于 24h 连续采样):采气流量为 0.2L/min 时,误差小于±5%。能将吸收液恒温在(20±4)℃。

4. 分光光度计。
5. 硅胶管:内径约 6mm。

五、试剂

除另有说明,分析时均使用符合国家标准的分析纯试剂和无亚硝酸根的蒸馏水或同等纯度的水,必要时可在全玻璃蒸馏器中加少量高锰酸钾和氢氧化钡重新蒸馏。

水纯度的检验方法:按绘制标准曲线的步骤测量,吸收液的吸光度不超过 0.005。

1. N-(1-萘基)乙二胺盐酸盐储备液:称取 0.50g N-(1-萘基)乙二胺盐酸盐[$C_{10}H_7NH(CH_2)_2NH_2 \cdot 2HCl$]于 500mL 容量瓶中,用水溶解稀释至刻度。此溶液贮于密封的棕色试剂瓶中,在冰箱中冷藏,可稳定 3 个月。

2. 显色液:称取 5.0g 对氨基苯磺酸($NH_2C_6H_4SO_3H$),溶于约 200mL 热水中,将溶液冷却至室温,全部移入 1000mL 容量瓶中,加入 50mL 冰乙酸和 50mL N-(1-萘基)乙二胺盐酸盐储备液,用水稀释至刻度。密闭于棕色瓶中,在 25℃ 以下暗处存放,可稳定 3 个月。

3.吸收液:使用时将显色液和水按 $4+1(V+V)$ 比例混合,即为吸收液。密闭于棕色瓶中,25℃ 以下暗处存放,可稳定 3 个月。若呈现淡红色,应弃之重配。

4.亚硝酸盐标准储备液:称取 0.3750g 亚硝酸钠($NaNO_2$,优级纯,预先在干燥器内放置 24h 以上)溶于水,移入 1000mL 容量瓶中,用水稀释至标线。此溶液每毫升含 $250\mu g$ NO_2^-,保存在暗处,可稳定 3 个月。

5.亚硝酸盐标准工作溶液:吸取亚硝酸盐标准储备液 10.00mL 于 1000mL 容量瓶中,用水稀释至标线。此溶液每毫升含 $2.5\mu g$ NO_2^-。

六、实训内容

1.采样

到达采样现场后安装好采样装置。试启动采样器 2~3 次,检查气密性,观察仪器是否正常,吸收管与仪器之间的连接是否正确。

(1)短时间采样(1h 以内):取一支多孔玻板吸收瓶,装入 10.0mL 吸收液,标记吸收液液面位置,以 0.4L/min 流量采气 6~24L。做好采样记录。

(2)长时间采样(24h 以内):用大型多孔玻板吸收瓶,内装 25.0mL 或 50.0mL 吸收液,液柱不低于 80mm,标记吸收液液面位置,使吸收液温度保持在 $(20\pm4)℃$,以 0.2L/min 流量采气 288L。

采样、样品运输及存放过程中应避免阳光照射。温度超过 25℃ 时,长时间运输及存放样品应采取降温措施。

2.标准曲线的绘制

用亚硝酸盐标准工作溶液绘制标准曲线:取 6 支 10mL 具塞比色管,按实表 3-5 制备标准色列。

实表 3-5　亚硝酸盐标准色列

管　　号	0	1	2	3	4	5
标准工作溶液/mL	0	0.40	0.80	1.20	1.60	2.00
水/mL	2.00	1.60	1.20	0.80	0.40	0
显色液/mL	8.00	8.00	8.00	8.00	8.00	8.00
二氧化氮浓度/($\mu g/mL$)	0	0.10	0.20	0.30	0.40	0.50

各管混匀,于暗处放置 20min(室温低于 20℃ 时,应适当延长显色时间。如室温为 15℃ 时,显色时间为 40min),用 10mm 比色皿,以水为参比,在 540nm~545nm 波长处,测定吸光度并做好记录。扣除空白试验(零浓度)的吸光度以后,对应 NO_2^- 的浓度($\mu g/mL$),用最小二乘法计算标准曲线的回归方程。

3.样品的测定

采样后放置 20min(气温低时,适当延长显色时间。如室温为 15℃ 时,显色 40min),用水将采样瓶中吸收液的体积补至标线,混匀,按绘制标准曲线的步骤测定样品的吸光度和空白试验样品的吸光度,做好记录。

若样品的吸光度超过标准曲线的上限,应用空白试验溶液稀释,再测定其吸光度。

2.空白试验

与采样用吸收液同一批配制的吸收液。

七、数据处理

1.测定数据记录(实表 3-6、实表 3-7)

实表 3-6　校准曲线绘制原始记录表

曲线名称:二氧化氮校准曲线　　标准溶液来源:　　　　适用项目:空气中二氧化氮的测定

仪器型号:　　　　　　　　仪器编号:　　　　　　　方法依据:GB/T 15435—1995

测定波长:540nm　比色皿厚度:10mm　参比溶液:纯水　　　　绘制日期:　年　月　日

分析编号	标准溶液加入体积/mL	标准物质加入量/μg	仪器响应值	空白响应值	仪器响应值—空白响应值
1	0.40	0.10			
2	0.80	0.20			
3	1.20	0.30			
4	1.60	0.40			
5	2.00	0.50			
回归方程:			$a=$	$b=$	$r=$

分析:　　　　　　校核:　　　　　　审核:

实表 3-7　二氧化氮分析原始记录表

样品名称:环境空气　　采样日期:　年　月　日　　　　　分析日期:　年　月　日

方法依据:GB/T 15435—1995　方法最低检出浓度:0.015mg/m³　　　参比溶液:纯水

仪器型号:　　　仪器编号:　　采样用吸收液体积 V:　　　　测定波长:540nm

比色皿厚度:10mm　Saltzman 系数 $f=$　　公式 $c=[(A-A_0-a)\times V\times D]/(b\times f\times V_0)$

分析编号	样品编号	标准状态下采样体积 V_0/L	稀释倍数 D	样品吸光度 A	空白吸光度 A_0	$A-A_0$	样品浓度(mg/m³)

分析:　　　　　　校核:　　　　　　审核:

2.计算

用亚硝酸盐标准溶液绘制标准曲线时,空气中二氧化氮的浓度 c(mg/m³)用下式计算:

$$c(\mathrm{NO_2,mg/m^3})=\frac{(A-A_0-a)\times V\times D}{b\times f\times V_0}$$

式中:A—样品溶液的吸光度;

A_0—空白试验溶液的吸光度;

b—标准曲线的斜率,吸光度 mL/μg;

a—标准曲线的截距;

V—采样用吸收液体积,mL;

V_0—换算为标准状态(273K、101.3kPa)下的采样体积,L;

D—样品的稀释倍数;

f—Saltzman 实验系数,0.88(当空气中二氧化氮浓度高于 0.720mg/m³ 时,f 值为 0.77)。

(注:Saltzman 实验系数(f):用浸透法制备的二氧化氮校准用混合气体,在采气过程中被吸收液吸收生成的偶氮染料相当于亚硝酸根的量与通过采样系统的二氧化氮总量的比值。该系数为多次重复实验测定的平均值。测定方法参照标准 GB/T 15435—1995 附录 B)。

八、注意事项

1. 空气中臭氧浓度超过 0.25mg/m³ 时使吸收液略显红色,对二氧化氮的测定产生干扰。采样时在吸收瓶入口端串接一段 15~20cm 长的硅胶管,即可将臭氧浓度降低到不干扰二氧化氮测定的水平。

2. 采样后应尽快测量样品的吸光度,若不能及时分析,应将样品于低温暗处存放。样品于 30℃暗处存放,可稳定 8h;20℃暗处存放,可稳定 24h;于 0~4℃冷藏,可稳定 3d。

3. 空白、样品和标准曲线应用同一批次配制的吸收液。

4. 玻板阻力及微孔均匀性检查。新的多孔玻板吸收瓶在使用前,应用(1+1)HCl 浸泡 24h 以上,用清水洗净,每只吸收瓶在使用前和使用一段时间以后,应测定其玻板阻力,检查通过玻板后气泡分散的均匀性。阻力不符合要求和气泡分散不均匀的吸收瓶不宜使用。

内装 10mL 吸收液的多孔玻板吸收瓶,以 0.4L/min 流量采样时,玻板阻力为 4~5kPa,通过玻板后的气泡应分散均匀。

内装 50mL 吸收液的大型多孔玻板吸收瓶,以 0.2L/min 流量采样时,玻板阻力为 5~6kPa,通过玻板后的气泡应分散均匀。

5. 采样效率的测定。吸收瓶在使用前和使用一段时间以后应测定其采样效率。将两只吸收瓶串联,采集环境空气,当第一只吸收瓶中 NO_2^- 浓度约为 0.4μg/mL 时,停止采样。按绘制标准曲线的步骤测定前后两只吸收瓶中样品的吸光度,按下式计算第一只吸收瓶的采样效率:$E=C_1/(C_1+C_2)$。

6. 吸收液应避光,且不能长时间暴露在空气中,以防止光照使吸收液显色或吸收空气中的氮氧化物而使试剂空白值增高。因此在采样、运送及存放过程中,都应采取避光措施。

7. 亚硝酸钠(固体)应密封保存,防止空气及湿气侵入。部分氧化成硝酸钠或呈粉末状的试剂都不能用直接法配制标准溶液。若无颗粒状亚硝酸钠试剂,可用高锰酸钾容量法标定出亚硝酸钠储备溶液的准确浓度,再稀释为亚硝酸盐的标准溶液浓度。

8. 绘制标准曲线,向各管中加亚硝酸钠标准使用溶液时,都应以均匀、缓慢的速度加入,曲线的线性较好。

实训三　大气中二氧化硫的测定

一、实训目的

在 NO₂ 测定的基础上,逐步熟悉且独立地开展大气环境监测工作,进一步强化训练,最后完全掌握大气环境监测工作的全过程和各种方法技术。

1.通过对城市面源 SO_2 的监测,基本掌握监测大气中 SO_2 的全过程(包括现场调查、布点、确定采样时间和频率、采样、分析测试、数据处理、初步评价及总结报告等);

2.在实训过程中要使实验技能得到较全面的提高。

二、方法适用范围

甲醛吸收－副玫瑰苯胺分光光度法适用于环境空气中二氧化硫的测定。当用 10mL 吸收液采样 30L 时,本法测定下限为 $0.007mg/m^3$;当用 50mL 吸收液连续 24h 采样 300L 时,空气中二氧化硫的测定下限为 $0.003mg/m^3$。

三、原理

二氧化硫被甲醛缓冲溶液吸收后,生成稳定的羟甲基磺酸加成化合物。在样品溶液中加入氢氧化钠使加成化合物分解,释放出二氧化硫与副玫瑰苯胺、甲醛作用,生成紫红色化合物,用分光光度计在 577nm 处进行测定。

四、仪器

1.分光光度计:可见光波长 380～780nm。

2.多孔玻板吸收管:10mL(用于短时间采样),50mL(用于 24h 连续采样)。

3.恒温水浴器:广口冷藏瓶内放置圆形比色管架,插一支长约 150mm、量程 0～40℃的酒精温度计,其误差应不大于 0.5℃。

4.具塞比色管:10mL。

5.空气采样器:用于短时间采样的空气采样器流量为 0～1L/min;用于 24h 连续采样的空气采样器应具有恒温、恒流、计时、自动控制仪器开关的功能,流量为 0.2～0.3L/min。

五、试剂

除非另有说明,分析时均使用符合国家标准的分析纯试剂和蒸馏水或同等纯度的水。

1.氢氧化钠溶液 $c(NaOH)=1.5mol/L$。

2.环己二胺四乙酸二钠溶液 $c(CDTA-2Na)=0.05mol/L$:称取 1.82g 反式 1,2－环己二胺四乙酸[(trans－1,2－cyclohexylen edinitilo)tetraacetic acid,简称 CDTA],加入 1.5mol/L 氢氧化钠溶液 6.5mL,溶解后用水稀释至 100mL。

3.甲醛缓冲吸收液储备液:吸取 36%～38% 的甲醛溶液 5.5mL、CDTA-2Na 溶液 20.00mL;称取 2.04g 邻苯二甲酸氢钾,溶于少量水中;将三种溶液合并,再用水稀释至 100mL,贮于冰箱可保存 1 年。

4.甲醛缓冲吸收液:用水将甲醛缓冲吸收液贮备液稀释 100 倍而成,临用现配。此溶液每毫升含 0.2mg 甲醛。

5.6g/L 氨磺酸钠溶液:称取 0.60g 氨磺酸(H_2NSO_3H)置于 100mL 容量瓶中,加入 4.0mL 1.5mol/L 氢氧化钠溶液,搅拌至完全溶解后,用水稀释至标线,摇匀。此溶液密封保存可用 10d。

6.碘储备液 $c(1/2 I_2)=0.1mol/L$:称取 12.7g 碘(I_2)于烧杯中,加入 40g 碘化钾和

25mL水,搅拌至完全溶解,用水稀释至1000mL,贮存于棕色细口瓶中。

7. 碘使用液$c(1/2\ I_2)=0.05mol/L$:量取碘储备液250mL,用水稀释至500mL,贮于棕色细口瓶中。

8. 5g/L淀粉溶液:称取0.5g可溶性淀粉,用少量水调成糊状,慢慢倒入100mL沸水中,继续煮沸至溶液澄清,冷却后贮于试剂瓶中。临用现配。

9. 碘酸钾标准溶液$c(1/6\ KIO_3)=0.1000mol/L$:称取3.5667g碘酸钾($KIO_3$优级纯,经110℃干燥2h)溶于水,移入1000mL容量瓶中,用水稀释至标线,摇匀。

10. 盐酸溶液(1+9)。

11. 硫代硫酸钠储备液$c(Na_2S_2O_3)=0.10mol/L$:称取25.0g硫代硫酸钠($Na_2S_2O_3 \cdot 5H_2O$),溶于1000mL新煮沸但已冷却的水中,加入0.2g无水碳酸钠,贮于棕色细口瓶中,放置一周后备用。如溶液呈现混浊,必须过滤。

12. 硫代硫酸钠标准溶液$c(Na_2S_2O_3)=0.05mol/L$:取250mL硫代硫酸钠储备液置于500mL容量瓶中,用新煮沸但已冷却的水稀释至标线,摇匀。

标定方法:吸取3份10.00mL碘酸钾标准溶液分别置于250mL碘量瓶中,加70mL新煮沸但已冷却的水,加1g碘化钾,振摇至完全溶解后,加10mL(1+9)盐酸溶液,立即盖好瓶塞,摇匀。于暗处放置5min后,用硫代硫酸钠标准溶液滴定溶液至浅黄色,加2mL淀粉溶液,继续滴定溶液至蓝色刚好褪去为终点。硫代硫酸钠标准溶液的浓度按下式计算:

$$c=\frac{10.00\times0.1000}{V}$$

式中:c—硫代硫酸钠标准溶液的浓度,mol/L;

$\qquad V$—滴定所耗硫代硫酸钠标准溶液的体积,mL。

13. 乙二胺四乙酸二钠盐(EDTA)溶液,0.05g/100mL:称取0.25g Na_2EDTA($C_{10}H_{14}N_2O_8Na_2 \cdot 2H_2O$)溶于500mL新煮沸但已冷却的水中。临用现配。

14. 二氧化硫标准溶液:称取0.250g亚硫酸钠(Na_2SO_3),溶于250mL EDTA·2Na溶液中,缓缓摇匀以防充氧,使其溶解。放置2~3h后标定。此溶液每毫升相当于320~400μg二氧化硫。

标定方法:吸取3份20.00mL二氧化硫标准溶液,分别置于250mL碘量瓶中,加入50mL新煮沸但已冷却的水、20.00mL碘使用液及1mL冰乙酸,盖塞,摇匀。于暗处放置5min后,用硫代硫酸钠标准溶液滴定溶液至浅黄色,加入2mL淀粉溶液,继续滴定至溶液蓝色刚好褪去为终点。记录滴定硫代硫酸钠标准溶液的体积V(mL)。

另吸取3份Na_2EDTA溶液20mL,用同样方法进行空白试验。记录滴定硫代硫酸钠标准溶液的体积V_0(mL)。

平行样滴定所耗硫代硫酸钠标准溶液体积之差应不大于0.04mL。取其平均值。二氧化硫标准溶液浓度按下式计算:

$$c(SO_2,\mu g/mL)=\frac{(V_0-V)\times c\times32.02\times1000}{20.00}\times1000$$

式中:V_0—空白滴定所耗硫代硫酸钠标准溶液的体积,mL;

$\qquad V$—二氧化硫标准溶液滴定所耗硫代硫酸钠标准溶液的体积,mL;

$\qquad c$—硫代硫酸钠标准溶液的浓度,mol/L;

32.02—二氧化硫(1/2 SO₂)的摩尔质量。

标定出准确浓度后,立即用甲醛缓冲吸收液稀释为每毫升含 10.00μg 二氧化硫的标准溶液储备液,临用时再用甲醛缓冲吸收液稀释为每毫升含 1.00μg 二氧化硫的标准溶液。在冰箱中 5℃保存。10.00μg/mL 的二氧化硫标准溶液储备液可稳定 6 个月;1.00μg/mL 的二氧化硫标准溶液可稳定 1 个月。

15. 2g/L 副玫瑰苯胺(Pararosaniline,简称 PRA,即副品红,对品红)储备液,其纯度应达到质量检验的指标。

16. 0.5g/L PRA 溶液:吸取 25.00mL PRA 储备液于 100mL 容量瓶中,加 30mL 85% 的浓磷酸、12mL 浓盐酸,用水稀释至标线,摇匀,放置过夜后使用。避光密封保存。

五、实训内容

1. 采样

(1)采样时间和频率的确定

根据 SO₂ 排放规律和气象条件对 SO₂ 浓度的时间变化,确定 07:00、10:00、13:00、17:00 四个时段,每次采样 60min(可根据实际情况设置)。

(2)采样方法

采用内装 10mL 吸收液的 U 型多孔玻板吸收管,以 0.5L/min 的流量采样,并做好采样记录。采样时吸收液温度的最佳范围在 23~29℃(温度过高样品不稳定,温度过低吸收效率低。因此,冬、夏两季手工采样时,吸收管可置于适当的恒温装置中)。

2. 标准曲线的绘制

取 14 支 10mL 具塞比色管,分为 A、B 两组,每组 7 支,分别对应编号。A 组按实表 3-8 配制标准溶液系列。

实表 3-8　标准色列配制

加 入 溶 液	比 色 管 编 号						
	A₀	A₁	A₂	A₃	A₄	A₅	A₆
二氧化硫标准溶液体积/mL	0	0.50	1.00	2.00	5.00	8.00	10.00
甲醛缓冲溶液体积/mL	10.00	9.50	9.00	8.00	5.00	2.00	0
二氧化硫含量/μg	0	0.50	1.00	2.00	5.00	8.00	10.00

B 组各管中加入 1.00mL 0.5g/L PRA 溶液,A 组各管分别加入 0.50mL 6g/L 氨磺酸钠溶液和 1.5mol/L 氢氧化钠 0.5mL,混匀。再逐管迅速将溶液倒入对应编号并盛有 PRA 溶液的 B 管中,立即盖塞混匀后放入恒温水浴中显色。显色温度与室温之差不超过 3℃,根据不同季节和环境条件按实表 3-9 选择显色温度和显色时间。

实表 3-9　显色温度与显色时间

显色温度	10℃	15℃	20℃	25℃	30℃
显色时间/min	40	25	20	15	5
稳定时间/min	35	25	20	15	10
空白试样吸光度 A₀	0.03	0.035	0.04	0.05	0.06

在 577nm 波长处,用 1cm 比色皿,以水为参比,测定吸光度,做好记录。

用最小二乘法计算校准曲线的回归方程式:

$$Y = bX + a$$

式中:Y——$A - A_0$,校准溶液吸光度 A 与试剂空白吸光度 A_0 之差;

　　X——二氧化硫含量,μg;

　　b——回归方程的斜率(由斜率倒数求得校正因子:$B_3 = 1/b$);

　　a——回归方程的截距(一般要求小于 0.005)。

本标准的校准曲线斜率为 0.044±0.002,试剂空白吸光度 A_0 在显色规定条件下波动范围不超过 ±15%。

3.样品测定

所采环境空气样品溶液中如有混浊物,则应离心分离除去。样品放置 20min,以使臭氧分解。

(1)短时间样品:将吸收管中的吸收液全部移入 10mL 具塞比色管内,用少量甲醛缓冲吸收液洗涤吸收管,倒入比色管中,并用吸收液稀释至标线,加入 6g/L 氨基磺酸钠溶液 0.50mL,摇匀,放置 10min 以除去氮氧化物的干扰。以下步骤同标准曲线的绘制。

如样品吸光度超过校准曲线上限,则可用试剂空白溶液稀释,在数分钟内再测量其吸光度,但稀释倍数不要大于 6。

(2)连续 24h 样品:将吸收瓶中样品溶液移入 50mL 容量瓶(或比色管)中,用少量甲醛缓冲吸收液洗涤吸收瓶,洗涤液并入样品溶液中,再用吸收液稀释至标线。吸取适量样品溶液(视浓度高低而决定取 2～10mL)于 10mL 具塞比色管中,再用吸收液稀释至标线,加入 6g/L 氨基磺酸钠溶液 0.50mL,混匀,放置 10min 以除去氮氧化物的干扰。以下步骤同标准曲线的绘制。

六、数据处理

1.测定结果记录(实表 3-10、实表 3-11)

实表 3-10　校准曲线绘制原始记录表

曲线名称:二氧化硫校准曲线　　　标准溶液来源:自配　　　　　适用项目:空气中二氧化硫的测定

仪器型号:　　　　　　　　　　　仪器编号:　　　　　　　　　方法依据:GB/T 15262—1994

测定波长:577nm　　　比色皿厚度:10mm　　　参比溶液:纯水　　　　　绘制日期:　年　月　日

分析编号	标准溶液加入体积/mL	标准物质加入量/μg	仪器响应值	空白响应值	仪器响应值－空白响应值	备注
1	0.50	0.50				
2	1.00	1.00				
3	2.00	2.00				
4	5.00	5.00				
5	8.00	8.00				
6	10.00	10.00				
回归方程:			$a=$	$b=$	$r=$	

分析:　　　　　　　校核:　　　　　　　审核:

实表 3-11　二氧化硫样品分析原始记录表

样品名称:环境空气　　　　　　采样日期:　年　月　日　　　　　　分析日期:　年　月　日

方法依据:GB/T 15262—1994　　　仪器型号:　　　　　　　　　　　仪器编号:

方法最低检出浓度:0.007mg/m³　　参比溶液:纯水　　　　　　　　　　测定波长:577nm

比色皿厚度:10mm　　　　　　　公式 $c=[(A-A_0-a)/(V_0 \times b)] \times (V_t/V_a)$

样品编号	标准状态下采样体积 V_0/L	样品溶液总体积 V_t/mL	样品吸光度 A	空白吸光度 A_0	$A-A_0$	样品浓度 (mg/m³)

分析:　　　　　　　校核:　　　　　　　审核:

2.计算

$$c(\mathrm{SO_2}, \mathrm{mg/m^3}) = \frac{(A-A_0) \times B_s}{V_S} \times \frac{V_t}{V_a}$$

式中:A—样品溶液的吸光度;

　　　A_0—试剂空白溶液的吸光度;

　　　B_s—校正因子;

　　　V_t—样品溶液总体积,mL;

　　　V_a—测定时所取样品溶液体积,mL;

　　　V_s—换算为标准状态(0℃、101.325kPa)下的采样体积,L;

　　　二氧化硫浓度计算结果应准确到小数点后第三位。

七、注意事项

1.四氯汞盐－盐酸副玫瑰苯胺比色法(GB 8970—80)是国内外广泛采用的测定环境空气中 SO₂ 的方法,具有灵敏度高、选择性好等优点,但吸收液毒性较大。甲醛吸收－副玫瑰苯胺分光光度法(GB/T 15262—94)也适用于环境空气中 SO₂ 的测定。这两个方法的精密度、准确度、选择性和检出限相近,但甲醛吸收－副玫瑰苯胺分光光度法避免使用毒性大的含汞吸收液,目前多采用此方法。

2.干扰与消除:测定中主要干扰物为氮氧化物、臭氧及某些重金属元素。样品放置一段时间可使臭氧自动分解;加入氨磺酸钠溶液可消除氮氧化物的干扰;加入 CDTA 可以消除或减少某些金属离子的干扰。在 10mL 样品中存在 50μg 钙、镁、铁、镍、镉、铜等离子及 5μg 二价锰离子时,不干扰测定。

3.正确掌握本标准的显色温度、显色时间,特别在 25～30℃ 条件下,严格控制反应条件是实验成败的关键。

4.采样时应注意检查采样系统的气密性、流量、温度,及时更换干燥剂及限流孔前的过滤膜,用皂膜流量计校准流量,做好采样记录。

5.因六价铬能使紫红色络合物褪色,使测定结果偏低,故应避免用硫酸－铬酸洗液洗涤所用玻璃器皿。若已用此洗液洗过,则需用(1+1)盐酸溶液浸泡 1h 后,再用水充分洗涤,烘干备用。

6.用过的具塞比色管及比色皿应及时用酸洗涤,否则红色难于洗净。具塞比色管用(1

＋4)盐酸溶液洗涤,比色皿用(1＋4)盐酸加 1/3 体积乙醇混合液洗涤。

7.在分析环境空气样品时,PRA 溶液的纯度对试剂空白液的吸光度影响很大,可使用精制的商品 PRA 试剂。

实训四　室内空气中甲醛的测定

一、实训目的

1.掌握酚试剂分光光度法测定室内空气中甲醛的原理和操作技术;
2.熟练掌握大气采样器。

二、原理

空气中的甲醛与酚试剂反应生成嗪,嗪在酸性溶液中被高铁离子氧化形成蓝绿色络合物,根据颜色深浅,比色定量。

三、仪器

1.气泡吸收管:10mL。
2.空气采样器:流量范围 0～1L/min。
3.具塞比色管:10mL。
4.分光光度计。

四、试剂

本法中所用水均为重蒸馏水或去离子交换水;所用的试剂纯度一般为分析纯。

1.吸收液原液:称量 0.10g 酚试剂[$C_6H_4SN(CH_3)C:NNH_2 \cdot HCl$,盐酸-3-甲基-2-苯并噻唑酮腙,简称 NBTH],加水溶解,置于 100mL 容量瓶中,加水至刻度。放冰箱中保存,可稳定 3d。

2.吸收液:量取吸收原液 5mL,加 95mL 水,即为吸收液。采样时,临用现配。

3.1％硫酸铁铵溶液:称量 1.0g 硫酸铁铵[$NH_4Fe(SO_4)_2 \cdot 12H_2O$]用 0.1mol/L 盐酸溶解,并稀释至 100mL。

4.0.1000mol/L 碘溶液:称量 40g 碘化钾,溶于 25mL 水中,加入 12.7g 碘。待碘完全溶解后,用水定容至 1000mL。移入棕色瓶中,暗处贮存。

5.1mol/L 氢氧化钠溶液:称量 40g 氢氧化钠,溶于水中,并稀释至 1000mL。

6.0.5mol/L 硫酸溶液:取 28mL 浓硫酸缓慢加入水中,冷却后,稀释至 1000mL。

7.硫代硫酸钠标准溶液[$c(Na_2S_2O_3)=0.1000mol/L$]:称量 26g 硫代硫酸钠溶于新煮沸冷却水中,加入 0.2g 无水碳酸钠,再用水稀释至 1000mL,贮于棕色瓶中,如浑浊应过滤,放置一周后标定其准确浓度。

硫代硫酸钠标准溶液的标定:

准确量取 25.00mL 0.1000mol/L 碘溶液,置于 250mL 碘量瓶中,加入 75mL 新煮沸冷却水,加 3g KI 及 10mL 冰乙酸溶液,摇匀后,于暗处放置 3min,用待标定的硫代硫酸钠标准溶液滴定至淡黄色。加入 1mL 0.5％淀粉溶液,继续滴定至蓝色刚好褪去为终点。记录消耗硫代硫酸钠标准溶液的体积。重复滴定两次,两次所用硫代硫酸钠标准溶液的体积差不超过 0.05mL。

8.0.5%淀粉溶液:将 0.5g 可溶性淀粉,用少量水调成糊状后,再加入 100mL 沸水,并煎沸 2～3min 至溶液透明。冷却后,加入 0.1g 水杨酸或 0.4g 氯化锌保存。

9. 甲醛标准储备液:取 2.8mL 含量为 36～38%甲醛溶液,放入 1000mL 容量瓶中,加水稀释至刻度。此溶液 1mL 约相当于 1mg 甲醛。

甲醛标准储备液的标定:

精确量取 20.00mL 待标定的甲醛标准储备液,置于 250mL 碘量瓶中。加入 20.00mL 碘溶液和 15mL 1mol/L 氢氧化钠溶液,放置 15min,加入 20mL 0.5mol/L 硫酸溶液,再放置 15min,用 0.1000mol/L 硫代硫酸钠溶液滴定,至溶液呈现淡黄色时,加入 1mL 0.5%淀粉溶液,继续滴定至刚使蓝色褪去为终点,记录所用硫代硫酸钠溶液体积 V_2。同时用水作试剂空白滴定,记录空白滴定所用硫代硫酸钠标准溶液的体积 V_1。

甲醛溶液的浓度用下式计算:

$$c(\text{mg/mL}) = \frac{(V_1 - V_2) \times c_1 \times 15}{20}$$

式中:c——甲醛标准储备液中甲醛浓度,mg/mL;

　　　V_1——试剂空白消耗硫代硫酸钠溶液的体积,mL;

　　　V_2——甲醛标准贮备溶液消耗硫代硫酸钠溶液的体积,mL;

　　　c_1——硫代硫酸钠标准溶液的摩尔浓度,mol/L;

　　　15——甲醛的换算值;

　　　20——所取甲醛标准储备液的体积,mL。

二次平行滴定,误差应小于 0.05mL,否则重新标定。

10. 甲醛标准溶液:临用时,将甲醛标准储备液用水稀释成 1.00mL 含 10μg 甲醛溶液,立即再取此溶液 10.00mL 加入 100mL 容量瓶中,加入 5mL 吸收原液,用水定容至 100mL,此液 1.00mL 含 1.00μg 甲醛,放置 30min 后,用于配制标准色列。此标准溶液可稳定 24h。

五、实训内容

1. 采样

到达采样现场后安装好采样装置。试启动采样器 2～3 次,检查气密性,观察仪器是否正常,吸收管与仪器之间的连接是否正确。用一个内装 5.0mL 吸收液的气泡吸收管,以 0.5L/min 流量采气 10L。并记录采样点的温度和大气压力。采样后样品在室温下应在 24h 内分析。

2. 标准曲线的绘制

取 10mL 具塞比色管,用甲醛标准溶液按实表 3-12 制备标准系列。

实表 3-12　甲醛标准系列

比色管编号	管 号								
	0	1	2	3	4	5	6	7	8
标准溶液/mL	0	0.10	0.20	0.40	0.60	0.80	1.00	1.50	2.00
吸收液/mL	5.0	4.9	4.8	4.6	4.4	4.2	4.0	3.5	3.0
甲醛含量/μg	0	0.1	0.2	0.4	0.6	0.8	1.0	1.5	2.0

各管中,加入 0.4mL 1‰硫酸铁铵溶液,摇匀。放置 15min。用 1cm 比色皿在波长 630nm 下,以水作参比,测定各管溶液的吸光度。以甲醛含量为横坐标,吸光度为纵坐标,绘制曲线,并计算回归斜率,以斜率倒数作为样品测定的计算因子 B_g(μg/吸光度)。

3. 样品测定

采样后,将样品溶液全部转入比色管中,用少量吸收液洗吸收管,合并使总体积为 5mL。按绘制标准曲线的方法测定吸光度(A);在每批样品测定的同时,用 5mL 未采样的吸收液作试剂空白,测定试剂空白的吸光度(A_0)。

六、数据处理

1. 测定数据记录(实表 3-13、实表 3-14)

实表 3-13　校准曲线绘制原始记录表

曲线名称:甲醛校准曲线　　　　标准溶液来源:　　　　　　　适用项目:室内空气中甲醛的测定
仪器型号:　　　　　　　　　　仪器编号:　　　　　　　　　方法依据:GB/T 18204.26—2000
测定波长:630nm　　比色皿厚度:10mm　参比溶液:去离子水　　　　　　绘制日期:　年　月　日

分析编号	标准溶液 加入体积/mL	标准物质 加入量/μg	仪器响应值	空白响应值	仪器响应值—空白响应值
1	0.10	0.10			
2	0.20	0.20			
3	0.40	0.40			
4	0.60	0.60			
5	0.80	0.80			
6	1.00	1.00			
7	1.50	1.50			
8	2.00	2.00			
回归方程:			$a=$	$b=$	$r=$

分析:　　　　　　　　　校核:　　　　　　　审核:

实表 3-14　甲醛分析原始记录表

样品名称:室内空气　　　采样日期:　年　月　日　　　　　　分析日期:　年　月　日
方法依据:GB/T 18204.26—2000　　　仪器型号:　　　　　　　　仪器编号:
测定波长:630nm　　　　　　　比色皿厚度:10mm　　　　　　　参比溶液:去离子水
方法最低检出浓度:0.01mg/m³　　　　　　　　公式 $c=[(A-A_0-a)/b]/V_0$

分析编号	样品编号	标准状态下 采样体积 V_0/L	样品 吸光度 A	空白 吸光度 A_0	$A-A_0$	样品浓度 (mg/m³)

分析:　　　　　　　　　校核:　　　　　　　审核:

2.计算

(1)将采样体积换算成标准状态下采样体积。

(2)空气中甲醛浓度公式计算

$$c = \frac{(A - A_0) \times B_g}{V_0}$$

式中:c—空气中甲醛浓度,mg/m^3;

　　A—样品溶液的吸光度;

　　A_0—空白溶液的吸光度;

　　B_g—计算因子,μg/吸光度;

　　V_0—换算成标准状态下的采样体积,L。

七、注意事项

1.检出限为 $0.05\mu g/5mL$,采样体积为 10L 时,最低检出浓度为 $0.01mg/m^3$。

2.当与二氧化硫共存时,会使结果偏低,可以在采样时,使气体先通过装有硫酸锰滤纸的过滤器,即可排除干扰。

复习思考题

1.空气中的污染物以哪几种形态存在? 了解它们的存在形态对监测工作有何意义?

2.简要说明制订空气污染监测方案的程序和主要内容。

3.进行空气质量常规监测时,怎样结合监测区域实际情况,选择和优化布点方法?

4.说明采样时间和采样频率对获得具有代表性的结果有何意义?

5.直接采样法和富集采样法各适用于什么情况? 怎样提高溶液吸收法的富集效率?

6.填充柱阻留法和滤料阻挡法各适用于采集何种污染物质? 其富集原理有什么不同?

7.大气采样点的布设方法有哪些? 各适用于什么条件?

8.测定某采样点大气中的 NO_x 时,用装有 5mL 吸收液的筛板式吸收管采样,采样流量为 $0.30L/min$,采样时间为 1h,采样后用分光光度法测定并计算得知全部吸收液中含 $2.0\mu g$ NO_x。已知采样点的温度为 5℃,大气压力为 100kPa,求气样中 NO_x 的含量。

9.说明大气采样器的基本组成部分及各部分的作用。

10.简述四氯汞钾溶液吸收－盐酸副玫瑰苯胺分光光度法与甲醛缓冲溶液吸收－盐酸副玫瑰苯胺分光光度法测定 SO_2 原理的异同之处。影响方法测定准确度的因素有哪些?

11.说明紫外荧光法测定大气中 SO_2 的原理。荧光分光光度计和分光光度计有何主要不同?

12.简要说明盐酸萘乙二胺分光光度法测定大气中 NO_x 的原理和测定过程,分析影响测定准确度的因素。

13.在烟道气监测中,对采样点的位置有何要求? 根据什么原则确定采样点数?

14.测定烟气中的颗粒物的采样方法和测定气态或蒸气态组分的采样方法有何不同? 为什么?

15.为什么要进行降水监测？一般测定哪些项目？

16.室内空气污染物来源有哪些？主要污染物都包括什么？

17.对汽车和柴油机车排气中主要测定哪些有害物质？其测定方法原理是什么？

第 4 章

固体废物监测

知识目标

1. 了解固体废物的分类、来源和危害；
2. 熟悉固体废物样品的采集、制备及保存方法。

能力目标

能够对固体废物中有毒有害物质及特性进行测定。

项目导入

固体废物概述

随着经济的快速发展和城市人口的不断增长,我国固体废物的量日益增多,导致处理处置设施严重不足,已对环境造成了严重污染和破坏。固体废物的成分相当复杂,其物理性状也千变万化,在"三废"中最难处理、处置。特别是有害固体废物,处理、处置不当,将会污染大气、水体和土壤,并能通过不同途径危害人体健康。因此,了解固体废物的来源和危害,加强固体废物的监测和管理是环境保护工作的重要任务之一。

一、固体废物的定义及分类

人们对固体废物的理解并不完全一致,目前尚无学术上统一的确切界定。我国 2004 年修订的《中华人民共和国固体废物污染环境防治法》中规定:固体废物是指在生产、建设、日常生活和其他活动中产生的污染环境的固态、半固态废弃物质。固体废物是一个相对概念,因为往往从一个生产环节看,被丢弃的物质是废物,是无用的,但从另一生产环节看又往往可作为生产原料,因而是有用的。故有"放错地方的资源"之称。

固体废物主要来源于人类的生产和消费活动。它的分类方法很多:

（1）按化学性质可分为有机废物和无机废物；

（2）按形状可分为固体和泥状的；

（3）按它的危害状况可分为危险废物（亦称有害废物）和一般废物；

（4）按来源可分为矿业固体废物、工业固体废物、城市垃圾（包括下水道污泥）、农业废物和放射性固体废物等。工业固体废物是指在工业、交通等生产活动中产生的固体废物。

城市生活垃圾是指在城市日常生活中或者为城市日常生活提供服务的活动中产生的固体废物以及法律、行政法规规定视为城市生活垃圾的固体废物。被丢弃的非水液体，如废变压器油等由于无法归入废水、废气类，习惯上归在废物类。

二、固体废物的危害

1.侵占土地

由于大量固体废物的产生与积累，已有大片土地被堆占。随着时间的延续，固体废物的堆积量还将不断地增加。据估算，每堆积 10000t 废物，约占地 1 亩。而我国现在堆积的工业固体废物有 6×10^9 t，生活垃圾有 5×10^8 t，估计每年有 10^7 t 固体废物无法处理而堆积在城郊或公路两旁，几万公顷的土地被它们侵吞，同时也严重破坏了地貌、植被和自然景观。这对人口众多、可耕地面积较少的我国而言，将是极大威胁。

2.污染土壤

固体废物是多种污染物的集合体，在大量露天堆置条件下，经长期降水的淋溶、地表径流的渗沥，其中各类污染物质随水流扩散至土壤，使土壤毒化、酸化、盐碱化，从而改变土壤的性质，破坏土壤的结构，影响土壤微生物的活动，使土壤丧失腐解能力，导致草木不生。

3.污染水体

许多沿江河湖海的城市和工矿企业，长期直接把固体废物向临近水域大量排放。固体废物可随天然降水和地表径流进入河流湖泊，致使地表水受到严重污染，不仅妨碍了水生生物的生存和水资源的利用，而且使水域面积减少，严重时还会阻塞航道。据统计，全国水域面积和建国初期相比，已减少了 1.33×10^7 m^2。全国各水系沿岸的发电厂，每年向长江、黄河等水域排放数以千万吨的灰渣。大量固体废物向海洋倾倒和堆积，也严重污染了沿海滩涂和临近水域，恶化了生态环境，破坏了滩涂地貌。

4.污染大气、影响环境卫生

固体废物在自然环境中堆置，可通过气象作用产生的飞尘、微生物作用产生的恶臭以及化学反应产生的有害气体等污染大气。此外，城市堆放的生活垃圾，非常容易发酵腐化，产生恶臭，招引蚊蝇、老鼠等滋生繁衍，有导致传染疾病的潜在威胁。

除以上各种危害外，还可能造成燃烧、爆炸、接触中毒、严重腐蚀等特殊损害。大量的资源、能源会随固体废物的排放而流失，最后可能以各种方式和途径由呼吸道、消化道和皮肤摄入人体，对人类环境的危害具有多样性、长期性与潜在性。

在固体废物中对环境影响最大的是工业有害固体废物和城市垃圾。

三、危险废物的定义和鉴别

危险废物是指在国家危险废物名录中，或根据国务院环境保护主管部门规定的危险废物鉴别标准认定的具有危险性的废物。工业固体废物中危险废物量约占总量的 5%～

10％，并以 3％的年增长率发展。因此，对危险废物的管理已经成为重要的环境管理问题之一。

一种废物是否对人类环境造成危害可用下列四点来定义鉴别：①引起或严重导致人类和动植物死亡率增加；②引起各种疾病的增加；③降低对疾病的抵抗力；④在处理、贮存、运送、处置或其他管理不当时，对人体健康或环境会造成现实的或潜在的危害。

我国对有害特性的定义如下：

（1）急性毒性：能引起小鼠（大鼠）在 48h 内死亡半数以上者，并参考制订有害物质卫生标准的实验方法，进行半致死剂量（LD_{50}）试验，评定毒性大小。

（2）易燃性：含闪点低于 60℃的液体，经摩擦或吸湿和自发的变化具有着火倾向的固体，着火时燃烧剧烈而持续，以及在管理期间会引起危险。

（3）腐蚀性：含水废物，或本身不含水但加入定量水后其浸出液的 pH≤2 或 pH≥12.5 的废物，或最低温度为 55℃以下时对钢制品每年的腐蚀深度大于 0.64cm 的废物。

（4）反应性：当具有下列特性之一者为不稳定：①在无爆震时就很容易发生剧烈变化；②和水剧烈反应；③能和水形成爆炸性混合物；④和水混合会产生毒性气体、蒸汽或烟雾；⑤在有引发源或加热时能爆震或爆炸；⑥在常温、常压下易发生爆炸和爆炸性反应；⑦根据其他法规所定义的爆炸品。

（5）放射性：含有天然放射性元素的废物，比放射性大于 $1×10^{-7}$Ci/kg 者；含有人工放射性元素的废物或者比放射性（Ci/kg）大于露天水源限制浓度的 60～100 倍（半衰期＞60 天）者。

（6）浸出毒性：按规定的浸出方法进行浸取，当浸出液中有一种或者一种以上有害成分的浓度超过表 4-1 所示鉴别标准的物质。

表 4-1　有色金属工业固体废物浸出毒性鉴别标准

项　　目	浸出液的最高允许浓度（mg/L）
汞及其无机化合物	0.05（按 Hg 计）
镉及其化合物	0.3（按 Cd 计）
砷及其无机化合物	1.5（按 As 计）
六价铬化合物	1.5（按 Cr^{6+} 计）
铅及其无机化合物	3.0（按 Pb 计）
铜及其化合物	50（按 Cu 计）
锌及其化合物	50（按 Zn 计）
镍及其化合物	25（按 Ni 计）
铍及其化合物	0.1（按 Be 计）
氟化物	50（按 F 计）

任务分析

任务一　固体废物样品的采集和制备

为了使采集样品具有代表性，在采集之前要调查研究生产工艺过程、废物类型、排放数量、堆积历史、危害程度和综合利用情况。如采集有害废物则应根据其有害特性采取相应的安全措施。

一、样品的采集

（一）采样工具

常用的采样工具有尖头钢锹、钢尖镐（腰斧）、采样探子、采样钻、气动和真空探针、采样铲（采样器）、具盖采样桶或内衬塑料薄膜的采样袋等。

（二）采样程序

（1）根据固体废物批量大小确定应采的份样（由一批废物中的一个点或一个部位，按规定量取出的样品）个数；

（2）根据固体废物的最大粒度（95％以上能通过最小筛孔尺寸）确定采样量；

（3）根据采样方法，随机采集份样，组成总样（如图 4.1 采样示意图），并认真填写采样记录。

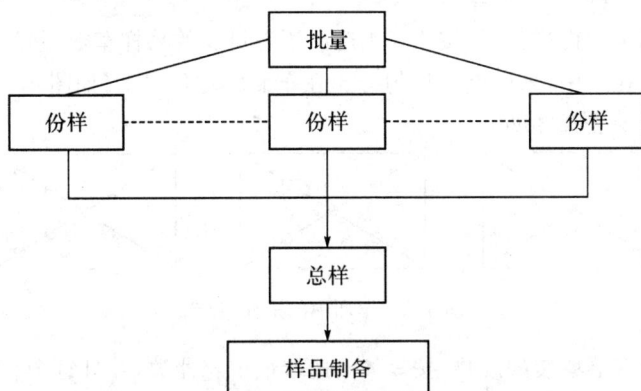

图 4.1　采样示意图

（三）份样数

按表 4-2 确定应采份样个数。

（四）份样量

按表 4-3 确定每个份样应采的最小重量。所采的每个份样量应大致相等，其相对误差不大于 20％。表中要求的采样铲容量为保证一次在一个地点或部位能取到足够数量的份样量。

表 4-2　批量大小与最少份样数

单位：液体 1kL/固体 1t

批量大小	最少份样个数
<5	5
5～10	10
50～100	15
100～500	20
500～1000	25
1000～5000	30
>5000	35

表 4-3　份样量和采样铲容量

最大粒度/mm	最小份样重量/kg	采样铲容量/mL
>150	30	
100～150	15	16000
50～100	5	7000
40～50	3	1700
20～40	2	800
10～20	1	300
<10	0.5	125

液态废物的份样量以不小于 100mL 的采样瓶(或采样器)所盛量为准。

（五）采样方法

1.现场采样

在生产现场采样,首先应确定样品的批量,然后按下式计算出采样间隔,进行流动间隔采样。

$$采样间隔 \leqslant \frac{批量(t)}{规定的份样数}$$

注意事项:采第一个份样时,不准在第一间隔的起点开始,可在第一间隔内任意确定。

2.运输车及容器采样

在运输一批固体废物时,当车数不多于该批废物规定的份样数时,每车应采份样数按下式计算。

$$每车应采份样数 = \frac{规定份样数}{车数}$$
（小数应进为整数）

当车数多于规定的份样数时,按表4-4选出所需最少的采样车数,然后从所选车中各随机采集一个份样。在车中,采样点应均匀分布在车厢的对角线上(如图 4.2 所示),端点距车角应大于 0.5m,表层去掉 30cm。

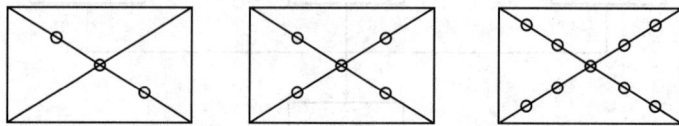

图 4.2　车厢中的采样布点

对于一批若干容器盛装的废物,按表4-4选取最少容器数,并且每个容器中均随机采两个样品。

表 4-4　所需最少的采样车数表

车数(容器)	所需最少采样车数
<10	5
10~25	10
25~50	20
50~100	30
>100	50

3.废渣堆采样法

在渣堆两侧距堆底 0.5m 处画第一条横线,然后每隔 0.5 画一条横线;再每隔 2m 画一条横线的垂线,其交点作为采样点。按表4-2确定的份样数,确定采样点数,在每点上从 0.5－1.0m 深处各随机采样一份(如图 4.3 所示)。

二、样品的制备

（一）制样工具

粉碎机械(粉碎机、破碎机等)、药碾、研钵、钢锤、标准套筛、十字分样板、机械缩分器等。

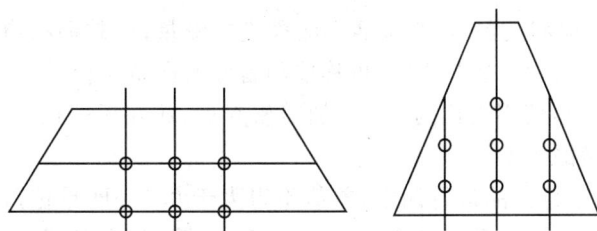

图 4.3　废渣堆中采样点的分布

（二）制样要求

1. 在制样的全过程中，应防止样品产生任何化学变化和污染。若制样过程中可能对样品的性质产生显著的影响，则应尽量保持其原来的状态。

2. 湿样品应在室温下自然干燥，使其达到适于破碎、筛分、缩分的程度。

3. 制备的样品应按要求过筛（筛孔直径为 5mm），装瓶备用。

（三）制样程序

原始的固体试样往往数量很大、颗粒大小悬殊、组成不均匀，无法进行实验分析。因此在实验室分析之前，需对原始固体试样进行加工处理，称为制样。制样的目的是将原始试样制成满足实验室分析要求的分析试样，即数量缩减到几百克、组成均匀、粒度细。制样的步骤包括干燥、破碎、筛分、混合、缩分。

1. 干燥

将所采样品均匀平铺在洁净、干燥、通风的房间内自然干燥。若房间内有多个样品，可用大张干净滤纸盖在搪瓷盘表面，以避免样品受外界环境污染和交叉污染。

2. 破碎

用机械或手工方法把全部样品逐级破碎，以减小样品的粒度通过 5mm 筛孔。将干燥后的样品根据其硬度和粒径的大小，采用适宜的粉碎机械，分段粉碎至所要求的粒度。不可随意丢弃难于破碎的粗粒。

3. 筛分

使样品保证 95％以上处于某一粒度范围，根据样品的最大粒径选择相应的筛号，分阶段筛出全部粉碎样品。筛上部分应全部返回粉碎工序重新粉碎，不得随意丢弃。

4. 混合

混合均匀的方法有堆锥法、环锥法、掀角法和机械拌匀法等，使过筛的样品充分混合。

5. 缩分

破碎后的样品进行过筛、混均之后，采用四分法缩分以减少样品的质量。根据制样粒度，使用缩分公式求出保证样品具有代表性前提下应保留的最小质量。采用圆锥四分法进行缩分，即将样品置于洁净、平整板面（聚乙烯板、木板等）上，堆成圆锥形，将圆锥尖顶压平，用十字分样板自上压下，分成四等分，取两个对角的等份，重复操作数次，直至需要的试样量为止。

三、样品 pH 的测定

用与待测样品 pH 相近的标准液体矫正 pH 计或酸度计，并加以温度补偿。对含水量高,呈流态状的稀泥或浆状物料,可直接插入电极进行测量;对黏稠状物料应先离心或过滤后,测其滤液的 pH;对粉、粒、块状物料,可称取制备好的样品 50g(干基)置于 1L 塑料瓶中,加入新鲜蒸馏水 250mL,使固液比为 1∶5,加盖密封后,放在振荡机上连续振荡 30min,静置 30min 后,测上清液的 pH。

每种废物取两个平行样品进行测定,差值不得大于 0.15pH 单位,否则应再取 1~2 个样品重复进行试验,取中位值报告结果。对于高 pH 或低 pH 的样品,两次平行样品 pH 测定结果允许差值不超过 0.2pH 单位。测定结果以实际测定 pH 范围表示,而不是通过计算混合样品平均值表示。

由于样品中二氧化碳含量影响 pH 值,并且二氧化碳达到平衡极为迅速,所以采样后必须立即测定。

四、样品水分的测定

(1)测定无机物:称取样品 20g 左右,在 105℃下干燥,恒重至±0.1g,测定水分含量。

(2)测定样品中的有机物:于 60℃下干燥 24h,确定水分含量。

(3)固体废物测定:结果以干样品计算,当污染物含量小于 0.1% 时以 mg/kg 表示;含量大于 0.1% 时以百分含量表示,并说明是水溶性或总量。

五、样品的保存

制备好的样品应保存在不受外界环境污染的洁净房间内,并密封于容器中保存(容器应对样品不产生吸附,不使样品变质),贴上标签备用。标签上应注明编号、废物名称、采样地点、批量、采样人、制样人、时间等。特殊样品可采取冷冻或充惰性气体等方法保存。

制备好的样品,一般有效保存期为三个月,易变质的试样不受此限制。

最后填好采样记录表见表 4-5,一式三份,分别存于有关部门。

表 4-5　采样记录表

样品登记号		样品名称	
采样地点		采样数量	
采样时间		废物所属单位名称	
采样现场简述			
废物产生过程简述			
样品可能含有的主要有害成分			
样品保存方式及注意事项			
样品采集人			
接收人			
负责人签字			
备注			

任务二　固体废物有毒有害特性监测

一、急性毒性

有害废物中会有多种有害成分,组分分析难度较大。急性毒性的初筛试验可以简便地鉴别并表达其综合急性毒性,方法如下:

(1)以 10 只体重 18~24g 的小白鼠(或体重 200~300g 的大白鼠)作为实验对象。若是外购鼠,必须在本单位饲养条件下饲养 7~10 天,健康者,方可使用。实验前 8~12h 和观察期间禁食;

(2)将 100g 制备好的样品置于 500mL 具塞磨口锥形瓶中,加入 100mL 蒸馏水(即固液 1∶1),振摇 3min,在常温下静止浸泡 24h 后,用中速定量滤纸过滤,滤液留待灌胃实验用;

(3)灌胃采用 1(或 5)mL 注射器,注射针采用 9(或 12)号,去针头,磨光,弯曲呈新月形,经口一次灌胃,灌胃量为小鼠不超过 0.4mL/20g(体重),大鼠不超过 1.0mL/100g(体重);

(4)对灌胃后的小鼠(或大鼠)进行中毒症状的观察,记录 48h 内实验动物的死亡数目。根据实验结果,如出现半数以上的小鼠(或大鼠)死亡,则可判定该废物是具有急性毒性的危险废物。

二、腐蚀性

测定方法一种是测定 pH 值,另一种是指在 55.7℃以下对钢制品的腐蚀率。

仪器采用 pH 计或酸度计,最小刻度单位在 0.1pH 单位以下。

三、易燃性

鉴别易燃性是测定闪点,闪点较低的液态废物和燃烧剧烈而持续的非液态废物,由于摩擦、吸湿、点燃等自发的化学变化会发热、着火,或可能由于它的燃烧引起对人体或环境的危害。

仪器采用闭口闪点测定仪。温度计采用 1 号温度计(-30~+170℃)或 2 号温度计(100~300℃)。防护屏采用镀锌铁皮制成,高度 550~650mm;宽度以适用为度,屏身内壁漆成黑色。

测定步骤为:按标准要求加热试样至一定温度,停止搅拌,每升高 1℃点火一次,至试样上方刚出现蓝色火焰时,立即读出温度计上的温度值,该值即为测定结果。

四、反应性

测定方法包括撞击感度实验、摩擦感度实验、差热分析实验、爆炸点测定、火焰感度测定、温升实验和释放有毒有害气体试验等。具体测定方法见标准。

五、浸出毒性

固体废物受到水的冲淋、浸泡,其中有害成分将会转移到水相而污染地面水、地下水,导致二次污染。浸出试验采用规定办法浸出水溶液,然后对浸出液进行分析。我国规定的分析项目有:汞、镉、砷、铬、铅、铜、锌、镍、锑、铍、氟化物、氰化物、硫化物、硝基苯类化合物。

浸出办法如下:

称取 100g(干基)试样(无法采用干基重量的样品则先测水分加以换算),置于浸出容积为 2L(ϕ30×160)具盖广口聚乙烯瓶中,加水 1L(先用氢氧化钠或盐酸调 pH 至 5.8～6.3)。

将瓶子垂直固定在水平往复振荡器上,调节振荡频率为 110±10 次/min,振幅 40mm,在室温下振荡 8h,静止 16h。

通过 0.45μm 滤膜过滤。滤液按各分析项目要求进行保护,于合适条件下储存备用。每种样品做两个平行浸出试验,每瓶浸出液对欲测项目平行测定两次,取算术平均值报告结果;对于含水污泥样品,其滤液也必须同时加以分析并报告结果;试验报告中还应包括被测样品的名称、来源、采集时间、样品粒度级配情况、试验过程的异常情况、浸出液的 pH 值、颜色、乳化和相分层情况;试验过程的环境温度及其波动范围、条件改变及其原因。

考虑到试样与浸出容器的相容性,在某些情况下,可用类似形状与容量的玻璃瓶代替聚乙烯瓶。例如,测定有机成分宜用硬质玻璃容器,对某些特殊类型的固体废物,由于安全及样品采集等方面的原因,无法严格按照上述条件进行试验时,可根据实际情况适当改变。浸出液分析项目按有关标准的规定及相应的分析方法进行。

复习思考题

1. 什么叫固体废物,固体废物的主要来源有哪些?

2. 什么是危险废物? 其主要判别依据有哪些?

3. 采集固体废物样品的程序如何? 为什么固体废物采样量与粒度有关?

4. 固体废物制样要求有哪些? 制样程序如何?

5. 如何测定固体废物的 pH 值和水分,需要注意哪些事项?

6. 简述什么是急性毒性试验,为什么这是测定化学物质毒性的常用方法?

第 5 章

土壤污染监测

土壤污染概述

　　土壤是指陆地地表具有肥力并能生长植物的疏松表层。它介于大气圈、岩石圈、水圈和生物圈之间，是环境中特有的组成部分。土壤是植物生长的基地，是动物、人类赖以生存的物质基础，因此，土壤质量的优劣直接影响人类的生存和发展。但由于近些年人们不合理的开发和利用，致使许多污染物质通过多种渠道进入土壤。当污染物进入土壤的数量和速度超过土壤的自净能力时，将导致土壤质量下降甚至恶化，影响土壤的生产能力。此外，通过地下渗漏、地表径流还将污染地下水和地表水。因此，通过土壤污染的监测，对提高土壤的环境质量和生产能力，保障食品安全具有十分积极的意义。

一、土壤组成

　　土壤是在母质、气候、生物、地形、时间等多种成土因素综合作用下形成和演变而成的。土壤组成很复杂，总体来说是由矿物质、动植物残体腐解产生的有机质、水分和空气等固、液、气三相物质组成的疏松多孔体。固相物质包括矿物质、有机质和土壤生物。固相物质之间形成不同形状的孔隙,孔隙中存在水分和空气。

　　土壤矿物质元素的相对含量与地球表面岩石圈元素的平均含量及其化学组成相似。土壤中氧、硅、铝、铁、钙、钠、钾、镁八大元素含量约占 96% 以上,其余诸元素含量甚微,低于十万分之几甚至百万分之几,统称为微量元素。

二、土壤污染源及主要污染物

(一)土壤中污染物的来源

　　土壤污染是指人类生产与生活活动所产生的污染物质通过各种途径进入土壤,当其进入的数量和速度超过土壤的自净能力时,将导致土壤质量下降甚至恶化,并影响土壤的生产能力的现象。其污染来源主要有以下几方面:

　　1.化肥、农药的污染;

　　2.污水灌溉;

　　3.大气污染物质的迁移;

　　4.固体废物污染。

(二)土壤中主要污染物质

　　土壤污染物可分为无机污染物、有机污染物和有害微生物。土壤中的主要污染物见表5-1。

表 5-1　土壤中的主要污染物质及其来源

污染物种类		来源
无机污染物	重金属	
	汞(Hg)	氯碱工业、含汞农药、汞化物生产、仪器仪表工业
	镉(Cd)	冶炼、电镀、染料等工业、肥料杂质
	铜(Cu)	冶炼、铜制品生产、含铜农药
	锌(Zn)	冶炼、镀锌、人造纤维、纺织工业、含锌农药、磷肥
	铬(Cr)	冶炼、电镀、制革、印染等工业
	铅(Pb)	颜料、冶炼等工业、农药、汽车排气
	镍(Ni)	冶炼、电镀、炼油、染料等工业
	非金属	
	砷(As)	硫酸、化肥、农药、医药、玻璃等工业
	硒(Se)	电子、电器、油漆、墨水等工业
	放射性元素	
	铯($_{137}$Cs)	原子能、核工业、同位素生产、核爆炸
	锶($_{90}$Sr)	同上
	其他	
	氟(F)	冶炼、磷酸和磷肥、氟硅酸钠等工业
	酸、碱、盐	化工、机械、电镀、酸雨、造纸、纤维等工业
有机污染物	有机农药	农药的生产和使用
	酚类	炼焦、炼油、石油化工、化肥、农药等工业
	氰化物	电镀、冶金、印染等工业
	石油	油田、炼油、输油管道漏油
	3,4-苯并芘	炼焦、炼油等工业
	有机性洗涤剂	机械工业、城市污水
	一般有机物	城市污水、食品、屠宰工业
有害微生物		城市污水、医院污水、厩肥

三、土壤污染特点

1.隐蔽性和潜伏性

土壤污染是污染物在土壤中长期积累过程。其后果要通过长期摄食由污染土壤生产的植物产品的人体和动物的健康状况才能反映出来。因此,土壤污染具有隐蔽性和潜伏性,不像大气和水体污染那样易为人们所觉察。

2.土壤污染后很难恢复

污染物进入土壤环境后,便与复杂的土壤组成物质发生一系列迁移转化作用。其中,许多污染作用为不可逆过程,污染物最终形成难溶化合物沉积在土壤中。土壤一旦遭受污染将很难恢复。

3.土壤污染后果严重

土壤污染通过食物链的生物放大作用危害动物和人,甚至使人畜失去赖以生存的基础。

4.土壤污染难以判定

到目前为止,国内外尚未制订出土壤污染相关的判断标准。由于土壤中污染物质的含量与农作物生长发育之间的因果关系十分复杂,有时污染物质含量超出土壤背景值要求,但并未影响植物的正常生长;有时植物生长已受到抑制,但植物内未见污染物的积累。此外,调查农产品样品的数量偏少且受时间限制,现行标准体系尚不完善,对土壤污染的判定有一定困难。

四、土壤背景值

土壤背景值又称土壤本底值,它是指在区域内很少受人类活动影响和不受或未明显受现代工业污染与破坏情况下,土壤原来固有的化学组成和元素含量水平。影响土壤背景值的因素很复杂,包括数万年以来人类活动的综合影响,风化、淋溶、淀积等地球化学作用的影响,生物小循环的影响,母质成因、质地与有机物含量的影响等等。因此,土壤背景值是一个范围值,而不是一个确定值。

任务分析

任务一　土壤污染监测方案的制订

一、土壤污染监测项目

污染物质进入环境后,在大气、水和土壤等各部分中进行迁移、转化运动,从而影响整个环境。因此,土壤监测必须和大气、水体和生物监测相结合,全面、客观地反映实际。确定土壤中优先监测物的依据是国际学术联合会环境问题科学委员会(SCOPE)提出的"世界环境监测系统"草案,该草案规定,空气、水源、土壤以及生物界中的物质都应与人群健康联系起来。土壤中优先监测物有以下两类:

第一类:汞、铅、镉,DDT 及其代谢产物与分解产物,多氯联苯(PCB);

第二类:石油产品,DDT以外的长效性有机氯、四氯化碳醋酸衍生物、氯化脂肪族,砷、锌、硒、铬、镍、锰、钒,有机磷化合物及其他活性物质(抗菌素、激素、致畸性物质、催畸性物质和诱变物质)等。

我国土壤常规监测项目中,金属化合物有镉(Cd)、铬(Cr)、铜(Cu)、汞(Hg)、铅(Pb)、锌(Zn);非金属无机化合物有砷(As)、氰化物、氟化物、硫化物等;有机化合物有苯并[a]芘、三氯乙醛、油类、挥发酚、DDT、六六六等。

二、土壤样品采集

1.现场调查,收集资料

在实施监测方案时,首先必须对监测地区进行调查研究。主要调研的内容包括:

(1)地区的自然条件:包括母质、地形、植被、水文、气候等;

(2)地区的农业生产情况:包括土地利用、作物生长与产量情况,水利及肥料、农药使用情况等;

(3)地区的土壤性状:土壤类型及性状特征等;

(4)地区污染历史及现状。

通过以上调查,选择一定量的采样单元,布设采样点。

2.采样点的布设

在进行土壤样品采集时,由于土壤本身在空间分布上具有一定的不均匀性,故应多点采样、均匀混合,以使所采样品具有代表性。不同土壤类型都要布点,通常根据土壤污染发生的原因来考虑布点的多少。在一定区域面积内要有一个采样点,污染较重的地区布点要密些。采样地如面积不大,在2~3亩以内,可在不同方位选择5~10个有代表性的采样点。如果面积较大,采样点可酌情增加。采样点的布设应尽量照顾土壤的全面情况,不可太集中。

根据土壤自然条件、类型及污染情况的不同,常用方法有:

(1)对角线布点法

该法适用于面积小,地势平坦的受污水灌溉的田块。布点方法是由田块进水口向对角引一直线,将对角线划分为若干等分(一般3~5等分),在每等分的中点处采样。

(2)梅花形布点法

该法适用于面积较小,地势平坦,土壤较均匀的田块。中心点设在两对角线相交处,一般设5~10个采样点。

(3)棋盘式布点法

该法适用于中等面积,地势平坦,地形完整开阔,但土壤较不均匀的田块,一般设10个以上采样点。也适用于受固体废物污染的土壤,设20个以上的采样点。

(4)蛇形布点法

该法适用于面积较大,地形不平坦,土壤不均匀的田块。布设采样点数目较多。

为全面客观评价土壤污染情况,在布点的同时要做到与土壤生长作物监测同步进行布点、采样、监测,以利于对比和分析。

3.采样深度与采样量

采样深度视监测目的而定。如果只是一般了解土壤污染状况,只需取0~15cm或0~

20cm 表层(或耕层)土壤。如果了解土壤污染对植物或农作物的影响,采样深度通常在耕层地表以下 15～30cm 处,对于根深的作物,也可取 50cm 深度处的土壤样品。若要了解污染物质在土壤中的垂直分布,则应沿土壤剖面层次分层取样。土壤剖面是指地面向下的垂直土体的切面。在垂直切面上可观察到与地面大致平行的若干层具有不同颜色、性状的土层。典型的自然土壤剖面分为 A 层(表层,腐殖质淋溶层)、B 层(亚层,淀积层)、C 层(风化母岩层、母质层)和底岩层。采集土壤剖面样品时,首先挖一个 1m×1.5m 左右的长方形土坑,深度达潜水区(约 2m 左右)或视情况而定。根据土壤剖面的颜色、结构、质地、植物根系分布等划分土层,在各层最典型的中部由下而上逐层采集,在各层内分别用小铲切取一片片土壤,根据监测目的,可取分层试样或混合体。用于重金属项目分析的样品,应将和金属采样器接触部分的土样弃去。

由于测定所需的土壤样品一般是多样点均量混合而成的,取土量往往较大,具体需要多少土壤数量视分析测定项目而定,一般只需 1～2kg 即可。对多点均量混合的样品可反复按四分法弃取,最后留下所需的土量,装入塑料袋或布袋内,贴上标签备用。

4.采样时间

土壤的采样时间应根据调查的目的和污染特点确定。为了解土壤污染状况,可随时采集样品进行测定。如需同时掌握在土壤上生长的作物受污染状况,可依季节变化或作物收获期采集。一年中在同一地点采样两次进行对照。

5.采样方法

(1)采样筒取样　采样筒直接压入土层中,用铲子将其铲出,清除采样筒口多余的土壤,采样筒内的土壤即为所取样品。

(2)土钻取样　使用土钻钻至所需深度后将其提出,用挖土勺挖出土样。

(3)挖坑取样　先用铁铲挖一截面 1.5m×1m,深 1.0m 的坑,平整一面坑壁,并用干净的取样小刀或小铲刮去坑壁表面 1～5cm 的土,然后在所需层次内采样 0.5～1kg,装入容器中。适用于采集分层的土样。

6.采样注意事项

(1)采样点不能设在田边、沟边、路边或肥堆边;

(2)将现场采样点的具体情况,如土壤剖面形态特征等做详细记录;

(3)现场填写标签两张(地点、土壤深度、日期、采样人姓名),一张放入样品袋内,一张扎在样品口袋上。

任务二　土壤样品制备、保存及预处理

一、土壤样品的风干

除了测定游离挥发酚、硫化物、铵态氮、硝态氮等不稳定组分需要新鲜土样外,多数项目需用风干土样。因为风干后的样品较易混合均匀,分析结果的重复性、准确性都比较好。

风干的方法是将全部样品倒在塑料薄膜上或瓷盘内在阴凉处慢慢风干,当达到半干状态时把土块压碎,剔除碎石、残根等杂物后铺成薄层,经常翻动,切忌阳光直射,酸、碱等气体及灰尘的污染。

风干后土样含水率一般小于 5%。

二、磨碎和过筛

取风干土样 100～200g，用有机玻璃棒或木棒碾碎后，使土样全部通过 2mm 孔径的筛子，筛下样品反复按四分法缩分，留下足够供分析用的数量，再用玛瑙研钵磨细，使其全部通过 100 目尼龙筛，过筛后的样品充分搅匀、装瓶、贴上标签备用。

三、土壤样品的保存

将风干土样或标准土样样品等储存于洁净玻璃瓶或聚乙烯容器内。现场填写两张标签，写上地点、土壤深度、日期、采样人姓名等，一张放入样品内。在常温、阴凉、干燥、避阳光、密封（石蜡涂封）条件下可保存 30 个月。

四、土壤样品预处理

在土壤样品监测分析中，根据分析项目的不同，首先要经过样品的预处理工作，然后才能进行待测组分含量的测定。常用的预处理方法有：湿法消化、碱熔法、干法灰化、溶剂提取。

1. 湿法消化

湿法消化法又称湿法氧化，是将土壤样品与一种或两种以上的强酸（如硫酸、硝酸、高氯酸等）共同加热浓缩至一定体积，如盐酸－硝酸消化、硝酸－硫酸消化、硝酸－高氯酸消化、硫酸－磷酸消化等，将有机物分解成 CO_2 和 H_2O 除去。为了加快氧化速度，可加入过氧化氢、高锰酸钾、过硫酸钾和五氧化二钒等氧化剂和催化剂。

2. 碱熔法

碱熔法是利用 NaOH 和碳酸钠作为碱溶剂在高温下与试样发生复分解反应，将被测组分转变为易溶解的反应产物。一般用于土壤中氟化物的测定。因该法添加了大量可溶性盐，易引入污染物质；另外，有些重金属如 Cd、Cr 等在高温熔融时易损失等。

3. 干法灰化

干法灰化法又称燃烧法或高温分解法，是根据待测组分的性质，选用铂、石英、镍或瓷坩埚盛放样品，将其置于高温电炉中加热，控制温度 450～550℃，使其灰化完全，将残渣溶解供分析用。对于易挥发的元素，如汞、砷等，为避免高温灰化损失，可用氧瓶燃烧法进行灰化。此法是将样品包在无灰滤纸中，滤纸包钩在磨口塞的铂丝上，瓶中预先充入氧气和吸收液，将滤纸引燃后，迅速盖紧瓶塞，让其燃烧灰化，摇动瓶子让燃烧产物溶解于吸收液中，溶液供分析用。

4. 溶剂提取法

用溶剂将待测组分从土壤样品中提取出来，提取液供分析用。主要用于对有机污染物的提取和分析。常用的提取方法有振荡提取法、索式提取法和柱层析法。

任务三　土壤污染物测定

一、土壤含水量测定

土壤水分是土壤生物及作物生长必需的物质,无论用新鲜土样或风干土样,都需测定土壤含水量,以便计算土壤中各种成分按烘干土为基准的测定结果。

对于风干土样,用感量 0.001g 的天平称取适量通过 1mm 孔径筛的土样,置于已恒重的铝盒中;对于新鲜土样,用感量 0.01g 的天平称取土样 20～30g,置于已恒重的铝盒中。将风干土样或新鲜土样放入烘箱内,在 (105±2)℃ 下烘 4～5h 至恒重。按下式计算水分重量占烘干土质量的百分数:

水分含量(分析基)% = $(m_1-m_2)/(m_1-m_0)\times100$

水分含量(烘干基)% = $(m_1-m_2)/(m_2-m_0)\times100$

式中:m_0—烘至恒重的空铝盒重量,g;

m_1—铝盒及土样烘干前的重量,g;

m_2—铝盒及土样烘至恒重时的重量,g。

二、土壤中重金属污染物测定

根据我国《土壤环境监测标准》(GB 15618－1995)规定,土壤中重金属污染常规监测项目有镉、汞、铜、铅、铬、锌、镍、锰 7 种,其测定方法、检测范围和仪器见表 5-2。

表 5-2　土壤中重金属元素的测定

项目	测定方法	监测范围 (mg/kg)	仪器
镉	土样经盐酸－硝酸－高氯酸消解后 ①萃取－火焰原子吸收法测定 ②石墨炉原子吸收分光光度法测定	≥0.025 ≥0.005	原子吸收分光光度计
汞	土样经盐酸－硝酸－五氧化二钒或硫酸－硝酸－高锰酸钾消解后,冷原子吸收法测定	≥0.004	测汞仪(汞蒸气吸收 253.7nm 的紫外光)
铜	土样经盐酸－硝酸－高氯酸消解后,火焰原子吸收分光光度法测定	≥1.0	可见分光光度计(440nm)
铅	土样经盐酸－硝酸－氢氟酸－高氯酸消解后, ①萃取－火焰原子吸收法测定 ②石墨炉原子吸收分光光度法测定	 ≥0.4 ≥0.06	可见分光光度计(510nm)
铬	土样经盐酸－硝酸－氢氟酸消解后, ①高锰酸钾氧化,二苯碳酰二肼分光光度法测定 ②加氯化铵溶液,火焰原子吸收分光光度法测定	 ≥1.0 ≥2.5	可见分光光度计
锌	土样经盐酸－硝酸－高氯酸消解后,火焰原子吸收分光光度法测定	≥0.5	可见分光光度计(528nm)
镍	同上	≥2.5	原子吸收分光光度计
锰	土样经盐酸－硝酸－高氯酸消解后,原子吸收法测定	≥0.005	同上

复习思考题

1. 土壤污染的主要来源和特点是什么？
2. 何谓土壤背景值？
3. 土壤样品采集的布设方法有哪几类？
4. 如何制备和保存土壤样品？
5. 常用的土壤样品预处理方法有哪些？

第 6 章

生物污染监测

知识目标

1. 了解污染物在生物体内的分布规律；
2. 掌握生物样品的采集和制备方法；
3. 熟悉生物样品的预处理方法；
4. 了解生物污染监测方法。

能力目标

1. 能熟练掌握生物样品的采集和制备方法；
2. 具备处理生物样品的能力。

项目导入

生物污染概述

生物与其生存环境之间存在着相互影响、相互制约、相互依存的密切关系,其中,生物需要不断直接或间接地从环境中吸取营养,进行新陈代谢,维持自身生命。当空气、水体、土壤等环境要素受到污染后,生物在吸收营养的同时,也吸收了污染物质,并在体内迁移、积累,从而遭受污染。受到污染的生物,在生态、生理和生化指标、污染物在体内的行为等方面会发生变化,出现不同的症状或反应,利用这些变化来反映和度量环境污染程度的方法称为生物监测法。

通过生物污染监测可以测定生物体内的有害物质,及时掌握被污染的程度,以便采取措施,改善生物生存环境,保证生物食品的安全。生物监测结果能够反映污染因素对人和生物的危害及对环境影响的综合效应。生物监测方法是理化监测方法的重要补充,二者相结合即构成了综合环境监测手段。

一、生物对污染物的吸收及在体内分布

掌握污染物质进入生物体的途径及迁移和在各部位的分布规律,对正确采集样品,选择测定方法和获得正确的测定结果是十分重要的。

(一)植物对污染物的吸收及在体内分布

1. 空气污染物

空气污染物主要通过黏附、从叶片气孔或茎部皮孔侵入方式进入植物体内。

黏附是指污染物黏附在植物表面的现象。例如,植物表面对空气中农药、粉尘的黏附,其黏附量与植物的表面积大小、表面性质及污染物的性质、状态有关。表面积大、表面粗糙、有绒毛的植物比表面积小、表面光滑的植物黏附量大;黏度大的污染物、乳剂比对黏度小的污染物、粉剂黏附量大。黏附在植物表面的污染物可因蒸发、风吹或随雨流失而脱离植物,脂溶性或内吸传导性农药,可渗入作物表面的蜡质层或组织内部,被吸收、输导分布到植株汁液中。这些农药在外界条件和体内酶的作用下逐渐降解、消失,但稳定性农药的这种分解、消失速度缓慢,直到作物收获时往往还有一定的残留量。试验结果表明,作物体上残留农药量的减少通常与施药后的间隔时间呈指数函数关系。

气态污染物如氟化物,主要通过植物叶面上的气孔进入叶肉组织,首先溶解在细胞壁的水分中,一部分被叶肉细胞吸收,大部分则沿纤维管束组织运输,在叶尖和叶缘中积累,使叶尖和叶缘组织坏死。

从空气中吸收污染物的植物,一般叶部残留量最大。

2. 土壤或水体中污染物

植物通过根系从土壤或水体中吸收水溶态污染物,其吸收量与污染物的含量、土壤类型及植物品种等因素有关。污染物含量高,植物吸收的就多;在沙质土壤中的吸收率比在其他土质中的吸收率要高;对丙体六六六(林丹)的吸收率比其他农药高;块根类作物比茎叶类作物吸收率高;水生作物的吸收率比陆生作物高。

污染物进入植物体后,在各部位分布和蓄积情况与吸收污染物的途径、植物品种、污染物的性质及其作用时间等因素有关。从土壤和水体中吸收污染物的植物,一般分布规律和残留量的顺序是:根>茎>叶>穗>壳>种子。

(二)动物对污染物的吸收及在体内分布

环境中的污染物一般通过呼吸道、消化道、皮肤等途径进入动物体内。

1. 空气污染物

空气中的气态污染物、粉尘从鼻、咽、腔进入气管,有的可到达肺部。其中,水溶性较大的气态污染物,在呼吸道黏膜上被溶解,极少进入肺泡;水溶性较小的气态物质,绝大部分可到达肺泡。直径小于 $5\mu m$ 的粉尘颗粒可到达肺泡,而直径大于 $10\mu m$ 的尘粒大部分被黏附在呼吸道和气管的黏膜上。

2. 土壤或水体中污染物

水和土壤中的污染物质主要通过饮用水和食物摄入,经消化道被吸收。由呼吸道吸入并沉积在呼吸道表面上的有害物质,也可以咽到消化道,再被吸收进入体内。整个消化道都有吸收作用,但主要吸收部位是小肠。

　　皮肤是保护肌体的有效屏障,但具有脂溶性的物质,如四乙基铅、有机汞化合物、有机锡化合物等,可以通过皮肤吸收后进入动物肌体。

　　动物吸收污染物质后,主要通过血液和淋巴系统传输到全身各组织发生危害。按照污染物性质和进入动物组织的类型不同,大体有以下五种分布规律:

　　(1)能溶解于体液的物质　如钾、钠、锂、氟、氯、溴等离子,在体内分布比较均匀。

　　(2)水解后生成胶体的物质　如镧、锑、钍等三价和四价阳离子主要蓄积于肝脏和其他网状内皮系统。

　　(3)与骨骼亲和性较强的物质　如铅、钙等二价阳离子通常在骨骼中含量较高。

　　(4)对某一器官具有特殊亲和性的物质,在该种器官中蓄积较多。

　　(5)脂溶性物质　如有机氯化合物(六六六、DDT 等)易蓄积于动物体内的脂肪中。

二、污染物在生物体内的转化与排泄

　　有机污染物进入动物体后,除很少一部分水溶性强、分子量小的毒物可以原形态排出外,绝大部分都要经过某种酶的代谢(或转化),从而改变其毒性,增强其水溶性而易于排泄。肝脏、肾脏、胃、肠等器官对各种毒物都有生物转化功能,其中以肝脏最为重要。对污染物的代谢过程可分为两步:第一步进行氧化、还原和消解,这一代谢过程主要与混合功能氧化酶系有关,它具有对多种外源性物质(包括化学致癌物质、药物、杀虫剂等)和内源物质(激素、脂肪等)的催化作用,使这些物质羟基化、去甲基化、脱氨基化、氧化等;第二步发生结合反应,一般通过一步或两步反应,就可能使原属活性物质转化为惰性物质或解除其毒性,但也有转化为比原物质活性更强而增加其毒性的情况。例如,1605(农药)在体内被氧化成1600,其毒性增大。

　　无机污染物质,包括金属和非金属污染物,进入动物体后,一部分参加生化代谢过程,转化为化学形态和结构不同的化合物,如金属的甲基化和脱甲基化反应,发生络合反应等;也有一部分直接蓄积于细胞各部分。

　　各种污染物质经转化后,有的排出体外。其排泄途径主要通过肾脏、消化道和呼吸道,也有少量随汗液、乳汁、唾液等分泌液排出,还有的在皮肤的新陈代谢过程中到达毛发而离开肌体。有毒物质在排泄过程中,可在排出的器官造成继发性损害,成为中毒表现的一部分。

　　任务分析

任务一　生物样品的采集、制备和预处理

一、植物样品的采集和制备

(一)植物样品的采集

1. 对样品的要求

(1)代表性

系指采集代表一定范围污染情况的植株为样品。这就要求对污染源的分布、污染类型、

植物的特征、地形地貌、灌溉出入口等因素进行综合考虑,选择合适的地段作为采样区,再在采样区内划分若干小区,采用适宜的方法布点,确定代表性的植株。不要采集田埂、地边及距田埂地边 2m 以内的植株。

(2)典型性

系指所采集的植株部位要能充分反映通过监测所要了解的情况。根据要求分别采集植株的不同部位,如根、茎、叶、果实,不能将各部位样品随意混合。

(3)适时性

系指在植物不同生长发育阶段,施药、施肥前后,适时采样监测,以掌握不同时期的污染状况和对植物生长的影响。

2.布点方法

在划分好的采样小区内,常采用梅花形布点法或交叉间隔布点法确定代表性的植株,见图 6.1,6.2。

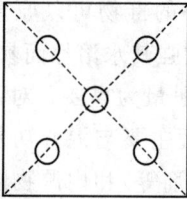

图 6.1　梅花形五点取样

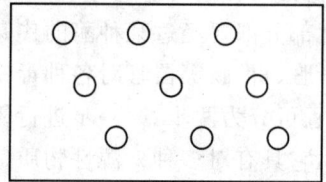

图 6.2　交叉间隔取样

3.采样方法

(1)在每个采样小区内的采样点上分别采集 5～10 处植株的根、茎、叶、果实等,将同部位样混合,组成一个混合样;也可以整株采集后带回实验室再按部位分开处理。

采集样品量要能满足需要,一般经制备后,至少有 20～50g 干重样品。新鲜样品可按含 80%～90%的水分计算所需样品量。若采集根系部位样品,应尽量保持根部的完整。对一般旱作物,在抖掉附在根上的泥土时,注意不要损失根毛;如采集水稻根系,在抖掉附着泥土后,应立即用清水洗净。根系样品带回实验室后,及时用清水洗(不能浸泡),再用纱布拭干。如果采集果树样品,要注意树龄、株型、生长势、载果数量和果实着生的部位及方向。如要进行新鲜样品分析,则在采集后用清洁、潮湿的纱布包住或装入塑料袋,以免水分蒸发而萎缩。对水生植物,如浮萍、藻类等,应采集全株。从污染严重的河、塘中捞取的样品,需用清水洗净,挑去水草等杂物。

(2)采好的样品装入布袋或聚乙烯塑料袋,贴好标签,注明编号、采样地点、植物名称、分析项目,并填写采样登记表。

样品带回实验室后,如测定新鲜样品,应立即处理和分析。当天不能分析完的样品,暂时放于冰箱中保存,其保存时间的长短,视污染物的性质及在生物体内的转化特点和分析测定要求而定。如果测定干样品,则将鲜样放在干燥通风处晾干或于鼓风干燥箱中烘干。

(二)植物样品的制备

1.鲜样的制备:

测定植物内容易挥发、转化或降解的污染物质(如酚、氰、亚硝酸盐等)、营养成分(如维生素、氨基酸、糖、植物碱等),以及多汁的瓜、果、蔬菜样品,应使用新鲜样品。

鲜样的制备方法是：

(1)将样品用清水、去离子水洗净，晾干或拭干；

(2)将晾干的鲜样切碎、混匀，称取 100g 于电动高速组织捣碎机的捣碎杯中，加适量蒸馏水或去离子水，开动捣碎机捣碎 1～2min，制成匀浆。对含水量大的样品，如熟透的西红柿等，捣碎时可以不加水；

(3)对于含纤维多或较硬的样品，如禾本科植物的根、茎秆、叶子等，可用不锈钢刀或剪刀切(剪)成小片或小块，混匀后在研钵中加石英砂研磨。

2.干样的制备：

分析植物中稳定的污染物，如某些金属元素和非金属元素、有机农药等，一般用风干样品。干样的制备方法是：

(1)将洗净的植物鲜样尽快放在干燥通风处风干(茎秆样品可以劈开)。如果遇到阴雨天或潮湿气候，可放在 40～60℃ 鼓风干燥箱中烘干，以免发霉腐烂，并减少化学和生物化学变化。

(2)将风干或烘干的样品去除灰尘、杂物，用剪刀剪碎(或先剪碎再烘干)，再用磨碎机磨碎。谷类作物的种子样品如稻谷等，应先脱壳再粉碎。

(3)将粉碎好的样品过筛，一般要求通过 1mm 筛孔即可，有的分析项目要求通过 0.25mm 的筛孔。制备好的样品贮存于磨口玻璃广口瓶或聚乙烯广口瓶中备用。

(4)对于测定某些金属含量的样品，应注意避免受金属器械和筛子等污染。因此，最好用玛瑙研钵磨碎，尼龙筛过筛，聚乙烯瓶保存。

(三)分析结果表示方法

植物样品中污染物质的分析结果常以干重为基础表示—mg/kg(干重)，以便比较各样品某一成分含量的高低。因此，还需要测定样品的含水量，对分析结果进行换算。含水量常用重量法测定，即称取一定量新鲜样品或风干样品，于 100～105℃ 烘干至恒重，由其失重计算含水量。对含水量高的蔬菜、水果等，以鲜重表示计算结果为好。

二、动物样品的采集和制备

根据污染物在动物体内的分布规律，常选择性地采集动物的尿、血液、唾液、胃液、乳液、粪便、毛发、指甲、骨骼或脏器等作为样品进行污染物分析测定。

1.尿液

定性检测尿液成分时应采集晨尿，定量检测尿液成分时一般采集 24h 总排尿量，测定结果为收集时间内尿液中污染物的平均含量。例铅、锰、钙、氟等的测定。

2.血液

一般用注射器抽取 10mL 血样冷藏备用。常用于分析血液中所含金属毒物及非金属毒物，如铅、汞、氟化物、酚等。

3.毛发和指甲

采集和保存较方便，主要用于汞、砷等含量测定。样品采集后，用中性洗涤剂洗涤，去离子水冲洗，最后用乙醚或丙酮洗净，室温下充分晾干后保存备用。

4.组织和脏器

对调查研究环境污染物在肌体内的分布、蓄积、毒性和环境毒理学等方面的研究都具有

環境監測

十分重要的意义。常根据研究的需要,取肝、肾、心、肺、脑等部位组织作为检验样品,通常利用组织捣碎机捣碎、混匀,制成浆状鲜样备用。

5.水产食品

样品从监测区域内水产品产地或最初集中地采集。一般采集产量高、分布范围广的水产品,所采品种尽可能齐全,以较客观地反映水产食品的被污染水平。从对人体的直接影响考虑,一般只取水产品的可食部分进行检测。

三、生物样品的预处理

非溶液状态的生物样品不便对其进行监测分析,且由于生物样品中含有大量有机物,这些有机物的大量存在对样品中污染物的监测分析产生严重干扰。因此,测定前必须对生物样品进行处理,将监测分析对象从生物样品中分离出来,或将生物样品中的有机物破坏分解,使监测分析对象成为简单的无机化合物或单质。常用的预处理方法有湿法消解法、灰化法、提取、分离和浓缩法等。

(一)消解和灰化

测定生物样品中的金属和非金属元素时,通常都要将其大量有机物基体分解,使欲测组分转变成简单的无机化合物或单质,然后进行测定。分解有机物的方法有湿法消解和干法灰化。这两种方法的基本内容在第二章已介绍。

(二)提取、分离和浓缩

测定生物样品中的农药、石油烃、酚等有机污染物时,需要用溶剂将欲测组分从样品中提取出来,提取效率的高低直接影响测定结果的准确度。如果存在杂质干扰和待测组分浓度低于分析方法的最低检测浓度问题,还要进行分离和浓缩。具体详见表6-1。

表6-1　提取法的步骤、意义和手段

方法	意义和备注	常用手段
提取	根据样品的特点、待测组分的性质、存在形态和数量、分析方法等因素选择	振荡提取法、组织捣碎提取法、脂肪提取器提取法、直接球磨提取法
分离	用提取剂从生物样品中提取欲测组分的同时,不可避免的会将其他相关组分提取出来,测定之前须将上述杂质分离	液—液萃取法、层析法、磺化法、低温冷冻法、吹蒸法、液上空间法等
浓缩与富集	当生物样品的提取液经过分离净化后,其中的污染物浓度往往仍达不到分析方法的要求,需要进行浓缩和富集	蒸馏或减压蒸馏法、K-D浓缩器浓缩法、蒸发法、真空冷冻干燥法等

任务二　污染物的测定

生物样品中的主要污染物有汞、镉、铅、铜、铬、砷、氟等无机化合物和农药、芳香烃、激素等有机化合物,其测定方法主要有分光光度法、原子吸收光谱法、荧光分光光度法、色谱法、质谱法和联机法等。下面简要介绍几个测定实例。

(一)粮食作物中有害金属元素测定

粮食作物中铜、镉、铅、锌、铬、汞、砷的测定方法可概括为:首先从前面介绍的植物样品采集和制备方法中选择适宜的方法采集和制备样品,然后用湿法消解或干法灰化制备成样品溶液,再用原子吸收光谱法或分光光度法测定。

(二)水果、蔬菜和谷类中有机磷农药测定

首先根据样品类型选择适宜制备方法,对样品进行制备,如粮食样品用粉碎机粉碎、过筛,蔬菜用捣碎机制成浆状;而后,取适量制备好的样品,加入水和丙酮提取农药,经减压抽滤,所得滤液用氯化钠饱和,并将丙酮相和水相分离,水相中的农药再用二氯甲烷萃取,分离所得二氯甲烷萃取液与丙酮提取液合并,用无水硫酸钠脱水后,于旋转蒸发仪中浓缩至约2mL,移至 5～25mL 容量瓶中,用二氯甲烷定容供测定;最后,分别取混合标准液和样品提取液注入气相色谱仪,用火焰光度检测器测定,根据样品溶液峰面积或峰高与标准溶液峰面积或峰高进行比较定量。

方法适用于水果、蔬菜、谷类中敌敌畏、速灭磷、久效磷、甲拌磷、巴胺磷、二嗪磷、乙嘧硫磷、甲基嘧啶硫磷、甲基对硫磷、稻瘟净、水胺硫磷、氧化喹硫磷、稻丰散、甲喹硫磷、虫胺磷、乙硫磷、乐果、喹硫磷、对硫磷、杀螟硫磷的残留量测定。

(三)鱼组织中有机汞和无机汞测定

1.巯基棉富集冷原子吸收法

该方法可以分别测定样品中的有机汞和无机汞,其测定要点如下:

称取适量制备好的鱼组织样品,加 1mol/L 盐酸浸提出有机汞和无机汞化合物。将提取液的 pH 值调至 3,用巯基棉富集两种形态的汞化合物,然后用 2mol/L 盐酸洗脱有机汞化合物,再用氯化钠饱和的 6mol/L 盐酸洗脱无机汞化合物,分别收集并用冷原子吸收法测定。

2.气相色谱法测定甲基汞

鱼组织中的有机汞化合物和无机汞化合物用 1mol/L 盐酸提取后,用巯基棉富集和盐酸溶液洗脱,再用苯萃取洗脱液中的甲基汞,用无水硫酸钠除去有机相中的残留水分,最后,用气相色谱法测定甲基汞的含量。

任务三 水和大气污染生物监测

一、水环境污染生物监测

(一)生物群落监测方法

未受污染的环境水体中生活着多种多样的水生生物,这是长期自然发展的结果,也是生态系统保持相对平衡的标志。当水体受到污染后,水生生物的群落结构和个体数量就会发生变化,使自然生态平衡系统被破坏,最终结果是敏感生物消亡,抗性生物旺盛生长,群落结构单一,这是生物群落监测法的理论依据。

1.水污染指示生物

水污染指示生物是指能对水体中污染物产生各种定性、定量反应的生物,如浮游生物、着生生物、底栖动物、鱼类和微生物等。

2.监测方法

(1)污水生物系统法

污水生物系统是德国学者于20世纪初提出的,其原理基于将受有机物污染的河流按照污染程度和自净过程,自上游向下游划分为四个相互连续的河段,即多污带段、α-中污带段、β-中污带段和寡污带段,每个带都有自己的物理、化学和生物学特征。

(2)生物指数监测法

生物指数是指运用数学公式计算出的反映生物种群或群落结构变化,以评价环境质量的数值。

如:贝克生物指数(BI)=2A+B

式中:A、B—分别为敏感底栖动物种类数和耐污底栖动物种类数。

当 BI>10 时,为清洁水域;BI 为 1~6 时,为中等污染水域;BI=0 时,为严重污染水域。

(3)微型生物群落监测法(简称 PFU 法)

方法原理:微型生物群落是指水生态系统中在显微镜下才能看到的微小生物,包括细菌、真菌、藻类、原生动物和小型后生动物等。它们彼此间有复杂的相互作用,在一定的生境中构成特定的群落,其群落结构特征与高等生物群落相似。当水环境受到污染后,群落的平衡被破坏,种数减少,多样性指数下降,随之结构、功能参数发生变化。

PFU 法是以聚氨酯泡沫塑料块(PFU)作为人工基质沉入水体中,经一定时间后,水体中大部分微型生物种类均可群集到 PFU 内,达到种数平衡,通过观察和测定该群落结构与功能的各种参数来评价水质状况。还可以用毒性试验方法预报废水或有害物质对受纳水体中微型生物群落的毒害强度,为制订安全浓度和最高允许浓度提出群落级水平的基准。

(二)细菌学检验法

细菌能在各种不同的自然环境中生长。地表水、地下水,甚至雨水和雪水都含有多种细菌。当水体受到人畜粪便、生活污水或某些工农业废水污染时,细菌大量增加。因此,水的细菌学检验,特别是肠道细菌的检验,在卫生学上具有重要的意义。但是,直接检验水中各种病源菌,方法较复杂,有的难度大,且结果也不能保证绝对安全。所以,在实际工作中,经常以检验细菌总数,特别是检验作为粪便污染的指示细菌,如总大肠菌群、粪大肠菌群、粪链球菌、肠道病毒等,来间接判断水的卫生学质量。

(三)生物测试法

利用生物受到污染物质危害或毒害后所产生的反应或生理机能的变化,来评价水体污染状况,确定毒物安全浓度的方法称为生物测试法。该方法有静水式生物测试和流水式生物测试两种。前者是把受试生物放于不流动的试验溶液中,测定污染物的浓度与生物中毒反应之间的关系,从而确定污染物的毒性;后者是把受试生物放于连续或间歇流动的试验溶液中,测定污染物浓度与生物反应之间的关系。测试时间有短期(不超过 96h)的急性试验和长期(如数月或数年)的慢性试验。在一个试验装置内,测试生物可以是一种,也可以是多种。测试工作可在实验室内进行,也可在野外污染水体中进行。

二、空气污染生物监测

空气中污染物多种多样,有些可以利用指示植物或指示动物监测,直接反映其危害和对空气污染的程度。由于动物的管理比较困难,目前尚未形成一套完整的监测方法。而植物分布范围广、容易管理,有不少植物品种分别对不同空气污染物反应很敏感,在污染物达到人和动物受害浓度之前就能显示受害症状,所以使用较广泛。

(一)指示植物

指示植物是指受到污染物的作用后能较敏感和快速地产生明显反应的植物,可以选择草本植物、木本植物及地衣、苔藓等。

空气污染物一般通过叶面上的气孔或孔隙进入植物体内,侵袭细胞组织,并发生一系列生化反应,从而使植物组织遭受破坏,呈现受害症状。这些症状虽然随污染物的种类、浓度以及受害植物的品种、曝露时间不同而有差异,但具有某些共同特点,如叶绿素被破坏、细胞组织脱水,进而发生叶面失去光泽,出现不同颜色(黄色、褐色或灰白色)的斑点,叶片脱落,甚至全株枯死等异常现象。

1. SO_2 的指示植物

主要有紫花苜蓿、一年生早熟禾、芥菜、堇菜、百日草、大麦、荞麦、棉花、南瓜、白杨、白蜡树、白桦树、加拿大短叶松、挪威云杉及苔藓、地衣等。

2. 氮氧化物的指示植物

主要有烟草、番茄、秋海棠、向日葵、菠菜等。

3. 氟化物的指示植物

主要有唐菖蒲、郁金香、葡萄、玉簪、金线草、金丝桃树、杏树、雪松、云杉、慈竹、池柏、南洋楹等。

4. O_3 的指示植物

主要有矮牵牛花、菜豆、洋葱、烟草、菠菜、马铃薯、葡萄、黄瓜、松树等。

5. 过氧乙酰硝酸酯(PAN)的指示植物

主要有长叶莴苣、瑞士甜菜及一年生早熟禾等。

(二)监测方法

1. 栽培指示植物监测法

该方法是先将指示植物在没有污染的环境中盆栽或地栽培植,待生长到适宜大小时,移至监测点,观察它们的受害症状和程度。

2. 现场调查法

(1)植物群落调查法

该方法是利用监测区域植物群落受到污染后,用各种植物的反应来评价空气污染状况。进行该工作前,需要通过调查和试验,确定群落中不同种植物对污染物的抗性等级,将其分为敏感、抗性中等和抗性强三类。如果敏感植物叶部出现受害症状,表明空气已受到轻度污染;如果抗性中等的植物出现部分受害症状,表明空气已受到中度污染;当抗性中等植物出现明显受害症状,有些抗性强的植物也出现部分受害症状时,则表明已造成严重污染。同时,根据植物呈现受害症状特征、程度和受害面积比例等判断主要污染物和污染程度。

(2)地衣和苔藓调查法

该方法是通过调查树干上的地衣和苔藓的种类、数量和生长发育状况后,就可以估计空气污染程度。在工业城市中,通常距中心越近,地衣的种类越少,重污染区内一般仅有少数壳状地衣分布,随着污染程度的减轻,便出现枝状地衣;在轻污染区,叶状地衣数量最多。

（3）树木的年轮调查法

剖析树木的年轮，可以了解所在地区空气污染的历史。在气候正常、未曾遭受污染的年份树木的年轮宽，而空气污染严重或气候条件恶劣的年份树木的年轮窄，木质比重小。

3.其他监测法

空气污染可以导致指示植物一些生理生化指标的变化，如光合作用、叶绿素、体内酶的活性、细胞染色体等指标的变化，故通过测定这些指标可评估空气污染状况。

通过测定植物体内吸收积累的一些污染物含量，也可以评价空气污染物的种类和污染水平。

复习思考题

1.简要说明污染物质进入动、植物体后，主要有哪些分布和蓄积规律？了解这些规律对监测工作有何重要意义？

2.对植物样品的采集有何要求？

3.怎样根据监测项目的特点和要求制备植物样品？

4.简述污水生物系统法监测河水水质污染程度的原理。

5.用指示植物监测空气污染的原理是什么？

6.怎样利用植物群落监测空气污染状况？

第 7 章

噪声监测

知识目标

1. 了解噪声的来源、类型及危害；
2. 掌握噪声的评价方法和标准；
3. 掌握环境噪声测量的方法。

能力目标

能够利用测量仪器对城市区域、道路交通、工业企业环境噪声进行监测，并能够对噪声监测数据进行正确的处理和评价。

项目导入

噪声概述

噪声污染和水污染、空气污染、固体废物污染一样是当代主要的环境污染之一。但噪声与后者不同，它是物理污染（或称能量污染）。一般情况下它并不致命，且与声源同时产生同时消失，噪声源分布很广，较难集中处理。由于噪声渗透到人们生产和生活的各个领域，且能够直接感觉到它的干扰，不像物质污染那样只有产生后果才受到注意，所以噪声往往是受到抱怨和控告最多的环境污染。

一、噪声及其危害

人类在生活中，通过声音进行交谈，表达思想感情以及开展各种活动。但有些声音也会给人类带来危害。例如，震耳欲聋的机器声，呼啸而过的飞机声等。这些为人们生活和工作所不需要的声音叫噪声，从物理现象判断，一切无规律的或随机的声信号叫噪声；噪声的判断还与人们的主观感觉和心理因素有关,即一切不希望存在的干扰声都叫噪声。噪声可能是由自然现象所产生,也可能是由人类活动所造成的,它可以是杂乱无章的声音,也可以是和谐的乐音,只要它超过了人们生活、生产和社会活动所允许的声音程度都称为噪声,所以在某些时候,某些情绪条件下音乐也可能是噪声。

噪声的主要危害是:

(1)对听力的影响

长期在强噪声环境下工作,人的听力将会受到影响,甚至损伤而失聪。

(2)噪声对心理的影响

噪声对人的心理影响主要表现为,嘈杂的噪声使人产生厌恶、烦恼情绪,精神不易集中,影响工作效率,降低睡眠质量、妨碍正常休息等。

(3)对生理的影响

暴露在 140~1600dB 的超高强度噪声环境中,会使人的听觉器官发生急性外伤,引起鼓膜破裂流血、螺旋体从基底急性剥离,双耳完全失聪。长期在强噪声环境中工作的工人,除了有头昏、头疼、神经衰弱、消化不良等症状外,还可能导致听力、神经系统、心血管系统和消化系统等功能受损伤,甚至诱发耳聋、高血压和心血管病疾病。噪声污染还会使少年儿童智力发展缓慢,影响胎儿正常发育。

(4)对睡眠的影响

噪声影响睡眠的质量和数量。连续噪声可以加快熟睡到浅睡的回转,使人熟睡的时间缩短,突然的噪声可使人惊醒。一般 40dB 的连续噪声可使 10% 的人受到影响,70dB 时可使 60% 的人受影响,突然噪声达 40dB 时,使 10% 的人惊醒,60dB 时,使 70% 的人惊醒。

(5)对交谈、思考和工作的影响

噪声能掩蔽谈话声音、影响正常交谈。噪声能打断人们的正常思绪、干扰思考成果,能掩蔽警报信号、分散工作人员注意力影响生产安全。

二、环境噪声的来源

(1)交通噪声

各种交通运输工具行驶过程中会产生噪声称作交通运输噪声源,城市噪声源有 70% 来自交通噪声。载重汽车、公共汽车、拖拉机等重型车辆的行进噪声约 89~92dB,电喇叭大约为 90~100dB,汽喇叭大约为 105~110dB(距行驶车辆 5m 处)。

(2)工业噪声

工厂生产过程中的机械振动、摩擦、撞击及气流扰动会产生噪声,称作工业噪声源。我国工业企业噪声源调查结果表明,一般电子工业和轻工业噪声在 90dB 左右,纺织工业噪声约为 90~106dB,机械工业噪声为 80~120dB,凿岩机、大型球磨机为 120dB,风铲、风镐、大型鼓风机在 120dB 以上。

(3)建筑施工噪声

建筑工地在施工过程中会产生影响建筑工人听觉健康和干扰周围人群正常生产、生活的环境噪声,被称作建筑施工噪声源。

(4)社会生活噪声

社会生活噪声源主要是指娱乐场所的高音喇叭和集贸市场嘈杂声等,此外还包括家庭影院、空调机、洗衣机、电冰箱、除尘器和抽水马桶等家庭常用的设备产生的噪声。

三、噪声的类型

一般,根据噪声产生机理不同,分以下三大类:

(1)机械噪声

机械噪声是固体振动产生的,通常是机械部件发生撞击、摩擦和交变机械应力作用下金属板、轴承、齿轮等发生振动形成的。如织布机、球磨机、剪板机和火车车轮滚动等产生的噪声均属此类。

(2)空气动力噪声

空气动力噪声是由于高速气流和不稳定气流与物体相互作用,或是因气体在流动过程中产生涡流而发出的噪声。通风机、鼓风机、空气压缩机、喷气式飞机和汽笛产生的噪声,发电厂或化工厂高压锅炉排气放空时产生的噪声,均属空气动力噪声。

(3)电磁噪声

电磁噪声是指由于电磁场交替变化引起某些电气部件振动而产生的噪声。镇流器、电机、变压器等设备产生的噪声就属于电磁噪声。

此外,还可根据噪声随时间的变化情况不同,分为稳态噪声(强度不随时间变化或变化很小的噪声,如电机噪声)和非稳态噪声(强度随时间变化的噪声,如施工噪声和交通噪声),根据噪声的空间分布形式不同,分为点声源噪声(如单台风机噪声)、线声源噪声(直行道路上的车流产生的噪声)和面声源噪声(一个面积很大的工厂发出的噪声)。

四、噪声标准

噪声对人的影响与声源的物理特性、暴露时间和个体差异等因素有关。所以噪声标准的制订是在大量实验基础上进行统计分析的,主要考虑因素是保护听力、噪声对人体健康的影响、人们对噪声的主观烦恼度和目前的经济、技术条件等方面。对不同的场所和时间分别加以限制。即同时考虑标准的科学性、先进性和现实性。

环境噪声标准制订的依据是环境基本噪声。各国大多参考 ISO 推荐的基数(例如,睡眠为 30dB),根据不同时间、不同地区和室内噪声受室外噪声影响的修正值,以及本国具体情况来制订。

表 7-1 我国环境噪声允许范围 (单位:dB)

人的活动	最高值	理想值
体力劳动(保护听力)		
脑力劳动(保证语言清晰度)	60	40
睡眠	50	30

表 7-2 一天不同时间对基数的修正值 (单位:dB)

时间	修正值
白天	0
晚上	−5
夜间	−10 至 −15

表 7-3　不同地区对基数的修正值

（单位：dB）

地　区	修正值
农村、医院、休养区 市郊、交通量很少的地区	＋5
城市居住区	＋10
居住、工商业、交通混合区	＋15
城市中心（商业区）	＋20
工业区（重工业）	＋25

表 7-4　室内噪声受室外噪声影响的修正值

（单位：dB）

窗户状况	修正值
开窗	－10
关闭的单层窗	－15
关闭的双层窗或不能开的窗	－20

表 7-5　城市各类区域环境噪声标准值

单位：等效声级 Leq[dB(A)]

类　别	昼　间	夜　间
0	50	40
1	55	45
2	60	50
3	65	55
4	70	55

表 7-5 规定了城市五类区域的环境噪声最高限值，适用于城市区域。乡村生产区域可参照本标准执行。其表中：

0 类标准适用于疗养区、高级别墅区、高级宾馆区等特别需要安静的区域，位于城郊和乡村的这一类区域分别按严于 0 类标准 5dB 执行；

1 类标准适用于以居住、文教机关为主的区域，乡村居住环境可参照执行该类标准；

2 类标准适用于居住、商业、工业混杂区；

3 类标准适用于工业区；

4 类标准适用于城市中的道路交通干线道路的两侧区域，穿越城区的内河航道两侧区域，穿越城区的铁路主、次干线两侧区域的背景噪声（指不通过列车时的噪声水平）限值也执行该类标准。

我国工业企业噪声标准见表 7-6 和表 7-7。

表 7-6　新建、扩建、改建企业标准

每个工作日接触噪声时间/h	允许标准 /dB(A)
8	85
4	88
2	91
1	94
最高不得超过 115	

表 7-7　现有企业暂行标准

每个工作日接触噪声时间/h	允许标准 /dB(A)
8	90
4	93
2	96
1	99
最高不得超过 115	

机场周围飞机噪声标准见表 7-8。

表 7-8 机场周围飞机噪声标准　　　　　　　　　　（单位:dB）

适用区域	标准值
一类区域	≤70
二类区域	≤75

"一类区域"指特殊住宅区,居住、文教区;"二类区域"指除一类区域以外的生活区。

在测定城市噪声污染分布情况后,可在城市地图上画用不同颜色或阴影线表示的噪声带,每一噪声带代表一个噪声等级,每级相差 5dB。各等级的颜色和阴影线规定见实表 7-2。

四、噪声的评价

从噪声的定义可知:它包括客观的物理现象(声波)和主观感觉两个方面。但最后判别噪声的是人耳。所以确定噪声的物理量和主观听觉的关系十分重要。不过这种关系相当复杂,因为主观感觉牵涉到复杂的生理机构和心理因素。这类工作是用统计方法在实验基础上进行研究的。

(一)响度和响度级

1.响度

响度是人耳判别声音由轻到响的强度等级概念,不仅取决于声音的强度(如声压级),还与其频率和波形有关。响度一般用"N"表示,单位为"宋"。1 宋定义为人耳对声压级为40dB,频率为 1000Hz,且来自听者正前方的平面声波产生的听觉强度。其他声音听起来比这个声信号大 n 倍,则该声音的响度为 n 宋。

2.响度级

规定 1000Hz 纯音声压级的分贝值为其响度级的数值。任何其他频率声音的响度级数值为,调节 1000Hz 纯音强度使之听起来与这个被测量声音一样响时的声压级分贝值。响度级一般用"L_N"表示,单位为"方"。

3.等响曲线

利用与基准声音比较的方法,可以得到人耳听觉频率范围内一系列响度相等的声压级与频率的关系曲线,即等响曲线,见图 7.1。分析图 7.1 等响曲线发现,同一等响曲线上不同频率的声音,听起来一样响,而声压级却是不同的。例如,一个声压级为 80dB 的 20Hz 纯音,与 20dB 的 1000Hz 的纯音位于同一条等响曲线上,故两声音的响度相同,都为 20 方。

4.响度与响度级的关系

大量声学试验证实,响度级每改变 10 方,响度加倍或减半。例如,响度级 30 方时响度为 0.5 宋;响度级为 40 方时响度为 1 宋;响度级为 50 方时响度为 2 宋,以此类推。因此,响度 N 与响度级 L_N 关系的数学表达式为:

$$N = 2^{\left(\frac{L_N - 40}{10}\right)}$$

或

$$L_N = 40 + 33.2\lg N$$

(二)计权声级

由于声音强弱的主观感觉量(响度或响度级)与客观物理量(声压或声压级)之间是非线性关系,因而,噪声测量仪器若直接"输出"其所感应噪声信号的客观物理量(声压等),则测

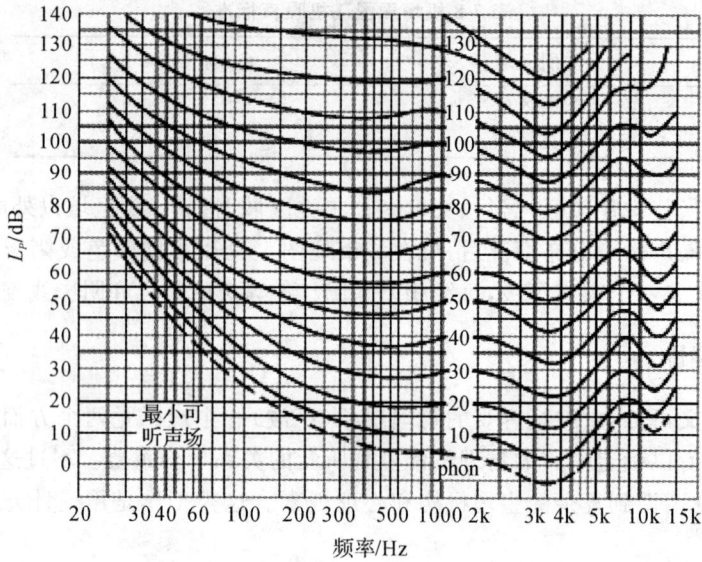

图 7.1　等响曲线

量值大小经常与人耳的主观感觉强弱程度（响度级）不一致。为使噪声测量仪器对被测声信号的响应值类似人耳听觉对声音频率的响应特性，在测量仪器中设置了一套电学滤波器对某些频率的声信号进行衰减处理，这种特殊滤波器被称作计权网络。通过计权网测得的声压级已不再是客观物理量意义上的声压级，而是计权声级，简称声级。

　　常见的计权网络 A,B,C 和 D 四种，A 计权声级是模拟人耳对 55dB 以下低强度噪声的频率特性；B 计权声级是模拟 55dB 到 85dB 的中等强度噪声的频率特性；C 计权声级是模拟高强度噪声的频率特性；D 计权声级是对噪声参量的模拟，专用于飞机噪声的测量。计权网络是一种特殊滤波器，当含有各种频率的声波通过时，它对不同频率成分的第衰减是不一样的。A,B,C 计权网络的主要差别是在于对低频成分衰减程度，A 衰减最多，B 其次，C 最少。由于人们发现用 A 权声级评价噪声对人体危害与用复杂计算方法所得的评价结果基本一致，所以 A 权声级最为常用。一般 A 权声级以 L_{pA} 或 L_A，表示，其单位用 dB(A) 表示。

　　（三）等效连续 A 声级、噪声污染级和昼夜等效声级

　　1. 等效连续 A 声级

　　A 计权声级能够较好地反映人耳对噪声的强度与频率的主观感觉，因此对一个连续的稳态噪声，它是一种较好的评价方法，但对一个起伏的或不连续的噪声，A 计权声级就显得不合适了。例如，交通噪声随车辆流量和种类而变化；又如，一台机器工作时其声级是稳定的，但由于它是间歇地工作，与另一台声级相同但连续工作的机器对人的影响就不一样。因此提出了一个用噪声能量按时间平均方法来评价噪声对人影响的问题，即等效连续 A 声级，简称等效声级，是指在规定测量时间 T 内 A 声级的能量平均值，用"L_{eq}"或 $L_{Aeq,T}$"表示，单位为 dB(A)。等效声级是一个用以表达随时间变化噪声的等效量，可描述某个时间段的噪声状况，多用于表征声级不稳定的情况下人实际接受的噪声能量大小。等效连续 A 声级的定义为

$$L_{Aeq,T} = 10\lg\left[\frac{1}{T}\int_0^T 10^{0.1L_{PA}dt}\right]$$

式中:L_{PA}— 某时刻的瞬时 A 声级,dB(A);

　　T— 规定的测量时间段,S。

　　如果数据符合正态分布,其累积分布在正态概率纸上为一直线,则可用下面近似公式计算:

$$L_{Aeq,T} \approx L_{50} + d^2/60, d = L_{10} - L_{90}$$

式中:L_{10}、L_{50} 和 L_{90} 为累积百分声级,其定义是:

　　L_{10}—测量时间内有 10％的时间噪声 A 声级超过的值,相当于噪声的平均峰值;

　　L_{50}—测量时间内有 50％的时间噪声 A 声级超过的值,相当于噪声的平均中值;

　　L_{90}—测量时间内有 90％的时间噪声 A 声级超过的值,相当于噪声的平均本底值。

　　如果数据采集是按等时间间隔进行的,则 L_N 也表示有 N％的数据超过的噪声级。如果 T 为噪声测量总时段,Δt 为测量时的读数时间间隔,则将读取的(T/Δt)个数据从大到小排列后,第[(T/Δt)×10％]个数据为 L_{10},第[(T/Δt)×50％]个数据为 L_{50},第[(T/Δt)×90％]个数据为 L_{90}。

　2. 噪声污染级

　　涨落的噪声所引起人的烦恼程度比等能量的噪声更大,并且与噪声的变化率和平均强度有关。为了能实际反映噪声污染的程度,提出了噪声污染级"L_{NP}",用以评价不稳定性噪声。噪声污染级 L_{NP},是以等效声级为基础,加上一项代表噪声涨落变化的幅度量得到,见下式:

$$L_{NP} = Leq + K\sigma$$

式中:K— 常数,对于交通噪声和飞机噪声一般取值 2.56;

　　σ— 测定过程中瞬时声级的标准偏差。

$$\sigma = \sqrt{\frac{1}{n-1}\sum_{i=1}^{n}(L_{PA} - L_{PAi})^2}$$

　　L_{PAi}— 测得的第 i 个声级;

　　L_{PA}— 所测得声级的算术平均值;

　　n— 测得声级的总个数。

　　对于许多社会生活噪声和交通噪声,噪声污染级计算公式可简化为

$$L_{NP} = L_{eq} + d$$

　　或

$$L_{NP} = L_{50} + d^2/60 + d$$

$$d = L_{10} - L_{90}$$

　3. 昼夜等效声级

　　由于同一强度的噪声在夜间比在昼间对人的干扰要大,因而一般的环境噪声标准夜间总比白天严格 10dB。为此,提出了昼夜等效声级指标"L_{dn}",即在夜间测得的等效声级上加 10dB 后再与昼间等效声级作能量平均。昼夜等效声级 L_{dn} 的计算公式为

$$L_{dn} = 10\lg\left[\frac{16 \times 10^{0.1L_d} + 8 \times 10^{0.1(L_n+10)}}{24}\right]$$

式中:L_d— 白天的等效声级,时间从 6：00 ～ 22：00,共 16 个小时;

　　L_n— 夜间的等效声级,时间从 22：00 ～ 次日 6：00,共 8 个小时。

昼间和夜间的时间,可依地区和季节的不同而稍有变更。

任务分析

噪声监测

一、噪声测量仪器

噪声测量仪器主要有:声级计、噪声频谱分析仪、记录仪、录音机和实时分析仪器等。

(一)声级计

声级计又叫噪声计,是一种按照一定的频率计权和时间计权测量声音的声压级和声级的仪器,是声学测量中最常用的基本仪器。它是一种电子仪器,但又不同于电压表等客观电子仪表。在把声信号转换成电信号时,可以模拟人耳对声波反应速度的时间特性;对高低频有不同灵敏度的频率特性以及不同响度时改变频率特性的强度特性。因此,声级计是一种主观性的电子仪器。

声级计可用于环境噪声、机器噪声、车辆噪声以及其他各种噪声的测量,也可用于电声学、建筑声学等测量。

1.声级计工作原理

声级计是一种能模拟人耳对声波反应速度的时间特性,把声信号转换成电信号的主观性噪声测量仪器。声级计主要由传声器、放大器、衰减器、频率计权网络及有效值指示表头等组成。其工作原理是:声信号通过传声器将被换成电信号,再经放大器放大、计权网络处理和有效值检波器检波后进入指示仪表输出相应的声级读数,如图 7.2 所示。

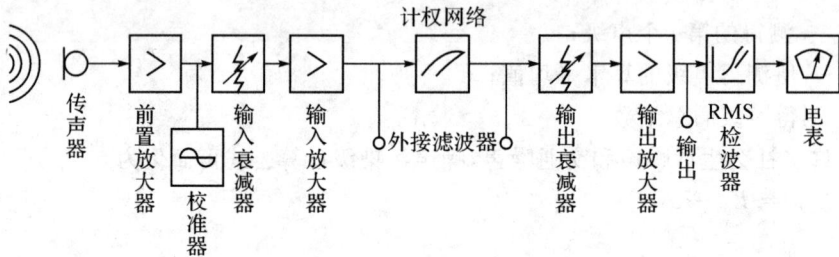

图 7.2　声级计工作原理示意图

2.声级计分类

声级计在标准条件下能响应 1000Hz 纯音声级强度变化的最小量称作声级计精度。声级计的精度分类及用途如表 7-10 所示。此外,声级计按用途不同还可分为普通声级计、精密声级计、脉冲声级计、积分声级计、噪声剂量计等,普通声级计和积分声级计多用于环境噪声测量,脉冲声级计用于脉冲噪声测量,而噪声剂量计用于噪声源操作人员声暴露测量。在实际噪声监测中,应根据待测噪声的性质(稳态还是非稳态、是否存在脉冲成分等)、精度要求和测试环境条件等因素选择合适的声级计。

表 7-10 不同类型声级计的精度及用途

声级计类型	测量精度/dB	主要用途
0 型	±0.4	声学实验用标准声级计
1 型	±0.7	实验及监测用精密声级计
2 型	±1	环境噪声监测通用声级计
3 型	±2	一般环境噪声测量用普通声级计

仪器上有阻尼开关能反映人耳听觉动态特性,快挡"F"用于测量起伏不大的稳定噪声。如噪声起伏超过 4dB 可利用慢挡"S",有的仪器还有读取脉冲噪声的"脉冲"挡。

(二)噪声频谱分析仪

噪声污染对人的影响程度除了与噪声强度有关外,还受噪声频谱构成(不同频段上的声能分布)影响。在精密声级计上配以倍频程滤波器即成为噪声频谱分析仪,便可对噪声进行频谱分析。常用的频谱分析仪多设十个"挡"(中心频率)即:31.5,63,125,250,500,1k,2k,4k,8k 和 16k(Hz)。

(三)噪声级分析仪

如果声级计中配置了信号自动处理、存贮和输出系统,便构成了噪声级分析仪。噪声级分仪可与由计算机连接,实现噪声监测取样时间确定、量程切换、实时测定、数据处理和结果存贮输出等过程的自动化控制,可直接测量并输出 A/C 计权声级、累计百分声级 L_N、等效声级 L_{eq} 和昼夜等效声级 L_{dn} 等指标,若外接倍频程滤波器也可进行噪声频谱分析。

二、噪声监测

(一)城市区域环境噪声监测

城市区域环境噪声普查方法适用于为了解某一类区域或整个城市的总体环境噪声水平、环境噪声污染的时间与空间分布规律而进行的测量。

1.测量方法

(1)网格测量法

将要普查测量的城市某一区域或整个城市划分成多个等大的正方形,网格要完全覆盖住被普查的区域或城市。每一网格中的工厂、道路及非建成区的面积之和不得大于网格面积的 50%,否则视为该网格无效。有效网格总数应多于 100 个。测点布在每一个网格的中心。若网格中心点不宜测量(如为建筑物、厂区内等),应将测点移动到距离中心点最近的可测量位置上进行测量。应分别在昼间和夜间进行测量。在规定的测量时间内,每次每个测点测量 10min 的连续等效 A 声级(L_{Aeq})。将全部网格中心测点测得的 10min 的连续等效 A 声级做算术平均运算,所得到的平均值代表某一区域或全市的噪声水平。将测量到的连续等效 A 声级按 5dB 一档分级(如 60～65dB,65～70dB,70～75dB)。用不同的颜色或阴影线表示每一档等效 A 声级,绘制在覆盖某一区域或城市的网格上,用于表示区域或城市的噪声污染分布情况。

(2)定点测量法

在标准规定的城市建成区中,优化选取一个或多个能代表某一区域或整个城市建设区环境噪声平均水平的测点,进行 24 小时连续监测。测量每小时的 L_{Aeq} 及昼间的 L_d 和夜间的 L_n,可按网格测量法测量。将每一小时测得的连续等效 A 声级按时间排列,得到 24 小时的声级变化图形,用于表示某一区域或城市环境噪声的时间分布规律。

2.测量条件

(1)测量应在无雨、无雪的天气条件下进行,风速为 5.5m/s 以上时停止测量。

(2)测量时传声器加风罩以避免风噪声干扰,同时也可保持传声器清洁。铁路两侧区域环境噪声测量,应避开列车通过的时段。

(3)声级计应离开人体 0.5m,距地面 1.2m 以上处。

(4)测量时间应避开节假日和非正常工作日,分别在昼间工作时间(8:00～12:00 时或 14:00～18:00 时)和夜间(22:00～24:00 时或 22:00～次日 5:00 时)进行。

(二)城市交通噪声监测

测点应选在两路口之间道路边人行道上,离车行道的路沿 20cm 处,此处离路口应大于 50m,这样该测点的噪声可以代表两路口间的该段道路的交通噪声。

一般在昼间正常工作时段测量,每隔 5s 读取各测点噪声的瞬时 A 声级值,连续读数 200 个,同时记录车流量(辆/小时)。

将 200 个数据从小到大排列,第 20 个数为 L_{90},第 100 个数为 L_{50},第 180 个数为 L_{10},并计算 L_{eq},因为交通噪声基本符合正态分布,故可用:

$$L_{eq} \approx L_{50} + \frac{d^2}{60}, d = L_{10} - L_{90}$$

(三)工业企业噪声监测

工业企业噪声监测主要有工业企业生产环境噪声监测和工业企业厂界噪声监测。

1.工业企业生产环境噪声监测

测量工业企业生产环境噪声时,传声器的位置应在操作人员的耳朵位置,但人需离开。

测点选择的原则是:若车间内各处 A 声级波动小于 3dB,则只需在车间内选择 1～3 个测点;若车间内各处声级波动大于 3dB,则应按声级大小,将车间分成若干区域,任意两区域的声级波动应大于或等于 3dB,而每个区域内的声级波动必须小于 3dB,每个区域取 1～3 个测点。这些区域必须包括所有工人为观察或管理生产过程而经常工作、活动的地点和范围。

如为稳态噪声则测量 A 声级,记为 dB(A);如为不稳态噪声,测量等效连续 A 声级或测量不同 A 声级下的暴露时间,计算等效连续 A 声级。测量时使用慢挡,取平均读数。

2.工业企业厂界噪声监测

(1)测量要求

测量仪器、测量气象条件和测量工况等方面的要求同环境噪声监测。

(2)测点位置

一般情况下,测点选在工业企业厂界外 1m,高度 1.2m 以上、距任一反射面距离不小于 1m 的位置。

(3)测量及背景值的修正

测量应在工业企业的正常生产时间内进行,分别在昼间、夜间两个时段测量。夜间有频发、偶发噪声影响时同时测量最大声级。被测声源是稳态噪声的测定 1min 等效声级值;被测声源是非稳态噪声的,测量其有代表性时段的等效声级,必要时测量被测声源整个正常工作时段的等效声级。背景噪声测量环境不受被测声源影响,且其他声环境与测量被测声源时保持一致;测量时段与被测声源测量的时间长度相同。

噪声测量值与背景噪声值的差值,大于 10dB 时,不用修正,小于 3dB 时,测定无效,须降低背景噪声后重测;在 3～10dB 之间时,按表 7-11 进行修正。

表 7-11　测定结果修正值表单位　　　　　　〔单位:dB(A)〕

差值	3	4～5	6～10
修正值	-3	-2	-1

技能训练

实训一　城市区域环境噪声监测(网格测量法)

一、实训目的

1.掌握声级计的使用方法;

2.掌握城市区域环境噪声的监测方法;

3.掌握对噪声监测数据的处理和评价。

二、适用范围

本方法适用于调查城市中某一类区域(如居民文教区、混合区)或整个城市的总体环境噪声水平,以及环境噪声污染的时间与空间分布规律而进行的测量。

三、实训仪器

测量仪器精度为 II 型及其以上的普通声级计、精密声级计或同类型的其他噪声测量系统,其性能符合 GB 3785—83 的要求。测量前后均需使用声级计校准器校准测量仪器,仪器测量前后示数偏差不大于 2dB,否则测量无效。

四、实训内容

1.仪器准备及校准

准备好符合测量要求的声级计,打开电源待读数稳定后,用校准器校准仪器。

使用声级校准器进行校准时,声级计可以置于任意计权开关位置。把声级校准器套入声级计的电容传声器头部,调节声级计的"校准"电位器,使声级计读数刚好是声级校准器产生的声压级,对于 1 英寸(φ24mm)外径的自由场响应电容传声器,校准值为 93.6dB;对于 1/2 英寸(φ12mm)外径的自由场响应电容传声器,校准值为 93.8dB。

使用活塞发声器进行校准时,声级计计权开关置于"线性"或"C"计权位置。把活塞发声器紧密套入声级计的电容传声器头部,打开活塞发声器的电源开关,发出 124dB 声压级声音。调节声级计的"校准"电位器,使其读数刚好是 124dB。

2.测点选择

将普查测量的某一区域或整个城市划分成等距离的网格,如 250m×250m,网格数目一般应多于 100 个。测量点应在每一个网格的中心(可在地图上做网格得到)。若网格中心点的位置不宜测量(如为建筑物、水塘、禁区等),应将测点移动到距离中心点最近的可测量位置上进行测量。

3.测量方法

测量时声级计可以手持也可以固定在三脚架上,传声器离地面高 1.2m,手持声级计时,应该使人体与传声器相距 0.5m 以上。

分别在昼间和夜间进行测量。在规定的测量时间内,每次每个测点测量 10min 的连续等效声级,同时记录噪声主要来源(如社会生活、交通、施工、工厂噪声等)。

五、数据处理与评价

1.监测结果记录(实表 7-1)

实表 7-1　环境噪声监测数据记录表

测量时间	年　月　日		时分至	时　分	
星期			测量人		
天气			仪器		
地点			计权网格		
采样间隔			快慢档		
			取样总数		
测点编号	同一测点不同时间 L_{eq}/dB			$\bar{L}_{eqi}$/dB	噪声主要来源
1	时　分	时　分	时　分		
2	时　分	时　分	时　分		
3	时　分	时　分	时　分		
...	时　分	时　分	时　分		
声级计校准	校准器编号:	监测前校准值:		监测后校准值:	

2.监测结果评价

可采用数据平均法或图示法进行评价。

(1)数据平均法

将全部网格中心测点测得的昼间(或夜间)10min 的等效声级值作算术平均运算,表示被测区域(或整个城市)的昼间(或夜间)的评价值。

$$\bar{L} = \frac{1}{n}\sum_{i=1}^{n} L_{eqi}$$

式中:$\bar{L}$— 表示 $\bar{L}_d$(或 $\bar{L}_n$),dB;

　　$\bar{L}_{eqi}$— 第 i 个网格中心点测得的昼间(或夜间)的等效声级,dB;

　　n— 网格总数。

(2)图示法

城市区域环境噪声可以用测得的等效连续声级绘制噪声污染空间分布图进行评价。每网格中心测点测得的等效声级,按 5dB 一档分级(如 51~55,56~60,61~65……),用不同的颜色或阴影线表示每一档等效声级,绘制在覆盖某一区域的网格上,用于表示区域或城市的噪声污染分布情况。图中的颜色和阴影线规定见实表 7-2。

实表 7-2　各噪声等级颜色和阴影线表示规定

噪声带	颜色	阴影线
35 以下	浅绿色	小点,低密度
36~40	绿色	中点,中密度
41~45	深绿色	大点,大密度
46~50	黄色	垂直线,低密度
51~55	褐色	垂直线,中密度
56~60	橙色	垂直线,高密度
61~65	朱红色	交叉线,低密度
66~70	洋红色	交叉线,中密度
71~75	紫红色	交叉线,高密度
76~80	蓝色	宽条垂直线
81~85	深蓝色	全黑

来源:GB/T 3222—1994。

六、注意事项

1. 网格要完全覆盖住被普查的区域或城市。每一网格中的工厂、道路及非建成区的面积之和不得大于网格面积的 50%,否则视该网格无效。

2. 两个相邻点之间因距离过大或某点靠近强声源,两点等效声级差值超过 5dB 以上,必要时也可在两测点间增加一个测点。其测量值分别与两点原测量值作算术平均值,表示两点修改后的测量值。

3. 测量时间分为昼间和夜间两部分。昼夜还可以分为白天、早和晚三部分。具体时间可依地区和季节不同按当地习惯划定。一般采用短时间的取样方法来测量。白天选在工作时间范围内(如 08:00—12:00 和 14:00—18:00);夜间选在睡眠时间范围内(如23:00—05:00)。

4. 测量应在无雨、无雪的天气条件下进行(要求在有雨、雪的特殊条件下测量,应在报告中给出说明),风速达到 5m/s 以上时,停止测量。

5.每次测量前均应仔细校准声级计。测量前后使用声级校准器校准测量仪器的示数偏差不大于 2dB,否则测量无效。

6.声级计使用的电池电压不足时应更换。更换时,电源开关应置于"关",长时间不用应将电池取出。

实训二　城市交通噪声监测

一、实训目的

1.掌握城市交通噪声的监测方法;

2.熟悉声级计的使用;

3.掌握对非稳态的无规则噪声监测数据的处理方法。

二、仪器

声级计

三、实训内容

1.测量条件

天气条件要求在无雨无雪的时间进行操作,声级计应加风罩,以免风噪声干扰,同时使传声器膜片保持清洁。风力在三级以上必须加风罩,四级以上大风应停止测量。

2.测量地点

测量地点原则上应选择在两个交通道路口之间的交通线上,并设在马路边人行道上,一般离马路边沿 20cm。

3.测量方法

(1)每四人配置一台声级计,分别进行测量、记录和监视。

(2)手持仪器测量,传声器要求距离地面 1.2m。

(3)每隔 30s 测量一组数据,共测量三次。

(4)读数方式采用慢档,每隔 5s 读一个瞬时 A 声级,连续读取 200 个数据(大约 17min)。同时记录车流量。

四、数据处理

1.监测结果记录(实表 7-3)

实表 7-3　交通噪声监测记录表

监测日期：　　　　　　天气状况：　　　　　　风速(m/s)：

方法依据：　　　　　　声级计型号：　　　　　风向：

编号	监测路段名称	监测时间	监测结果,dB(A)						车流量(辆/h)		
			L_{eq}	最大值	L_{90}	L_{50}	L_{10}	最小值	大车	小车	摩托车

测点基本情况：	测点周围环境状况：

2.计算

交通噪声是随时间起伏变化的无规噪声,因此测定结果一般用统计值或等效声级来表示。

(1)有关符号的含义和定义：

L_{10}—表示 10% 的时间超过此声级,相当于噪声的平均峰值;

L_{50}—表示 50% 的时间超过此声级,相当于噪声的平均值;

L_{90}—表示 90% 的时间超过此声级,相当于噪声的本底值;

σ—标准偏差：

$$\sigma = \sqrt{\frac{1}{N-1}\sum_{i=1}^{N}(L_i - \bar{L})^2}$$

式中：L_i— 测得的第 i 个 A 声级瞬时值;

　　$\bar{L}$— 测得声级的算术平均值;

　　N— 测得声级的总个数;

　　L_{eq}— 等效声级,是声级的能量平均值：

$$L_{eq} = 10\lg\left(\frac{1}{T}\int_0^T 10^{\frac{L_i}{10}}\,dt\right)$$

式中：L_i—t 时刻的瞬时声级;

　　T— 规定的测量时间。

在本方法条件下：

$$L_{eq} = 10\lg\left(\frac{1}{200}\sum_{i=1}^{200} 10^{\frac{L_i}{10}}\right)$$

因为交通噪声基本符合正态分布,故可用：

$$L_{eq} \approx L_{50} + \frac{d^2}{60}$$

$$\sigma \approx \frac{1}{2}(L_{16} - L_{84})$$

$$d = L_{10} - L_{90}$$

（2）将每点所测得的200个数据从大到小排列，第20个数据即为 L_{10}，第100个数据即为 L_{50}，第180个数据即为 L_{90}。找出 L_{10}、L_{50}、L_{90}，求出等效声级 L_{eq} 及标准偏差 σ。

（3）将监测点各次的 L_{10}、L_{50}、L_{90} 及 L_{eq} 值列于实表7-4，并求出平均值。

实表 7-4　监测点的 A 声级测量值

	时　　分	时　　分	时　　分	平均值
$L_{10}/[dB(A)]$				
$L_{50}/[dB(A)]$				
$L_{90}/[dB(A)]$				
$L_{eq}/[dB(A)]$				
$\sigma/[dB(A)]$				

六、注意事项

1.声级计的品种很多，实训前应仔细阅读使用说明书。

2.目前大多声级计具有数据自动整理功能，作为练习希望能记录数据后，进行手工计算。

复习思考题

1.什么叫噪声？环境噪声有哪些？

2.噪声有哪些危害？我们可以如何防治？

3.什么叫计权声级？它在噪声测量中有何作用？

4.什么叫等效连续声级？什么叫噪声污染级？

5.试述简单声级计的工作原理、结构和使用方法。

6.测量城市区域噪声时对天气有何要求？

7.如何测量交通噪声？

8.如何测量车间内噪声？

第 8 章

放射性污染监测

知识目标

1. 了解放射性污染的来源与危害；
2. 掌握放射性污染物样品的采集与处理方法；
3. 熟悉放射性监测仪器及监测方法。

能力目标

能够利用放射性监测仪器进行放射性监测。

项目导入

放射性污染概述

在人类生存的环境中，由于自然或人为原因，存在着放射性辐射。尤其在当今世界，原子能工业迅速发展，排放放射性废物量不断增加，核爆炸试验和核事故屡有发生，放射性物质在国防、医学、科研和民用等领域的应用不断扩大，有可能使环境中的放射性水平高于天然本底值，甚至超过标准规定的剂量限值，导致放射性污染，危害人体和生物。因此，对空气（包括居室内空气）、水体、岩石和土壤等环境要素进行经常性的放射性监测，已成为环境保护工作的重要内容。

一、放射性及放射性核衰变

原子是由原子核和围绕原子核按一定能级运行的电子所组成。原子核由质子和中子组成，它们又称为核子。有些原子核是不稳定的，能自发地改变核结构，这种现象称核衰变。在衰变的过程中，总是放射出具有一定动能的带电或不带电粒子，即 α、β、γ 射线，这种现象称为放射性。

天然不稳定原子核自发放出射线的特性称为"天然放射性";通过核反应由人工制造出来的原子核的放射性称为"人工放射性"。

二、环境中放射性的来源

环境中的放射性来源于天然的和人为的放射性核素。

（一）天然放射性污染

1. 宇宙射线及其引生的放射性核素

宇宙射线是一种从宇宙空间辐射到地区表面的射线,它由初级宇宙射线和次级宇宙射线组成。初级宇宙射线是指从外层空间射到地球大气的高能辐射,主要由质子、α 粒子、原子序数为 4～26 的原子核及高能电子组成。初级宇宙射线的能量很高,穿透力很强。初级宇宙射线与地球大气层中的原子核相互作用,产生的次级粒子和电磁辐射称为次级宇宙射线。次级宇宙射线能量比初级宇宙射线低。大气层对宇宙射线有强烈的吸收作用,到达地面的几乎全是次级宇宙射线。

由宇宙射线与大气层、土壤、水中的核素发生反应产生的放射性核素约有 20 余种,其中具有代表性的有 $^{14}N(n,T)^{12}C$ 反应产生的氚,$^{14}N(n,P)^{14}C$ 反应产生的 ^{14}C。天然性的氚有 1/4 是由宇宙射线中的中子与 ^{14}N 作用产生,其余的是大气中原子核被宇宙射线中的高能粒子击碎后形成的。天然存在的 ^{14}C 是宇宙射线中的中子和天然存在的 ^{14}N 作用得到的核反应产物。

2. 天然放射性核素

多数天然放射性核素在地球起源时就存在于地壳之中,经过天长日久的地质年代,母体和子体之间已达到放射性平衡,从而建立了放射性核素的系列。这种系列有三个,即:铀系,其母体是 ^{238}U;锕系,其母体是 ^{235}U;钍系,其母体是 ^{232}Th。这些母体具有极长的半衰期,每一系列中都含有放射性气体 Rn 核素,且末端都是稳定的 Pb 核素。

3. 自然界中单独存在的核素

这类核素约有 20 多种,如存在于人体中的 $^{40}K(T_{1/2}=1.26\times10^9$ 年)。它们的特点是具有极长的半衰期,最长的 ^{209}Bi,$T_{1/2}$ 大于 2×10^{18} 年,而 ^{40}K 是其中最短的。它们的另一个特点是强度极弱,只有采用极灵敏的检测技术才能发现它们。

自然环境中天然存在的放射性称为天然放射性本底,它是判断环境是否受到放射性污染的基准。

（二）人为放射性污染

引起环境放射性污染的主要来源是生产和应用放射性物质的单位所排放的放射性物质,以及核武器爆炸、核事故等产生的放射性物质。

1. 核试验

核试验产生的放射性核素有核裂变产物和中子活化产物。核裂变产物包括 200 多种放射性核素,如 ^{89}Sr、^{90}Sr、^{137}Cs、^{131}I、^{14}C、^{239}Pu 等一些重要放射性核素;中子活化产物是由核爆炸时所产生的中子与大气、土壤、建筑材料发生核反应所形成的产物,如 ^{3}H、^{14}C、^{32}P、^{42}K、^{55}Fe、^{59}Fe、^{56}Mn 等,此外还有剩余未起反应的核素如 ^{235}U、^{239}Po 等。

核爆炸后,裂变产物最初以蒸气状态存在,然后凝结成放射性气溶胶。其粒径大于

0.11mm 的气溶胶在核爆炸后 1d 内即可在当地降落,称为落下灰;粒径小于 $25\mu m$ 的气溶胶粒子可在大气中长期漂浮,称为放射性尘埃。放射性尘埃在大气平流层的滞留时间一般认为在 $0.3\sim3$ 年之间,主要放射性核素是长寿命的 ^{90}Sr、^{137}Cs 和 ^{14}C。

2.核工业

包括原子能反应堆、原子能电站、核动力潜艇等。它们在运行过程中排放含各种核裂变产物的"三废"排放物,特别是发生事故时,将大量放射性物质泄漏到环境中,造成严重污染事故。

3.工农业、医学、科研等部门排放的废物

这些部门使用放射性核素日益广泛,其排放废物也是主要的人为污染源之一。目前,辐射在医学上已经得到广泛应用,医学中所使用的放射性核素已达几十种,如 ^{60}Co 照射治癌、^{131}I 治疗甲状腺功能亢进等;发光钟表工业中应用放射性同位素作为长期的光激发源;科研部门利用放射性同位素进行示踪试验等。

4.放射性矿的开采和利用

在稀土金属和其他共生金属矿开采、提炼过程中,其"三废"排放物中含有铀、钍、氡等放射性核素,将造成所在局部地区的污染。

三、放射性对人体的危害

放射性核素可通过呼吸道吸入、消化道摄入、皮肤或黏膜侵入三种途径进入人体并在体内蓄积。

放射性物质对人类的危害主要是辐射损伤,所谓辐射损伤是由射线引发人体组织发生有害化学反应引起的。辐射引起的电子激发作用和电离作用使机体分子不稳定和破坏,导致蛋白质分子键断裂和畸变,破坏对人类新陈代谢有重要意义的酶。因此,辐射不仅可以扰乱和破坏机体细胞、组织的正常代谢活动,而且可以直接破坏细胞和组织的结构,对人体产生损伤,主要有有以下几种情况:

1.急性损伤

当人体遇到核爆炸、核反应堆等事故时,一次或短期内接受大剂量照射,将引起急性辐射损伤,体内的各组织、器官和系统将会遭受严重的伤害,轻者出现病症,重者造成死亡。

2.远期效应、躯体效应和遗传效应

(1)远期效应　系指急性照射后若干时间或较低剂量照射后数月或数年才发生病变。

(2)躯体效应　指导致受照射者发生白血病、白内障、癌症及寿命缩短等损伤效应。

(3)遗传效应　指在下一代或几代后才显示损伤效应。在第一代表现为流产、遗传性死亡和先天畸形等,在以下几代可能出现变异、变性和不孕等。

四、放射性污染度量单位

1.放射性活度(A)

放射性活度是指单位时间内发生核衰变的数目,可表示为:

$$A=-\frac{dN}{dt}=\lambda N$$

式中:A——为放射性活度,Bq(s^{-1});

N—为某时刻的核素数；

t—为时间，s；

λ—为衰变常数，表示放射性核素在单位时间内的衰变几率，s^{-1}。

2. 半衰期($T_{1/2}$)

当放射性的核素因衰变而减少到原来一半所需的时间称为半衰期($T_{1/2}$)。衰变常数与半衰期有下列关系：

$$T_{1/2} = 0.693/\lambda$$

式中：λ 意义同上。

半衰期是放射性核素的基本特性之一，不同核素半衰期不同，如 ^{90}Sr 的半衰期是 28 年，而 ^{238}U 为 45 亿年。从环境保护的角度来讲，半衰期越短，对环境越有利，而半衰期很长的核素一旦发生核污染，要通过衰变使其消失需时十分长久。

3. 吸收剂量(D)

吸收剂量是表示在电离辐射与物质发生作用时单位质量的物质吸收电离辐射能量大小的物理量。其定义为：

$$D = \frac{d\overline{E}_D}{dm}$$

式中：D—为吸收剂量，其 SI 单位为 J/kg，单位的专门名称为戈瑞，简称戈，用符号 Gy 表示；

$d\overline{E}_D$—电离辐射给予质量为 dm 的物质的平均能量。

4. 剂量当量(H)

剂量当量 H 的定义为：在生物体组织内所考虑的一个体积单元上吸收剂量、品质因素和所有修正因素的乘积，即：

$$H = DQN$$

式中：D—吸收剂量，其 SI 单位为 J/kg，单位的专门名称为希沃特(S_v)，简称希，用符号 G_y 表示；

Q—品质因素，其值取决于导致电离粒子的初始动能、种类及照射类型等（见表 8-1）；

N—为所有其他修正因素的乘积。

表 8-1　品质因数与照射类型、射线种类的关系

照射类型	射线种类	品质因素
外照射	χ、γ、e	1
	热中子及能量小于 0.005MeV 的中能中子	3
	中能中子(0.02MeV)	5
	中能中子(0.1MeV)	8
	快中子(0.5～10MeV)	10
	重反冲核	20
内照射	β^-、β^+、γ、e、χ	1
	α	10
	裂变碎片、α 发射中的反冲核	20

应用剂量当量来描述人体所受各种电离辐射的危害程度,可以表达不同种类的射线在不同能量及不同照射条件下所引起生物效应的差异。

5. 照射量(X)

照射量只适用 X 或 γ 射线辐射,不能用于其他类型的辐射和介质。照射量被定义为:

$$X = \frac{dQ}{dm}$$

式中:X—照射量,C/kg,与它暂时并用的专用单位是伦琴(R),简称伦.$1R = 2.58 \times 10^{-4}$ C/kg;

dQ—γ 或者 X 射线在空气中完全被阻止时,引起质量为 dm 的某一体积元的空气电离所产生的带电粒子(正的或负的)的总电量值 C。

伦琴物理意义:伦琴 γ 或者 X 射线照射 $1cm^3$,标准状况下(0℃和 101.325kPa)的空气,能引起空气电离而产生 1 静电单位正电荷和 1 静电单位负电荷的带电粒子。伦琴单位仅适用于 γ 和 X 射线透过空气介质的情况。

任务分析

任务一 放射性污染样品的采集与处理

一、监测对象及内容

(一)放射性监测对象

1. 现场监测

即对放射性物质生产或应用单位内部工作区域所作的监测;

2. 个人剂量监测

即对放射性专业工作人员或公众作内照射和外照射的剂量监测;

3. 环境监测

即对放射性生产和应用单位外部环境,包括空气、水体、土壤、生物、固体废物等所作的监测。

(二)主要测定的放射性核素

1. α 放射性核素,即 ^{239}Pu、^{226}Ra、^{224}Ra、^{222}Rn、^{210}Po、^{222}Th、^{234}U 和 ^{235}U;

2. β 放射性核素,即 ^3H、^{89}Sr、^{90}Sr、^{134}Cs、^{137}Cs、^{131}I 和 ^{60}Co。

(三)放射性监测的内容

1. 放射源强度、半衰期、射线种类及能量;

2. 环境和人体中放射性物质含量、放射性强度、空间照射量或电离辐射剂量。

二、样品采集方法

(一)放射性沉降物的采集

沉降物包括干沉降物和湿沉降物,主要来源于大气层核爆炸所产生的放射性尘埃,小部分来源于人工放射性微粒。

1. 放射性干沉降物的采集

(1)水盘法

用不锈钢或聚乙烯塑料制圆形水盘采集沉降物,盘内装有适量稀酸,沉降物过少的地区再酌加数毫克硝酸锶或氯化锶载体。将水盘置于采样点暴露 24h,应始终保持盘底有水。采集的样品经浓缩、灰化等处理后,作总 β 放射性测量。

(2)黏纸法

用涂一层黏性油(松香加蓖麻油等)的滤纸贴在圆形盘底部(涂油面向外),放在采样点暴露 24h,然后再将黏纸灰化,进行总 β 放射性测量。也可以用蘸有三氯甲烷等有机溶剂的滤纸擦拭落有沉降物的刚性固体表面(如道路、门窗、地板等),以采集沉降物。

(3)高罐法

用一不锈钢或聚乙烯圆柱形罐暴露于空气中采集沉降物。因罐壁高,故不必放水,可用于长时间收集沉降物。

2. 放射性湿沉降物的采集

湿沉降物系指随雨(雪)降落的沉降物。其采集方法除上述方法外,常用一种能同时对雨水中核素进行浓集的采样器,如图 8.1 所示。这种采样器由一个承接漏斗和一根离子交换柱组成。交换柱上下层分别装有阳离子交换树脂和阴离子交换树脂,欲收集核素被离子交换树脂吸附浓集后,再进行洗脱,收集洗脱液进一步作放射性核素分离。也可以将树脂从柱中取出,经烘干、灰化后制成干样品作总 β 放射性测量。

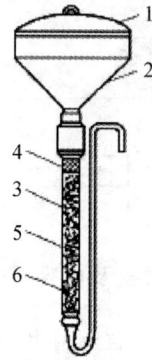

1—漏斗盖;2—漏斗;3—离子交换柱;4—滤纸浆;
5—阳离子交换树脂;6—阴离子交换树脂
图 8.1　离子交换树脂湿沉降物采集器

(二)放射性气溶胶的采集

放射性气溶胶包括核爆炸产生的裂变产物,各种来源于人工放射性物质以及氡、钍射气的衰变子体等天然放射性物质。这种样品的采集常用固体吸附法、溶液吸收法、冷凝法,其原理与大气中污染物的采集相同。

三、样品预处理

对样品进行预处理的目的是将样品处理成适于测量的状态,将样品的欲测核素转变成适于测量的形态并进行浓集,以及去除干扰核素。常用的样品预处理方法有衰变法、共沉淀法、灰化法、电化学法、离子交换法、溶剂萃取法等。

1. 衰变法

衰变法是将样品放置一段时间,使一些短寿命的非待测放射性核素发生衰变,然后再对样品做放射性测量。例如,在测定大气中放射性气溶胶的总 α 和总 β 放射性时常用这种方法,在用过滤法采样后,放置 4~5h 后,以使短寿命的氡、钍子体衰变除去。

2. 共沉淀法

用一般化学沉淀法分离环境样品中放射性核素,因核素含量很低,达不到溶度积,故不能达到分离目的;但如果加入毫克数量级与欲分离放射性核素性质相近的非放射性元素载体,则由于两者之间发生同晶共沉淀或吸附共沉淀作用,载体将放射性核素载带下来,达到分离和富集的目的。例如,用 ^{59}Co 作载体共沉淀 ^{60}Co,则发生同晶共沉淀;用新沉淀出来的水合二氧化锰作载体沉淀水样中的钚,则两者之间发生吸附共沉淀。这种分离富集方法简便,试验条件容易满足。

3. 灰化法

对于固态样品或蒸干的水样,可在瓷坩埚内于 500℃ 马弗炉中灰化,冷却后称重,再转入测量盘中均匀铺样后检测其放射性。

4. 电化学法

该方法是通过电解将放射性核素沉积在阴极上,或以氧化物形式沉积在阳极上。如 Ag^+、Bi^{2+}、Pb^{2+} 等可以金属形式沉积在阴极;Pb^{2+}、Co^{2+} 可以氧化物的形式沉积在阳极。其优点是分离核素的纯度高。

5. 其他预处理方法

如蒸馏法、有机溶剂溶解法、溶剂萃取法、离子交换法等的原理和操作与非放射物质大同小异,在此不再介绍。

环境样品经用上述方法分解和对欲测放射性核素分离、浓缩、纯化后,有的已成为可供放射性测量的样品源,有的尚需用蒸发、悬浮、过滤等方法将其制备成适于测量要求状态(液态、气态、固态)的样品源。

任务二　放射性监测

一、放射性监测实验室

由于放射性监测的对象是放射性物质,为保证操作人员的安全,防止污染环境,对实验室有特殊的设计要求,并需要制订严格的操作规程。

放射性测量实验室分为两个部分:一是放射化学实验室;二是放射性计测实验室。

(一)放射化学实验室

放射性样品的处理一般应在放射化学实验室内进行。为得到准确的监测结果和考虑操作安全问题,该实验室内应符合以下要求:

(1)墙壁、门窗、天花板等要涂刷耐酸油漆,电灯和电线应装在墙壁内;

(2)有良好的通风设施,大多数处理样品操作应在通风橱内进行,通风马达应装在管道外;

(3)地面及各种家具面要用光平材料制作,操作台面上应铺塑料布;

(4)洗涤池最好不要有尖角,放水用足踏式龙头,下水管道尽量少用弯头和接头等。此外,实验室工作人员应养成整洁、小心的优良工作习惯,工作时穿戴防护服、手套、口罩,佩戴个人剂量监测仪等;

(5)操作放射性物质时用夹子、镊子、盘子、铅玻璃瓶等器具,工作完毕后立即清洗所用器具并放在固定地点,还需洗手和淋浴;

(6)实验室必须经常打扫和整理,配置有专用放射性废物桶和废液缸。对放射源要有严格管理制度,实验室工作人员要定期进行体格检查。

上述要求的宽严程度也随实际操作放射性水平的高低而异。对操作具有微量放射性的环境类样品的实验室,上列各项措施中有些可以省略或修改。

（二）放射性计测实验室

放射性计测实验室装备有灵敏度高、选择性和稳定性好的放射性计量仪器和装置。设计实验室时,特别要考虑放射性本底问题。实验室内放射性本底来源于宇宙射线、地面和建筑材料甚至测量用屏蔽材料中所含的微量放射性物质,以及邻近放射化学实验室的放射性沾污等。对于消除或降低本底的影响,常采用两种措施:一是根据其来源采取相应措施,使之降到最低程度;二是通过数据处理,对测量结果进行修正。此外,对实验室供电电压和频率要求十分稳定,各种电子仪器应有良好接地线和进行有效的电磁屏蔽;室内最好保持恒温。

二、放射性监测仪器

放射性测量仪器检测放射性的基本原理基于射线与物质间相互作用所产生的各种效应,包括电离、发光、热效应、化学效应和能产生次级粒子的核反应等。最常用的检测器有三类,即电离型检测器、闪烁检测器和半导体检测器。

（一）电离型检测器

电离型检测器是利用射线通过气体介质时,使气体发生电离的原理制成的探测器。应用气体电离原理的检测器有电流电离室、正比计数管和盖革计数管（GM管）三种。

1. 电流电离室

这种检测器是用来研究由带电粒子所引起的总电离效应,也就是测量辐射强度及其随时间的变化。由于这种检测器对任何电离都有响应,所以不能用于鉴别射线的类型。

电流电离室是测量由于电离作用而产生的电离电流,适用于测量强放射性。

2. 正比计数管

正比计数管普遍用于 α 粒子和 β 粒子计数,其优点是工作性能稳定,本底响应低。由于给出的脉冲幅度正比于初级致电离粒子在管中所消耗的能量,所以还可用于能谱测定,但要求的条件是初级粒子必须将它的全部能量损耗在计数管的气体之中。

这类检测器大多用于低能 γ 射线能谱测量和鉴定放射性核素用的 α 射线能谱测量。

3. 盖革（GM）计数管

盖革（GM）计数管是一个密闭的充气容器,中间的金属丝作为阳极,用金属筒或涂有金属物质的管内壁作阴极。管内充以 1/5 大气压的氢气或氖气等惰性气体和少量有机气体（乙醇、二乙醚）。当射线进入计数管内,引起惰性气体电离形成的电流使原来加有的电压产生瞬时电压降,向电子线路输出,即形成脉冲信号。在一定的电压范围内,放射性越强,单位时间内的脉冲信号越多,从而达到测量的目的。

盖革（GM）计数管是目前应用最广泛的放射性检测器,它普遍地用于监测 β 射线和 γ 射线强度。这种计数管对进入灵敏区域的粒子有效计数率接近 100％,对不同射线都给出大小相同的脉冲,因此,不能用于区别不同的射线。

（二）闪烁检测器

它是利用射线与物质作用发生闪光的仪器。当射线照在闪烁体（ZnS、NaI 等）上时,发射出荧光光子,并且利用光导和反光材料等将大部分光子收集在光电倍增的光阴极上,光子在灵敏阴极上打出光电子,经倍增放大后,在阳极上产生电压脉冲,此脉冲再经电子线路放大和处理后记录下来。由于脉冲信号的大小与放射性的能量成正比,利用此关系可进行定量。

闪烁检测器可用于测量带电粒子 α、β,不带电粒子 γ、中子射线等,同时也可用于测量射线强度及能谱等。

(三)半导体检测器

半导体检测器的工作原理与电离型检测器相似,但其检测元件是固态半导体。当放射性粒子射入后,半导体在辐射作用下产生电子—空穴对,电子和空穴受外加电场的作用,分别向两极运动,并被电极所收集,从而产生脉冲电流,再经放大后,由多道分析器或计数器记录。

由于产生电子—空穴对能量较低,所以半导体检测器以其具有能量分辨率高且线性范围宽等优点,被广泛地应用于放射性探测中。如用于 α 粒子计数及 α、β 能谱测定的硅半导体探测器,用于 γ 能谱测定的锗半导体探测器等。

放射性检测仪器种类多,需根据监测目的、试样形态、射线类型、强度及能量等因素进行选择。表 8-2 列举了不同类型的常用放射性检测器。

表 8-2　各种常用放射性检测器

射线种类	检测器	特　点
α	闪烁检测器	检测灵敏度低,探测面积大
	正比计数管	检测效率高,技术要求高
	半导体检测器	本底小,灵敏度高,探测面积小
	电流电离室	测较大放射性活度
β	正比计数管	检测效率较高,装置体积较大
	盖革计数管	检测效率较高,装置体积较大
	闪烁检测器	检测效率较低,本底小
	半导体检测器	探测面积小,装置体积小
γ	闪烁检测器	检测效率高,能量分辨能力强
	半导体检测器	能量分辨能力强,装置体积小

三、放射性监测方法

(一)水样的总 α,总 β 放射性活度的测定

1. 水样的总 α 放射性活度的测定

取一定体积水样,过滤除去固体物质,滤液加硫酸酸化,蒸发至干,在不超过 350℃ 温度下灰化。将灰化后的样品移入测量盘中并铺成均匀薄层,用闪烁检测器测量。在测量样品之前,先测量空测量盘的本底值和已知活度的标准样品。测定标准样品(标准源)的目的是确定探测器的计数效率,以计算样品源的相对放射性活度,即比放射性活度。标准源最好是欲测核素,并且二者强度相差不大。如果没有相同核素的标准源,可选用放射同一种粒子而能量相近的其他核素。测量总 α 放射性活度的标准源常选择硝酸铀酰。水样的总 α 比放射

性活度（Q_a）用下式计算：

$$Q_a = \frac{n_c - n_b}{n_s \cdot V}$$

式中：Q_a——比放射性活度，Bq（铀）/L；

　　　n_c——用闪烁检测器测量水样得到的计数率，计数/min；

　　　n_b——空测量盘的本底计数率，计数/min；

　　　n_s——根据标准源的活度计数率计算出的检测器的计数率，计数（Bq · min）；

　　　V——所取水样体积，L。

2.水样的总 β 放射性活度测量

水样总 β 放射性活度测量步骤基本上与总 α 放射性活度测量相同，但检测器用低本底的盖革计数管，且以含 ^{40}K 的化合物作标准源。^{40}K 标准源可用天然钾的化合物（如氯化钾或碳酸钾）制备。

（二）土壤中总 α，总 β 放射性活度的测量

在采样点选定的范围内，沿直线每隔一定距离采集一份土壤样品，共采集 4～5 份。采样时用取土器或小刀取 $10 \times 10 cm^2$、深 1cm 的表土，除去土壤中的石块、草类等杂物，在实验室内晾干或烘干，移至干净的平板上压碎，铺成 1～2cm 厚方块，用四分法反复缩分，直到剩余 200～300g 土样，再于 500℃ 灼烧，待冷却后研细、过筛备用。称取适量制备好的土样放于测量盘中，铺成均匀的样品层，用相应的探测器分别测量 α 和 β 比放射性活度（测 β 放射性的样品层应厚于测 α 放射性的样品层）。α 比放射性活度（$Q_α$）和 β 比放射性活度（$Q_β$）分别用以下两式计算：

$$Q_α = \frac{(n_c - n_b) \times 10^6}{60 \cdot \varepsilon \cdot S \cdot l \cdot F}$$

$$Q_β = 1.48 \times 10^4 \frac{n_β}{n_{KCl}}$$

式中：$Q_α$——α 比放射性活度，Bq/kg（干土）；

　　　$Q_β$——β 比放射性活度，Bq/kg（干土）；

　　　n_c——样品 α 放射性总计数率，计数（min）；

　　　n_b——本底计数率，计数（min）；

　　　ε——检测器计数效率，计数（Bq/min）；

　　　S——样品面积，cm^2；

　　　l——样品厚度，mg/cm^2；

　　　F——自吸收校正因子，对较厚的样品一般取 0.5；

　　　$n_β$——样品 β 放射性总计数率，计数（min）；

　　　n_{KCl}——氯化钾标准源的计数率，计数（min）；

　　　1.48×10^4——1kg 氯化钾所含 ^{40}K 的 β 放射性的贝可数。

复习思考题

1.造成环境放射性污染的原因有哪些？

2.放射性污染对人体产生哪些危害作用？

3. 放射性污染监测的对象与主要内容是哪些?

4. 放射性干沉降物的采集方法有哪些?

5. 放射性污染物样品的预处理方法有哪些?

第 9 章

自动监测与应急监测

知识目标

1. 了解空气和水质自动监测系统的构成；
2. 熟悉空气和水质自动监测技术；
3. 了解突发性环境污染事故的概念、类型及特征；
4. 掌握突发性环境污染事故的监测的原则与方法。

能力目标

1. 能够利用空气和水质自动监测系统对主要项目进行测定；
2. 能够对突发性环境污染事故进行监测。

项目导入

环境中污染物质的分布和浓度是随时间、空间、气象条件及污染源排放情况等因素的变化而不断改变的，定点、定时人工采样的测定结果难以确切反映污染物的动态变化和预测发展趋势。为及时获取污染物质的变化信息，正确评价污染现状，研究污染物扩散、迁移和转化规律，必须采用连续自动监测技术。

另外，当发生突发性环境污染事故时，需要在尽可能短的时间内判断和测定污染物的种类、污染物的浓度、污染范围、扩散速度及危害程度，常常需要小型便携、快速检测仪器或装置进行应急监测。

自动监测技术依靠科学技术的发展，特别是传感、电子、计算机技术的发展。

任务分析

任务一　空气自动监测系统

一、空气自动监测系统的组成

空气污染连续自动监测系统由一个中心站,若干个子站和信息传输系统组成,如图 9.1 所示。

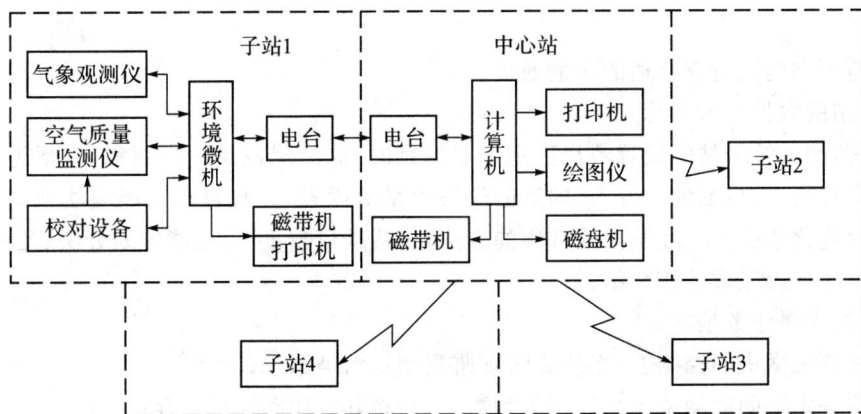

图 9.1　系统组成方框图

(一)中心站

配备有功能齐全、贮存容量大的计算机、收发传输信息的无线电台和打印、绘图、显示等辅助设备。

中心站的主要任务是:

(1)向各子站发送各种工作指令,管理子站的工作;

(2)定时收集各子站的监测数据,并进行数据处理和统计检验;

(3)打印各种报表,绘制污染分布图;

(4)将各种监测数据贮存到磁盘或光盘上,建立数据库,以便随时检索或调用;

(5)当发现污染指数超标时,向有关污染源行政管理部门发出警报,以便采取相应的对策。

为保证连续自动监测系统的正常运转,获得准确可靠的监测数据,中心站还设有质量保证机构,负责控制、监督、改进和保证整个系统的运行质量。

(二)子站

子站分为两类:一类是为评价地区整体污染状况设置的,装备有污染物质自动监测仪、气象参数测量仪和环境微机等;另一类是为掌握污染源排放污染物浓度及总量变化情况而设置的,装备有烟气污染组分监测仪、气象参数测量仪和环境微机等。

1.子站位置的选择

(1)应具有代表性,即反映一定地区范围内空气污染物的浓度及其波动范围,监测点周围50米范围内不应有污染源；

(2)点式监测仪器采样口周围，监测光束附近或开放光程监测仪器发射光源到监测光束接收端之间不能有阻碍环境空气流通的高大建筑物、树木或其他障碍物；

(3)从采样口或监测光束到附近最高障碍物之间的水平距离，应为该障碍物与采样口或监测光束高度差的两倍以上；

(4)采样口周围水平面应保证270°以上的捕集空间，如果采样口一边靠近建筑物，采样口周围水平面应有180°以上的自由空间；

(5)监测点周围环境状况相对稳定，安全和防火措施有保障；

(6)监测点附近无强大的电磁干扰，周围有稳定可靠的电力供应，通信线路容易安装和检修；

(7)监测点周围应有合适的车辆通道。

2.子站的数目

自动监测系统子站的设置数目决定于监测目的、监测网覆盖区域面积、地形地貌、气象条件、污染程度、人口数量及分布、国家的经济力量等因素，其数目可用经验法或统计法、模式法、综合优化法确定。经验法是常用的方法，包括人口数量法、功能区划分法、几何图形法等，这些方法在第三章已作介绍。

3.子站主要任务是：

(1)在环境微机的控制下，连续或间歇监测预定污染因子；

(2)按一定时间间隔采集和处理监测数据，并将其打印和短期贮存；

(3)通过信息传输系统接收中心站的工作指令，并按中心站的要求向其传送监测数据。

(三)信息传输系统

自动监测系统各子站测出数据可以通过电话、微波通信、卫星通信、无线电发射、计算机网络、超短波通信及最新的手机短信等多种方式遥传到监测中心站。

二、监测项目

监测空气污染的子站监测项目分为两类：一类是温度、湿度、大气压、风速、风向及日照量等气象参数；另一类是二氧化硫、氮氧化物、一氧化碳、可吸入颗粒物、臭氧、总碳氢化合物、甲烷烃、非甲烷烃等污染参数。

我国《环境监测技术规范》规定，大气自动监测系统的监测站分为Ⅰ类测点和Ⅱ类测点。Ⅰ类测点数据按要求进国家环境数据库，Ⅱ类测点数据由各省、市管理。Ⅰ类测点测定温度、湿度、大气压、风向、风速五项气象参数，以及 SO_2、CO、NO_x、O_3、PM_{10}、TSP、总碳氢化合物。Ⅱ类测点的测定项目可根据具体情况确定。

三、子站内的仪器装备

子站内装备有自动采样和预处理系统、污染物自动监测仪器及其校准设备、气象参数测量仪器、环境微机及其外围设备、信息收发及传输系统等。

(一)采样系统

1.集中采样

是在每子站设一总采气管，由引风机将空气样品吸入，各仪器的采样管均从这一采样管中分别采样,但总悬浮颗粒物或可吸入颗粒物应单独采样。

2.单独采样

是指各监测仪器分别用采样泵采集空气样品。

实际工作中,多将这两种方式结合使用。

(二)校准系统

包括校正污染监测仪器零点、量程的零气源和标准气气源(如标准气发生器、标准气钢瓶)、校准流量计等。在环境微机和控制器的控制下,每隔一定时间(如 8h 或 24h)依次将零点气和标准气输入各监测仪器进行校准。校准完毕,环境微机给出零值和跨度值报告。

(三)污染物自动监测仪器

1.二氧化硫监测仪

用于连续或间歇自动测定空气中二氧化硫的监测仪器主要是紫外脉冲荧光监测仪,其他还有电导式监测仪、库仑滴定式监测仪及比色式监测仪。

2.氮氧化物监测仪

用于连续或间断自动测定空气中氮氧化物的仪器主要是化学发光法 NO_x 自动监测仪,其他还有原电池库仑滴定法 NO_x 监测仪和比色法 NO_x 监测仪。

3.一氧化碳监测仪

连续测定空气中 CO 的自动监测仪以非色散红外吸收法 CO 监测仪和非色散相关红外吸收法 CO 监测仪应用最广泛。

4.臭氧监测仪

连续或间歇自动测定空气中 O_3 的仪器以紫外光度法 O_3 监测仪应用最广,其次是化学发光法 O_3 监测仪。

5.总烃监测仪

测定空气中总烃的仪器是气相色谱仪。

6.可吸入颗粒物连续检测仪器

主要有光学法、压电晶体差频法、β 射线吸收法等。

(四)气象参数观测仪器

作为大气自动监测系统的每个子站还安装有测定气象参数如风向、风速、温度、湿度等气象仪器。

四、空气污染监测车

空气污染监测车是装备有采样系统、污染物自动监测仪器、气象参数观测仪器、数据处理装置及其他辅助设备的汽车。它是一种流动监测站,也是地面空气污染自动监测系统的补充,可以随时开到发生污染事故的现场或可疑点采样测定,以便及时掌握污染情况,采取有效措施。

任务二　水质自动监测系统

一、水质自动监测系统的组成

水质自动监测是指采用水质自动监测系统对地表水环境质量进行连续、自动地样品采集、处理、分析及数据远程传输的整个过程。地表水质自动监测系统由水质自动监测中心站和水质自动监测站组成。

1.水质自动监测中心站

负责水质自动监测站的远程监控、数据采集和传输、数据统计与应用。

2.水质自动监测站

由采水单元、配水单元、控制单元、检测单元、数据采集和传输单元及站房单元组成。

(1)采水单元

其功能是在任何情况下确保将采样点的水样引至站房仪器间内,并满足配水单元和分析仪器的需要。采水单元一般包括采水构筑物、采水泵、采水管道、清洗配套装置和保温配套装置。

(2)配水单元

是将采水单元采集到的样品根据所有分析仪器和设备的用水水质、水压和水量的要求分配到各个分析单元和相应设备,并采取必要的清洗、保障措施以确保系统长周期运转。配水单元一般分为流量和压力调节、预处理及系统清洗三个部分。

(3)检测单元

检测系统是水质自动监测站的核心部分,由满足各检测项目要求的自动检测仪器及辅助设备组成。辅助设备包括:过滤器、自动进样装置、自动清洗装置、冷却水循环装置、清洁水制备装置等。根据仪器运行的要求,选配或加装所需的辅助设备。仪器类型的选择原则为仪器测定范围满足水质分析要求,测定结果与标准方法一致;仪器结构合理,性能稳定;运行成本合理,维护量少,维护成本低;二次污染少。

(4)数据采集和控制单元

水质自动监测子站的数据采集和控制单元具有系统控制、数据采集与存储以及远程通信功能。

(5)现场监控和数据传输单元

推荐采用低功耗、高稳定性的嵌入式软硬件设计,该单元主要实现现场运行状态的监控,现场运行参数的设置,历史数据和系统运行日志的存储,与上位机的通信等功能。

二、水质自动监测仪器

(一)水温监测仪

(二)电导率监测仪

(三)pH 监测仪

(四)溶解氧监测仪

(五)浊度监测仪

(六)高锰酸盐指数监测仪

(七)COD 监测仪

(八)微生物传感器 BOD 监测仪

(九)TOC 监测仪

(十)UV(紫外)吸收监测仪

(十一)其他污染物监测仪器

测定水中污染物的自动监测仪器还有总氮、总磷、氨氮、氟化物、氰化物、六价铬、总需氧量（TOD）等监测仪。

三、水质污染监测船

水质污染监测船是一种水上流动的水质分析实验室，它用船作运载工具，装上必要的监测仪器、相关设备和实验材料，可以灵活地开到需要监测的水域进行监测工作，以弥补固定监测站的不足；可以方便地追踪寻找污染源，进行污染物扩散、迁移规律的研究；可以在大水域范围内进行物理、化学、生物、底质和水文等参数的综合观测，取得多方面的数据。

任务三 突发性环境污染事故的应急监测

一、突发性环境污染事故

突发性环境污染事故是指非正常的、不可抗拒的，在时间、地点、场合、排污方式、排污途径、排污种类、数量、浓度等均难以预料的情况下发生的环境污染事故。如：有毒有害化学品泄漏或非正常排放所引发的污染事故、毒气污染事故、爆炸事故、农药污染事故、放射性污染事故、油污染事故、废水非正常排放污染事故等。

由于突发性污染发生突然、污染物扩散迅速，所以环境监测、处理处置非常困难；另外往往在很短的时间内可能造成人员伤亡、经济损失、造成社会不安定和恐慌、以及局部地区生态被严重破坏等，所以是环境监测研究中的重点和难点。

二、应急监测目的与任务

突发性污染事故的应急监测是一种特定目的的监测，它要求监测人员在第一时间到达事故现场，用小型便携、快速检测仪器或装置，在尽可能短的时间内判断和测定污染物的种类、污染物的浓度、污染范围、扩散速度及危害程度，为领导决策提供科学依据。

应急监测是事故应急处置、善后处理的技术支持，为正确决策赢得宝贵时间、有效控制污染范围、缩短事故持续时间、减小事故损失起着重要作用。

三、应急监测方法

1.试纸法

使被测空气通过用试剂浸泡过的滤纸，有害物质与试剂在纸上发生化学反应，产生颜色变化；或者先将被测空气通过未浸泡试剂的滤纸，使有害物质吸附或阻留在滤纸上，然后向纸上滴加试剂，产生颜色变化；根据产生的颜色深度与标准比色板比较，进行定量。前者多适合于能与试剂迅速起反应的气体或蒸气态有害物质；后者适用于气溶胶的测定，允许有一定的反应时间。试纸比色法的特点是操作简便、快速，测定范围广，适合于工矿、农村、山区的广大群众使用；但它的测定误差较大，是一种半定量的方法。使用方法与通常使用的 pH 试纸一样。如用于氯气应急监测的联苯指示纸法。

2.水质速测管法－显色反应型

将有关试剂做成细粒或粉状装入检测管内。使用时将检测管刺一小孔，排出管内空气后插入水样并吸入约半管水样,待反应数分钟后,将其与标准比色卡对比找出颜色最接近的色阶,读出浓度值。如用于六价铬应急监测的速测管法:先将装有测 Cr(Ⅵ)试剂的检测管刺一小孔,排出空气后插入水样并吸入约半管水样,待反应 1 至 2 分钟后,将其与标准比色卡对比找出颜色最接近的色阶,读出浓度值即可。

3.气体速测管法－填充管型

有毒气体检测管是一种内部充填化学试剂显色指示粉的小玻璃管,一般选用内径为 2～6mm、长度为 120～180mm 的无碱细玻璃管。指示粉为吸附有化学试剂的多孔固体细颗粒,每种化学试剂通常只对一种化合物或一组化合物有特效。当被测空气通过检测管时,空气中含有欲测的有毒气体便和管内的指示粉迅速发生化学反应,并显示出颜色。管壁上标有刻度(通常是 mg/m³),根据变色环(柱)部位所示的刻度位置就可以定量或半定量地读出污染物的浓度值。如用于苯应急监测的苯蒸汽快速检测管:用注射器采进气样,再用胶管将注射器与检测管连接,按规定速度将气样注入检测管中,注完即可得出可靠数据。

4.便携式分析仪器测定法

利用有害物质的热学、光学、电化学、气相色谱学等特点设计的能在现场测定某种或某类有害物质的仪器。如一氧化碳红外线检测仪;磷化氢、氯气、一氧化碳、砷化氢定电位电解式检测仪;硫化氢、一氧化碳库仑检测仪;氨气、硫化氢敏电极检测仪;氰化氢胶比电解式检测仪;一氧化碳固体热传导式检测仪;苯系物等便携式气相色谱仪等。如用于硫化氢应急监测的硫化氢库仑检测仪:将被测气体导入滴定池,池内装有溴化钾的酸性溶液,池内即发生电解,电解电流与被测物质的瞬时浓度呈线性关系,由此得出被测物质的浓度值,并由微安表指示读数。

复习思考题

1.何谓环境质量自动监测系统?连续自动监测环境中的污染物质较定时采集瞬时试样监测有何优点?

2.简要说明空气自动监测系统的组成部分及各部分的功能。

3.水质自动监测站由哪几部分组成?

4.何谓突发性环境污染事故?有哪些类型?

5.应急监测的目的与任务是什么?

6.应急监测方法有哪些?

第 10 章

环境监测质量保证

知识目标

1. 了解环境监测质量控制的意义及内容；
2. 了解环境监测质量控制的相关名词；
3. 了解实验室的管理和岗位责任制；
4. 掌握实验室内和实验室间的质量控制方法。

能力目标

能独立进行分析结果的统计处理和检验。

项目导入

环境监测质量保证概述

环境监测对象成分复杂,时间、空间量级上分布广泛,且随机多变,不易准确测量。特别是在区域性、国际间大规模的环境调查中,常需要在同一时间内,由许多实验室同时参加、同步测定。这就要求各个实验室从采样到结果所提供的数据有规定的准确性和可比性,以便作出正确的结论。如果没有一个科学的环境监测质量保证程序,由于人员的技术水平、仪器设备、地域等差异,难免出现调查资料互相矛盾、数据不能利用的现象,造成大量人力、物力和财力的浪费。

一、环境监测质量保证的意义

环境监测质量保证是环境监测中十分重要的技术工作和管理工作。质量保证和质量控制,是一种保证监测数据准确可靠的方法,也是科学管理实验室和监测系统的有效措施,它可以保证数据质量,使环境监测建立在可靠的基础之上。

二、环境监测质量保证的体系与内容

环境监测质量保证是整个监测过程的全面质量管理,包括制订计划;根据需要和可能确定监测指标及数据的质量要求;规定相应的分析监测系统。其内容包括采样、样品预处理、贮存、运输、实验室供应,仪器设备、器皿的选择和校准,试剂、溶剂和基准物质的选用,统一测量方法,质量控制程序,数据的记录和整理,各类人员的要求和技术培训,实验室的清洁度和安全,以及编写有关的文件、指南和手册等。具体可以见表 10-1。

表 10-1　环境监测质量控制要点

监测系统过程	质控要点	
布点系统	1. 监测目标系统的控制 2. 监测点位点数的优化控制	控制空间代表性及可比性
采样系统	1. 采样次数和采样频率优化 2. 采集工具方法的统一规范化	控制时间代表性及可比性
运贮系统	1. 样品的运输过程控制 2. 样品固定保存控制	控制可靠性和代表性
分析测试系统	1. 分析方法准确度、精密度、检测范围控制 2. 分析人员素质及实验室间质量的控制	控制标准性、可比性、完整性
数据处理系统	1. 数据整理、处理及精度检验控制 2. 数据分布、分类管理制度的控制	控制可靠性、可比性、完整性、科学性
综合评价系统	1. 信息量的控制 2. 成果表达控制 3. 结论完整性、透彻性及对策控制	控制真实性、完整性、科学性、适用性

三、环境监测分析质量控制

环境监测分析质量控制是环境监测质量保证的一个部分,它包括实验室内部质量控制和外部质量控制两个部分。实验室内部质量控制,是实验室自我控制质量的常规程序,它能反映分析质量稳定性如何,以便及时发现分析中异常情况,随时采取相应的校正措施,其内容包括空白试验、校准曲线核查、仪器设备的定期标定、平行样分析、加标样分析、密码样品分析和编制质量控制图等;外部质量控制通常是由常规监测以外的中心监测站或其他有经验人员来执行,以便对数据质量进行独立评价,各实验室可以从中发现所存在的系统误差等问题,以便及时校正、提高监测质量,常用的方法有分析标准样品以进行实验室之间的评价和分析测量系统的现场评价等。

任务分析

任务一　数据处理的质量保证

一、误差和偏差

1.误差

误差是测定值与真实值之间的差值。误差又分为绝对误差和相对误差。绝对误差是测量值(x，单一测量值或多次测量的均值）与真值(x_t)之差，有正负之分，相对误差指绝对误差与真值之比，常用百分数表示，即

$$绝对误差 = x - x_t$$

$$相对误差 = \frac{x - x_t}{x_t} \times 100\%$$

2.偏差

个别测量值(x_i)与多次测量均值($\bar{x}$)的偏离叫做偏差。偏差分为绝对偏差、相对偏差、平均偏差和标准偏差等。

绝对偏差是测量值与均值之差，即

$$d_i = x_i - \bar{x}$$

相对偏差是绝对偏差与均值之比（常以百分数表示），即

$$相对偏差 = \frac{d_i}{x} \times 100\%$$

平均偏差是绝对偏差绝对值之和的平均值，即

$$\bar{d} = \frac{1}{n}\sum_{i=1}^{n} |d_i| = \frac{1}{n}(|d_1| + |d_2| + \cdots + |d_n|)$$

相对平均偏差是平均偏差与均值之比（常以百分数表示），即

$$相对平均偏差 = \frac{\bar{d}}{x} \times 100\%$$

二、有效数字及运算规则

（一）数据修约规则

在处理数据时，涉及的各测量值的有效数字可能不同，但各数据的误差都会传递到最终的分析结果中。为了保证结果的准确度，就要使每一个测量数据只有最后一位是可疑数字。即必须确定各测量值的有效数字位数，确定了有效数字位数后，要将多余的数字舍弃，即为数据的修约。

各种测量、计算的数据需要修约时，应遵守下列规则：四舍六入五待定，五后非零则进一，五后皆零视奇偶，五前为偶应舍去，五前为奇则进一，一次修约。

例如，将下列数据修约到只保留一位小数：15.3426,15.3631,15.2501,15.2500,15.0500,15.1500。按照上述修约规则进行修约：

①修约前　　　　修约后

　　15.3426　　　　15.3

因保留一位小数,而小数点后第二位数小于或等于 4 者应予舍弃。

②修约前　　　　修约后

　　15.3631　　　　15.4

小数点后第二位数字大于或等于 6,应予进一。

③修约前　　　　修约后

　　15.2501　　　　15.3

小数点后第二位数字为 5,但 5 的右面并非全部为零,则进一。

④修约前　　　　修约后

　　15.2500　　　　15.2

　　15.0500　　　　15.0

　　15.1500　　　　15.2

小数点后第二位数字为 5,其右面皆为零,则视左面一位数字,若为偶数(包括零)则不进,若为奇数则进一。若拟舍弃的数字为两位以上数字,应按规则一次修约。不得连续多次修约。

例如,将 15.4546 修约成整数。

正确的做法:

　　修约前　　　　修约后

　　15.4546　　　　15

(二)可疑数据的取舍

在一定条件下,进行重复测定得到的一系列数据具有一定的分散性,这种分散性反映了随机误差的大小。也就是说这些数据可以认为是来自同一总体的。

与正常数据不是来自同一分布总体,明显歪曲试验结果的测量数据,称为离群数据。可能会歪曲试验结果,但尚未经检验断定其是离群数据的测量数据,称为可疑数据。

在数据处理时,必须剔除离群数据以使测定结果更符合客观实际。正确数据总有一定分散性,如果人为地删去一些误差较大但并非离群的测量数据,由此得到精密度很高的测量结果并不符合客观实际。因此对可疑数据的取舍必须遵循一定的原则。

测量中发现明显的系统误差和过失误差,由此而产生的数据应随时剔除。而可疑数据的舍取应采用统计方法判别,即离群数据的统计检验。

检验的方法很多,下面介绍一种最常用的 Dixon 检验法。

Dixon 检验法按不同的测定次数分成不同的范围,采用不同的统计量,因此比较严密。此法适用于一组测量值的一致性检验和剔除离群值。其步骤如下:

(1)将一组测量数据按从小到大的顺序排列为 $x_1,x_2\cdots x_n$,x_1 和 x_n 分别为最小可疑值和最大可疑值。

(2)按表 10-2 计算公式求统计量 Q 值。

表 10-2　迪克逊检验统计量 Q 计算公式

n 值范围	可疑数据为最小值 x_1	可疑数据为最大值 x_n	n 值范围	可疑数据为最小值 x_1	可疑数据为最大值 x_n
3～7	$Q=\dfrac{x_2-x_1}{x_n-x_1}$	$Q=\dfrac{x_n-x_{n-1}}{x_n-x_1}$	11～13	$Q=\dfrac{x_3-x_1}{x_{n-1}-x_1}$	$Q=\dfrac{x_n-x_{n-2}}{x_n-x_2}$
8～10	$Q=\dfrac{x_2-x_1}{x_{n-1}-x_1}$	$Q=\dfrac{x_n-x_{n-1}}{x_n-x_2}$	14～25	$Q=\dfrac{x_3-x_1}{x_{n-2}-x_1}$	$Q=\dfrac{x_n-x_{n-2}}{x_n-x_3}$

根据测量样本容量 n 和给定的显著性水平 α，在表 10-3 中查得临界值 Q_n。

表 10-3　狄克逊检验临界值（Q_n）

n	显著性水平 α		n	显著性水平 α	
	0.05	0.01		0.05	0.01
3	0.941	0.998	15	0.525	0.641
4	0.765	0.889	16	0.507	0.595
5	0.642	0.780	17	0.490	0.577
6	0.560	0.698	18	0.475	0.561
7	0.507	0.637	19	0.462	0.547
8	0.554	0.683	20	0.450	0.535
9	0.512	0.635	21	0.440	0.524
10	0.477	0.597	22	0.430	0.514
11	0.576	0.679	23	0.421	0.505
12	0.546	0.642	24	0.413	0.497
13	0.521	0.615	25	0.406	0.489
14	0.546	0.641	—	—	—

（3）比较 Q 与 Q_n：

若 $Q>Q_{0.01}$ 则可疑值为离群值，应剔除；

若 $Q\leqslant Q_{0.05}$ 则可疑值为正常值，应保留；

若 $Q_{0.05}<Q\leqslant Q_{0.01}$，则可疑值为偏离值。

例：一组测量数据从小到大顺序排列为：14.65、14.90、14.90、14.92、14.95、14.96、15.00、15.010、15.01、15.02。检验 14.65 和 15.02 是否为离群值？

解：因 $n=10$，检验 x_1 统计量公式取

$$Q=\frac{x_2-x_1}{x_{n-1}-x_1}=\frac{14.90-14.65}{15.01-14.65}=0.694$$

查表 10-3，当 $n=10$，给定显著性水平 $\alpha=0.01$ 时 $Q_{0.01}=0.597$

$Q>Q_{0.01}$ 故最小值 14.65 为离群值，应舍弃。

因 $n=10$，检验 x_n 统计量公式取

$$Q=\frac{x_n-x_{n-1}}{x_n-x_2}=\frac{15.02-15.01}{15.02-14.90}=0.083$$

查表 10-2，当 $n=10$，给定显著性水平 $\alpha=0.05$ 时 $Q_{0.05}=0.477$

$Q < Q_{0.05}$ 故最大值 15.02 为正常值,应保留。

三、直线相关和回归

变量之间关系有两种主要类型:

1. 确定性关系

例如欧姆定律 $V = IR$,已知三个变量中任意两个就能按公式求第三个量。

2. 相关关系

有些变量之间既有关系又无确定性关系,称为相关关系,它们之间的关系式叫回归方程式,最简单的直线回归方程为:

$$y = ax + b$$

式中 a、b 为常数。

上述回归方程可根据最小二乘法来建立。即首先测定一系列 x_1、x_2、x_n 和相对应的 y_1、y_2、y_n,然后按下式求常数 a 和 b。

$$a = \frac{n \sum xy - \sum x \sum y}{n \sum x^2 - (\sum x)^2}$$

$$b = \frac{\sum x^2 \sum y - \sum x \sum xy}{n \sum x^2 - (\sum x)^2}$$

例:用比色法测酚得到下表所列数据,试对吸光度(A)和浓度(c)回归直线方程。

酚浓度(mg/L)	0.005	0	0.20	0.030	0.040	0.050
吸光度(A)	0.020	0.046	0.100	0.120	0.140	0.180

解:设酚浓度为 x,吸光度为 y

$\Sigma x = 0.155$　$\Sigma y = 0.606$　$n = 6$

$\Sigma x^2 = 0.00552$　$\Sigma xy = 0.0208$

$a = 3.4$　$b = 0.013$

方程为:

$$y = 3.4x + 0.013$$

3. 相关系数

相关系数是表示两个变量之间关系的性质和密切程度的指标,符号为 γ,其值在 -1 ~ $+1$ 之间。公式为:

$$\gamma = \frac{\sum (x - \bar{x})(y - \bar{y})}{\sqrt{\sum (x - \bar{x})^2 \sum (y - \bar{y})^2}}$$

x 与 y 的相关关系有如下几种情况:

(1)若 x 增大,y 也相应增大,称 x 与 y 呈正相关。此时 $0 < \gamma < 1$,若 $\gamma = 1$,称完全正相关。

(2)若 x 增大,y 相应减小,称 x 与 y 呈负相关。此时,$-1 < \gamma < 0$,当 $\gamma = -1$ 时,称完全负相关。

（3）若 y 与 x 的变化无关，称 x 与 y 不相关。此时 $\gamma = 0$。

$|\gamma|$ 越接近 1，两个变量的线性关系越好；反之，相关系数越接近 0，线性关系越不好。对于环境监测工作中的标准曲线，应力求相关系数 $|\gamma| > 0.999$，否则，应找出原因，加以纠正，并重新进行测定与绘制。

任务二　监测实验室的质量保证

实验室是获得监测结果的关键部门，要使监测质量达到规定水平，必须要有合格的实验室和合格的分析操作人员。具体地讲包括仪器的正确使用和定期校正；玻璃仪器的选用和校正；化学试剂和溶剂的选用；溶液的配制和标定、试剂的提纯；实验室的清洁度和安全工作；分析人员的操作技术和分离操作技术等。

仪器和玻璃量器是为分析结果提供原始测量数据的设备。它的选择视监测项目的要求和实验室条件而定。仪器和量器的正确使用、定期维护和校准是保证监测质量、延长使用寿命的重要工作，也是反映操作人员技术素质的重要方面。

一、实验室基础条件

（一）实验用水

水是最常用的溶剂，配制试剂、标准物质、洗涤均需大量使用。它对分析质量有着广泛和根本的影响，对于不同用途需要不同质量的水。市售蒸馏水或去离子水必须经检验合格才能使用。实验室中应配备相应的提纯装置。纯水的分级见表 10-4。

表 10-4　纯水分级表

级别	电阻率(25℃) (MΩ・cm)	制水设备	用　　途
特	>16	混合床离子交换柱，$0.45\mu m$ 滤膜，亚沸蒸馏器	配制标准水样
1	10~16	混合床离子交换柱，石英蒸馏器	配制分析超痕量($\mu g/L$)级物质用的试液
2	2~10	双级复合床或混合床离子交换柱	配制分析痕量($\mu g/L \sim mg/L$)级物质用的试液
3	0.5~2	单级复合床离子交换柱	配制分析(mg/L)级以上含量物质用的试液
4	<0.5	金属或玻璃蒸馏器	配制测定有机物(如 COD、BOD_5)用的试液

1. 蒸馏水

蒸馏水的质量因蒸馏器的材料与结构而异，水中常含有可溶性气体和挥发性物质。下面分别介绍几种不同蒸馏器及其所得蒸馏水的质量：

（1）金属蒸馏器

金属蒸馏器内壁为纯铜、黄铜、青铜，也有镀纯锡的。用这种蒸馏器所获得的蒸馏水含有微量金属杂质，如含 Cu^{2+} 约 $10\sim200mg/L$，电阻率小于 $0.1M\Omega \cdot cm(25℃)$，只适用于清洗容器和配制一般试液。

（2）玻璃蒸馏器

玻璃蒸馏器由含低碱高硅硼酸盐的"硬质玻璃"制成，二氧化硅约占 80％。经蒸馏所得的水中含痕量金属，如含 $5\mu g/L\ Cu^{2+}$，还可能有微量玻璃溶出物如硼、砷等。其电阻率约 0.5MΩ·cm。适用配制一般定量分析试液，不宜用于配制分析重金属或痕量非金属试液。

（3）石英蒸馏器

石英蒸馏器含二氧化硅 99.9％以上。所得蒸馏水仅含痕量金属杂质，不含玻璃溶出物。电阻率约为 2～3MΩ·cm。特别适用于配制对痕量非金属进行分析的试液。

（4）亚沸蒸馏器

它是由石英制成的自动补液蒸馏装置。其热源功率很小，使水在沸点以下缓慢蒸发，故而不存在雾滴污染问题。所得蒸馏水几乎不含金属杂质（超痕量）。适用于配制除可溶性气体和挥发性物质以外的各种物质的痕量分析用试液。亚沸蒸馏器常作为最终的纯水器与其他纯水装置（如离子交换纯水器等）联用，所得纯水的电阻率高达 16MΩ·cm 以上。但应注意保存，一旦接触空气，在不到 5 分钟内可迅速降至 2MΩ·cm。

2.去离子水

去离子水是用阳离子交换树脂和阴离子交换树脂以一定型式组合进行水处理。去离子水含金属杂质极少，适于配制痕量金属分析用的试液，因它含有微量树脂浸出物和树脂崩解微粒，所以不适于配制有机分析试液。通常用自来水作为原水时，由于自来水含有一定余氯，能氧化破坏树脂使之很难再生，因此进入交换器前必须充分曝气。自然曝气夏季约需一天，冬季需三天以上，如急用可煮沸、搅拌、充气，并冷却后使用。湖水、河水和塘水作为原水应仿照自来水先作沉淀、过滤等净化处理。含有大量矿物质，硬度很高的井水应先经蒸馏或电渗析等步骤去除大量无机盐，以延长树脂使用周期。

3.特殊要求的纯水

在分析某些指标时，对分析过程中所用的纯水中这些指标的含量应愈低愈好，这就提出某些特殊要求的纯水以及制取方法。

（1）无氯水

加入亚硫酸钠等还原剂将水中余氯还原为氯离子，以联邻甲苯胺检查不显黄色。用附有缓冲球的全玻璃蒸馏器（以下各项的蒸馏同此）进行蒸馏制得。

（2）无氨水

加入硫酸至 pH<2，使水中各种形态的氨或胺均转变成不挥发的盐类，收集馏出液即得，但应注意避免实验室空气中存在的氨重新污染。

（3）无二氧化碳水

a.煮沸法　将蒸馏水或去离子水煮沸至少 10 分钟（水多时），或使水量蒸发 10％以上（水少时），加盖放冷即得。

b.曝气法　用惰性气体或纯氮通入蒸馏水或去离子水至饱和即得。制得的无二氧化碳水应贮于以附有碱石灰管的橡皮塞盖严的瓶中。

（4）无铅（重金属）水

用氢型强酸性阳离子交换树脂处理原水即得。所用贮水器事先应用 6mol/L 硝酸溶液浸泡过夜再用无铅水洗净。

（5）无砷水

一般蒸馏水和去离子水均能达到基本无砷的要求。应避免使用软质玻璃制成的蒸馏器、贮水瓶和树脂管。进行痕量砷分析时，必须使用石英蒸馏器、石英贮水瓶、聚乙烯的树脂管。

（6）无酚水

a. 加碱蒸馏法　加氢氧化钠至水的 pH 值＞11，使水中的酚生成不挥发的酚钠后蒸馏即得；也可同时加入少量高锰酸钾溶液至水呈深红色后进行蒸馏。

b. 活性炭吸附法　将粒状活性炭在 150～170℃烘烤两小时以上进行活化，放在干燥器内冷至室温。装入预先盛有少量水（避免炭粒间存留气泡）的层析柱中，使蒸馏水或去离子水缓慢通过柱床。其流速视柱容大小而定，一般每分钟以不超过 100mL 为宜。开始流出的水（略多于装柱时预先加入的水量）需再次返回柱中，然后正式收集。此柱所能净化的水量，一般约为所用炭粒表观容积的一千倍。

（7）不含有机物的蒸馏水

加入少量高锰酸钾碱性溶液，使水呈紫红色，进行蒸馏即得。若蒸馏过程中红色褪去应补加高锰酸钾。

（二）试剂与试液

实验室中所用试剂、试液应根据实际需要，合理选用相应规格的试剂，按规定浓度和需要量正确配制。试剂和配好的试液需按规定要求妥善保存，注意空气、温度、光、杂质等影响。另外要注意保存时间，一般浓溶液稳定性较好，稀溶液稳定性较差。通常，较稳定的试剂，其 10^{-3} mol/L 溶液可贮存一个月以上，10^{-4} mol/L 溶液只能贮存一周，而 10^{-5} mol/L 溶液需当日配制，故许多试液常配成浓的贮存液，临用时稀释成所需浓度。配制溶液均需注明配制日期和配制人员，以备查核追溯。由于各种原因，有时需对试剂进行提纯和精制，以保证分析质量。

一般化学试剂分为三级，其规格见表 10-5。

表 10-5　化学试剂的规格

级别	名　称	代号	标志颜色	某些国家通用等级和符号	俄罗斯的等级和符号
一级品	保证试剂、优级纯	G·R	绿色	G·R	化学纯 Х·ч
二级品	分析试剂、分析纯	A·R	红色	A·R	分析纯 ч·Д·А
三级品	化学纯	C·P	蓝色	C·P	纯 ч

一级试剂用于精密的分析工作，在环境分析中用于配制标准溶液；

二级试剂常用于配制定量分析中普通试液。如无注明环境监测所用试剂均应为二级或二级以上；

三级试剂只能用于配制半定量、定性分析中试液和清洁液等。

质量高于一级品的高纯试剂（超纯试剂）目前国际上也无统一的规格，常以"9"的数目表示产品的纯度。在规格栏中标以 4 个 9，5 个 9，6 个 9…

4 个 9 表示纯度为 99.99%，杂质总含量不大于 $1×10^{-2}$%。

5 个 9 表示纯度为 99.999%,杂质总含量不大于 $1 \times 10^{-3}\%$。

6 个 9 表示纯度为 99.9999%,杂质总含量不大于 $1 \times 10^{-4}\%$,依此类推。

其他表示方法有:高纯物质(E・P);基准试剂;pH 基准缓冲物质;色谱纯试剂(G・C);实验试剂(L・R);指示剂(Ind);生化试剂(B・R);生物染色剂(B・S)和特殊专用试剂等。

（三）实验室的环境条件

实验室空气中如含有固体、液体的气溶胶和污染气体,对痕量分析和超痕量分析会导致较大误差。例如,在一般通风柜中蒸发 200g 溶剂,可得 6mg 残留物,若在清洁空气中蒸发可降至 0.08mg。因此痕量和超痕量分析及某些高灵敏度的仪器,应在超净实验室中进行或使用。超净实验室中空气清洁度常采用 100 号。这种清洁度是根据悬浮固体颗粒的大小和数量多少分类的,见表 10-6。

表 10-6　空气清洁度的分类

清洁度分类	工作面上最大污染颗粒数(颗料/m²)	颗粒直径 /μm	清洁度分类	工作面上最大污染颗粒数(颗料/m²)	颗粒直径 /μm
100	100 0	$\geqslant 0.5$ $\geqslant 5.0$	100 000	100 000 700	$\geqslant 0.5$ $\geqslant 5.0$
10 000	10 000 65	$\geqslant 0.5$ $\geqslant 5.0$			

要达到清洁度为 100 号标准;空气进口必须用高效过滤器过滤。高效过滤器效率为 85～95%。对直径为 0.5～5.0μm 颗粒的过滤效率为 85%,对直径大于 5.0μm 颗粒的过滤效率为 95%。超净实验室一般较小,约 12m²,并有缓冲室,四壁涂环氧树脂油漆,桌面用聚四氟乙烯或聚乙烯膜,地板用整块塑料地板,门窗密闭,采用空调、室内略带正压,通风柜用层流。

没有超净实验室条件的可采用相应措施。例如,样品的预处理、蒸干、消化等操作最好在专门的毒气柜内进行,并与一般实验室、仪器室分开。几种分析同时进行时应注意防止相互交叉污染。实验的环境清洁也可采用一些简易装置来达到目的。

（四）实验室的管理及岗位责任制

监测质量的保证是以一系列完善的管理制度为基础的。严格执行科学的管理制度是评定一个实验室的重要依据。

1. 对监测分析人员的要求

（1）环境监测分析人员应具有相当于中专以上的文化水平,经培训、考试合格,方能承担监测分析工作。

（2）熟练地掌握本岗位的监测分析技术,对承担的监测项目要做到理解原理、操作正确、严守规程、准确无误。

（3）接受新项目前,应在测试工作中达到规定的各种质量控制实验要求,才能进行项目的监测。

（4）认真做好分析测试前的各项技术准备工作,实验用水、试剂、标准溶液、器皿、仪器等均应符合要求,方能进行分析测试。

（5）负责填报监测分析结果,做到书写清晰、记录完整、校对严格、实事求是。

(6)及时地完成分析测试后的实验室清理工作,做到现场环境整洁,工作交接清楚,做好安全检查。

(7)树立高尚的科研和实验道德,热爱本职工作,钻研科学技术,培养科学作风,谦虚谨慎,遵守劳动纪律,搞好团结协作。

2.对监测质量保证人员的要求

环境监测站内要有质量保证归口管辖部门或指定专人(专职或兼职)负责监测质量保证工作。监测质量保证人员应熟悉质量保证的内容、程序和方法,了解监测环节中的技术关键,具有有关的数理统计知识,协助监测站的技术负责人员进行以下各项工作:

(1)负责监督和检查环境监测质量保证各项内容的实施情况。

(2)按隶属关系定期组织实验室内及实验室间分析质量控制工作,向上级单位报告质量保证工作执行情况,并接受上级单位的有关工作部署、安排组织实施。

(3)组织有关的技术培训和技术交流,帮助解决所辖站有关质量保证方面的技术问题。

3.实验室安全制度

(1)实验室内需设各种必备的安全设施(通风橱、防尘罩、排气管道及消防灭火器材等),并应定期检查,保证随时可供使用。使用电、气、水、火时,应按有关使用规则进行操作,保证安全。

(2)实验室内各种仪器、器皿应有规定的放置处所,不得任意堆放,以免错拿错用,造成事故。

(3)进入实验室应严格遵守实验室规章制度,尤其是使用易燃、易爆和剧毒试剂时,必须遵照有关规定进行操作。实验室内不得吸烟、会客、喧哗、吃零食或私用电器等。

(4)下班时要有专人负责检查实验室的门、窗、水、电、煤气等,切实关好,不得疏忽大意。

(5)实验室的消防器材应定期检查,妥善保管,不得随意挪用。一旦实验室发生意外事故时,应迅速切断电源、火源,立即采取有效措施,随时处理,并上报有关领导。

4.药品使用管理制度

(1)实验室使用的化学试剂应有专人负责发管,分类存放,定期检查使用和管理情况。

(2)易燃、易爆物品应存放在阴凉通风的地方,并有相应安全保障措施。易燃、易爆试剂要随用随领,不得在实验室内大量积存。保存在实验室内的少量易燃品和危险品应严格控制、加强管理。

(3)剧毒试剂应有专人负责管理,加双锁存放,批准使用,两人共同称量,登记用量。

(4)取用化学试剂的器皿(如药匙、量杯等)必须分开,每种试剂用一件器皿,至少洗净后再用,不得混用。

(5)使用氰化物时,切实注意安全,不在酸性条件下使用,并严防溅洒沾污。氰化物废液必须经处理再倒入下水道,并用大量流水冲洗。其他剧毒试液也应注意经适当转化处理后再行清洗排放。

(6)使用有机溶剂和挥发性强的试剂的操作应在通风良好的地方或在通风橱内进行。任何情况下,都不允许用明火直接加热有机溶剂。

(7)稀释浓酸试剂时,应按规定要求操作和贮存。

5.仪器使用管理制度

(1)各种精密贵重仪器以及贵重器皿(如铂器皿和玛瑙研钵等)要有专人管理,分别登记造册、建卡立档。仪器档案应包括仪器说明书、验收和调试记录、仪器的各种初始参数,定期保养维修、检定、校准以及使用情况的登记记录等。

(2)精密仪器的安装、调试、使用和保养维修均应严格遵照仪器说明书的要求。上机人员应该考核。考核合格方可上机操作。

(3)使用仪器前应先检查仪器是否正常。仪器发生故障时,应立即查清原因,排除故障后方可继续使用,严禁仪器带病运转。

(4)仪器用完之后,应将各部件恢复到所要求的位置,及时做好清理工作,盖好防尘罩。

(5)仪器的附属设备应妥善安放,并经常进行安全检查。

6.样品管理制度

(1)对样品的管理:由于环境样品的特殊性,要求样品的采集、运送和保存等各环节都必须严格遵守有关规定,以保证其真实性和代表性。

(2)对工作人员的要求:监测站的技术负责人应和采样人员、测试人员共同议定详细的工作计划,周密地安排采样和实验室测试间的衔接、协调,以保证自采样开始至结果报出的全过程中,样品都具有合格的代表性。

(3)样品容器的处理:样品容器除一般情况外的特殊处理,应由实验室负责进行。对于需在现场进行处理的样品,应注明处理方法和注意事项,所需试剂和仪器应准备好,同时提供给采样人员。对采样有特殊要求时,应对采样人员进行培训。样品容器的材质要符合监测分析的要求,容器应密塞、不渗不漏。

(4)样品的登记、验收和保存要按以下规定执行:

a.采好的样品应及时贴好样品标签,填写好采样记录。将样品连同样品登记表、送样单在规定的时间内送交指定的实验室。填写样品标签和采样记录需使用防水墨汁,严寒季节圆珠笔不宜使用时,可用铅笔填写。

b.如需对采集的样品进行分装,分样的容器应和样品容器材质相同,并填写同样的样品标签,注明"分样"字样。同时对"空白"和"副样"也都要分别注明。

c.实验室应有专人负责样品的登记、验收,其内容如下:样品名称和编号;样品采集点的详细地址和现场特征;样品的采集方式,是定时样、不定时样还是混合样;监测分析项目;样品保存所用的保存剂的名称、浓度和用量;样品的包装、保管状况;采样日期和时间;采样人、送样人及登记验收人签名。

d.样品验收过程中,如发现编号错乱、标签缺损、字迹不清、监测项目不明、规格不符、数量不足以及采样不合要求者,可拒收并建议补采样品。如无法补采或重采,应经有关领导批准方可收样,完成测试后,应在报告中注明。

e.样品应按规定方法妥善保存,并在规定时间内安排测试,不得无故拖延。

f.采样记录、样品登记表、送样单和现场测试的原始记录应完整、齐全、清晰,并与实验室测试记录汇总保存。

二、相关名词

(一)准确度

准确度是用一个特定的分析程序所获得的分析结果(单次测定值和重复测定值的均值)与假定的或公认的真值之间符合程度的度量。它是反映分析方法或测量系统存在的系统误差和随机误差两者的综合指标,并决定其分析结果的可靠性。准确度用绝对误差和相对误差表示。

评价准确度的方法有两种:第一种是用某一方法分析标准物质,据其结果确定准确度;第二种是"加标回收"法,即在样品中加入标准物质,测定其回收率,以确定准确度,多次回收试验还可发现方法的系统误差,这是目前常用而方便的方法,其计算式是:

$$回收率=\frac{加标试样测定值-试样测定值}{加标量}\times100\%$$

标准物质的量应与待测物质的浓度水平接近为宜,因为加入标准物质量的大小对回收率有影响。

（二）精密度

精密度是指用一特定的分析程序在受控条件下重复分析均一样品所得测定值的一致程度,它反映分析方法或测量系统所存在随机误差的大小。

精密度通常用极差、平均偏差和相对平均偏差、标准偏差和相对标准偏差表示。为满足某些特殊需要,引用下述三个精密度的专用术语。

1. 平行性

平行性系指在同一实验室中,当分析人员、分析设备和分析时间都相同时,用同一分析方法对同一样品进行双份或多份平行样测定结果之间的符合程度。

2. 重复性

重复性系指在同一实验室内,当分析人员、分析设备和分析时间三因素中至少有一项不相同时,用同一分析方法对同一样品进行的两次或两次以上独立测定结果之间的符合程度。

3. 再现性

再现性系指在不同实验室（分析人员、分析设备、甚至分析时间都不相同）,用同一分析方法对同一样品进行多次测定结果之间的符合程度。

通常室内精密度是指平行性和重复性的总和;而室间精密度（即再现性）,通常用分析标准溶液的方法来确定。

（三）灵敏度

分析方法的灵敏度是指该方法对单位浓度或单位量的待测物质的变化所引起的响应量变化的程度,它可以用仪器的响应量或其他指示量与对应的待测物质的浓度或量之比来描述。

如在用分光光度计进行样品测定时,常用标准曲线的斜率来度量灵敏度。标准曲线的直线部分以下式表示:

$$A=kc+\alpha$$

式中:A—仪器的响应量;

c—待测物质的浓度;

α—校准曲线的截距;

k—方法的灵敏度,k值大,说明方法灵敏度高。

一个方法的灵敏度可因实验条件的改变而改变,在一定的实验条件下,灵敏度具有相对的稳定性。

（四）空白试验

空白试验又叫空白测定。是指用蒸馏水代替试样的测定。其所加试剂和操作步骤与试验测定完全相同。空白试验应与试样测定同时进行,试样分析时仪器的响应值(如吸光度、峰高等)不仅是试样中待测物质的分析响应值,还包括所有其他因素,如试剂中杂质、环境及操作进程的玷污等的响应值,这些因素是经常变化的,为了了解它们对试样测定的综合影响,在每次测定时,均作空白试验,空白试验所得的响应值称为空白试验值。对试验用水有一定的要求,即其中待测物质浓度应低于方法的检出限。当空白试验值偏高时,应全面检查空白试验用水、试剂的空白、量器和容器是否玷污、仪器的性能以及环境状况等。

(五)校准曲线

校准曲线是用于描述待测物质的浓度或量与相应的测量仪器的响应量或其他指示量之间的定量关系的曲线。校准曲线包括"工作曲线"(绘制校准曲线的标准溶液的分析步骤与样品分析步骤完全相同)和标准曲线(绘制校准曲线的标准溶液的分析步骤与样品分析步骤相比有所省略。如省略样品的前处理)。

监测中常用校准曲线的直线部分。某一方法的标准曲线的直线部分所对应的待测物质浓度(或量)的变化范围,称为该方法的线性范围。

(六)检测限

某一分析方法在给定的可靠程度内可以从样品中检测待测物质的最小浓度或最小量。所谓检测是指定性检测,即断定样品中确定存在有浓度高于空白的待测物质。

检测上限是指校准曲线直线部分的最高限点(弯曲点)相应的浓度值。

(七)方法运用范围

方法运用范围是指某一特定方法检测下限至检测上限之间的浓度范围。

(八)测定限

测定限分测定下限和测定上限。测定下限是指在测定误差能满足预定要求的前提下,用特定方法能够准确地定量测定待测物质的最小浓度或量;测定上限是指在限定误差能满足预定要求的前提下,用特定方法能够准确地定量测定待测物质的最大浓度或量。

(九)最佳测定范围

又叫有效测定范围,系指在限定误差能满足预定要求的前提下,特定方法的测定下限到测定上限之间的浓度范围。

显然,最佳测定范围应小于方法适用范围。

三、实验室内质量控制

(一)空白试验

(二)校准曲线核查

(三)仪器设备的定期标定

(四)平行样分析

(五)加标样分析

(六)密码样品分析

(七)编制质量控制图

质量控制图原来是应用于工业部门控制生产过程和产品质量的一种统计技术,现已成为环境监测分析中进行分析质量控制的一种手段,它主要是反映分析质量的稳定性情况,以便及时发现某些偶然的异常现象,随时采取相应的校正措施。

质量控制图是以横轴表示分析日期或样品序号,纵轴表示要控制的统计量,中心线是受控制的统计量的均值,上、下控制限是质量评定和采取措施的标准。

质量控制图是根据分析结果之间存在着变异,而且这种变异是按照正态分布的原理编制而成的。编制步骤一般为:收集数据($n \geqslant 20$),选择并确定统计量,如平均值、空白值,标准偏差、极差等,计算并画出中心线,上、下控制限,上、下警告限和上、下辅助限。

质量控制图的基本组成如图 10.1。

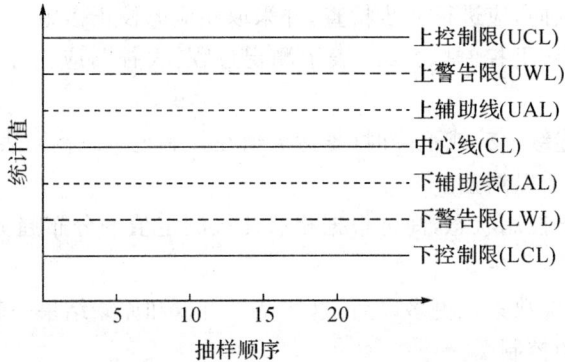

图 10.1　质量控制图的基本组成

环境分析常用精密度控制图(均数控制图、空白控制图)以及准确度控制图。

1. 均数控制图

控制样品的浓度和组成,使其尽量与环境样品相似,用同一方法在一定时间内(例如每天分析一次平行样)重复测定,每次平行分析两份求得 $\bar{x}_i$ [至少累积 20 个数据(不可将 20 个重复实验同时进行,或一天分析二次或二次以上)],按下列公式计算总均值($\bar{\bar{x}}$)、标准偏差(s)、平均极差(R)等。

$$\bar{x}_i = \frac{x_i + x_i'}{2} \quad \bar{\bar{x}} = \frac{\Sigma \bar{x}_i}{n}$$

$$s = \sqrt{\frac{\Sigma \bar{x}_i^2 - \frac{(\Sigma \bar{x}_i)^2}{n}}{n-1}}$$

$$R_i = |x_i - x_i'| \quad \bar{R} = \frac{\Sigma R_i}{n}$$

以测定顺序为横坐标,相应的测定值为纵坐标作图。同时作有关控制线。

其中:中心线——以总均数 $\bar{\bar{x}}$ 估计真 μ;

上、下控制限——按 $\bar{\bar{x}} \pm 3s$ 值绘制;

上、下警告限——按 $\bar{\bar{x}} \pm 2s$ 值绘制;

上、下辅助线——按 $\bar{\bar{x}} \pm s$ 值绘制。

在绘制控制图时,落在 $\bar{\bar{x}} \pm s$ 范围内的点数应约占总点数的 68%。若少于 50%,则分布不合适,此图不可靠。若连续 7 点位于中心线同一侧,表示数据失控,此图不适用。

控制图绘制后,应标明绘制控制图的有关内容和条件,如测定项目、分析方法、溶液浓度、温度、操作人员和绘制日期等。

均数控制图的使用方法:根据日常工作中该项目的分析频率和分析人员的技术水平,每间隔适当时间,取两份平行的控制样品,随环境样品同时测定,对操作技术较低的人员和测定频率低的项目,每次都应同时测定控制样品,将控制样品的测定结果$(\bar{x}_i)$依次点在控制图上,根据下列规定检验分析过程是否处于控制状态:

(1)如此点在上、下警告限之间区域内,则测定过程处于控制状态,环境样品分析结果有效。

(2)如此点超出上、下警告限,但仍在上、下控制限之间的区域内,提示分析质量开始变劣,可能存在"失控"倾向,应进行初步检查,并采取相应的校正措施。

(3)若此点落在上、下控制限之外,表示测定过程"失控",应立即检查原因,予以纠正。环境样品应重新测定。

(4)如遇到7点连续上升或下降时(虽然数值在控制范围之内),表示测定有失去控制倾向,应立即查明原因,予以纠正。

(5)即使过程处于控制状态,尚可根据相邻几次测定值的分布趋势,对分析质量可能发生的问题进行初步判断。

当控制样品测定次数累积更多以后,这些结果可以和原始结果一起重新计算总均值、标准偏差,再校正原来的控制图。

2.空白控制图

空白的控制样品即试剂空白。因为空白试验值愈小愈好,所以空白试验值控制图中没有下控制限和下警告限,但仍留有小于$\bar{x}_b$的空白试验值的空间。当实测的空白试验值低于控制基线且逐渐稳步下降时,说明实验水平有所提高,可酌情分次以较小的空白试验值取代较大的空白试验值,重新计算和绘图。

3.准确度控制图

准确度控制图是直接以环境样品加标回收率测定值绘制而成的。同理,在至少完成20份样品和加标样品测定后,先计算出各次加标回收率(P),再算出P和加标回收率标准偏差s_p,由于加标回收率受到加标量大小的影响,因此一般加标量应尽量与样品中待测物质含量相近;当样品中待测物含量小于测定下限时,按测定下限的量加标;在任何情况下,加标量不得大于待测物含量的三倍,加标后的测定值不得超出方法的测定上限。

四、实验室间的质量控制

实验室间质量控制的目的是检查各实验室是否存在系统误差,找出误差来源,提高监测水平,这一工作通常由某一系统的中心实验室、上级机关或权威单位负责。

(一)执行标准分析方法

一个项目的测定往往有多种可供选择的分析方法,这些方法的灵敏度不同,对仪器和操作的要求不同;而且由于方法的原理不同,干扰因素也不同,甚至其结果的表示涵义也不尽相同。当采用不同方法测定同一项目时就会产生结果不可比的问题,因此有必要进行分析方法标准化活动。标准方法的选定首先要达到所要求的检出限度,其次能提供足够小的随机和系统误差,同时对各种环境样品能得到相近的准确度和精密度,当然也要考虑技术、仪器的现实条件和推广的可能性。

标准分析方法又称分析方法标准,是技术标准中的一种,它是一项文件,是权威机构对某项分析所作的统一规定的技术准则和各方面共同遵守的技术依据,它必须满足以下条件:

(1)按照规定的程序编制；

(2)按照规定的格式编写；

(3)方法的成熟性得到公认,通过协作试验,确定了方法的误差范围；

(4)由权威机构审批和发布。

编制和推行标准分析方法的目的是为了保证分析结果的重复性、再现性和准确性,不但要求同一实验室的分析人员分析同一样品的结果要一致,而且要求不同实验室的分析人员分析同一样品的结果也要一致。

(二)实验室质量考核

由负责单位根据所要考核项目的具体情况,制订具体实施方案。

(1)考核方案内容:包括质量考核测定项目、质量考核分析方法、质量考核参加单位、质量考核统一程序和质量考核结果评定。

(2)考核内容:分析标准样品或统一样品;测定加标样品;测定空白平行,核查检测下限;测定标准系列,检查相关系数和计算回归方程,进行截距检验等。通过质量考核,最后由负责单位综合实验室的数据进行统计处理后作出评价予以公布。各实验室可以从中发现所存在问题并及时纠正。

工作中标准样品或统一样品应逐级向下分发,一级标准由国家环境监测总站将国家计量总局确认的标准物质分发给各省、自治区、直辖市的环境监测中心,作为环境监测质量保证的基准使用。二级标准由各省、自治区、直辖市的环境监测中心按规定配制并检验证明其浓度参考值、均匀度和稳定性,并经国家环境监测总站确认后,方可分发给各实验室作为质量考核的基准使用。

如果标准样品系列不够完备而有特定用途时,各省、自治区、直辖市在具备合格实验室和合格分析人员条件下,可自行配制所需的统一样品,分发给所属网、站,供质量保证活动使用。各级标准样品或统一样品均应在规定要求的条件下保存,遇下列情况之一即应报废:①超过稳定期;②失去保存条件;③开封使用后无法或没有即时恢复原封装,而不能继续保存者。

为了减少系统误差,使数据具有可比性,在进行质量控制时,应使用统一的分析方法,首先应从国家(或部门)规定的"标准方法"之中选定。当根据具体情况需选用"标准方法"以外的其他分析方法时,必须有该法与相应"标准方法"对几份样品进行比较实验,按规定判定无显著性差异后,方可选用。

(三)实验室误差测验

在实验室间起支配作用的误差常为系统误差,为检查实验室间是否存在系统误差,它的大小和方向以及对分析结果的可比性是否有显著影响,可不定期地对有关实验室进行误差测验,以发现问题及时纠正。

(四)监测实验室间的协作试验

协作试验是指为了一个特定的目的和按照预定的程序所进行的合作研究活动。协作试验可用于分析方法标准化、标准物质浓度定值、实验室间分析结果争议的仲裁和分析人员技术评定等项工作。

进行协作试验预先要制订一个合理的试验方案,并应注意下列因素:

1. 实验室的选择

参加协作试验的实验室要选择在地区和技术上有代表性,并具备参加协作试验的基本条件。如分析人员、分析设备等,避免选择技术太高和太低的实验室,实验室数目以多为好,一般要求 5 个以上。

2. 分析方法

选择成熟和比较成熟的方法,方法应能满足确定的分析目的,并已写成了较严谨的文件。

3. 分析人员

参加协作试验的实验室应指定具有中等技术水平的分析人员参加工作,分析人员应对被估价的方法具有实际经验。

4. 实验设备

参加的实验室要尽可能用已有的可互换的同等设备。各种量器、仪器等按规定校准,如同一实验有两人以上参加,除专用设备外,其他常用设备(如天平、玻璃器皿和分光光度计等)不得共用。

5. 样品的类型和含量

样品基体应有代表性,在整个试验期间必须均匀稳定。由于精密度往往与样品中被测物质浓度水平有关,一般至少要包括高、中、低三种浓度。如要确定精密度随浓度变化的回归方程,且至少要使用 5 种不同浓度的样品。

只向参加实验室分送必需的样品量,不得多余,样品中待测物质含量不应恰为整数或一系列有规则的数,作为商品或浓度值已为人们知道的标准物质不宜作为方法标准化协作试验或考核人员的样品,使用密码样品可避免"习惯性"偏差。

6. 分析时间和测定次数

同一名分析人员至少要在两个不同的时间进行同一样品的重复分析。一次平行测定的平行样数目不得少于两个。每个实验室对每种含量的样品的总测定次数不应少于 6 次。

7. 协作试验中质量控制

在正式分析以前要分发类型相似的已知样,让分析人员进行操作练习,取得必要的经验,以检查和消除实验室的系统误差。

协作试验设计不同,数据处理的方法也不尽相同。以方法标准化为例,一般计算步骤是:

(1)整理原始数据,汇总成便于计算的表格;

(2)核查数据并进行离群值检验;

(3)计算精密度,并进行精密度与含量之间相关性检验;

(4)计算允许差;

(5)计算准确度。

复习思考题

---

1. 为什么要在环境监测中开展质量保证工作?它包括哪些内容?

2. 简述实验室质量控制的意义、内容和方法。

3.10 个实验室分析同一样品,各实验室 5 次测定的平均值为:4.41、4.49、4.50、4.51、4.64、4.75、4.81、4.95、5.01、5.39,检验 5.39 是否为离群值。

4.监测实验室应建立哪些管理制度? 为什么?

5.何谓准确度? 何谓精密度? 怎样表示? 它们在监测质量管理中有何作用?

6.灵敏度、检测度和测定限有何不同?

7.何谓监测质量控制图? 它起什么作用?

8.监测实验室之间协作试验的目的是什么?

第 11 章

环境监测综合实训

环境监测综合实训指导

一、实训目的

环境监测综合实训是《环境监测》课程实践教学的重要环节之一。这一环节是在《环境监测》课堂教学和单一实训项目训练完成的基础上单独设立的整周实训课,该环节设置的目的是:

1. 训练学生独立完成一项模拟或实际监测任务的能力;

2. 使学生学会合理地选择和确定某监测任务中所需监测的项目,正确选择采样布点、样品的运输和保存、样品预处理方法及分析监测方法,强化环境监测操作技能;

3. 训练学生掌握处理监测数据的能力、对各项目监测结果的综合分析和评价能力;

4. 培养学生良好的职业道德和爱岗敬业的思想品质,树立严谨的工作作风、实事求是的科学态度,以及团队分工协作、沟通的能力;

5. 为学生顶岗实习、实现环境监测工作零距离对接创造条件。

二、实训任务

1. 对监测区域进行现场调查,制订监测区域水、空气、噪声及土壤等监测方案;

2. 采集水、空气及土壤等环境样品;

3. 对环境样品分别进行分析测试;

4. 监测数据处理:以合理的方式表示监测结果;

5. 对监测区域水、空气、噪声、土壤环境质量进行评价,并写出环境监测实训报告。

三、实训内容(见实表 11-1)

实表 11-1　综合实训内容

实训项目	监 测 项 目	监 测 范 围
校园水环境监测	学生根据自己对现场的调查结果,在监测方案中确定水质监测项目	校园废水:食堂污水、医务室废水、总排污口废水等 校园生活用水:自来水 校园地表水:湖水、河水
校园环境空气监测	空气环境质量监测常规项目:TSP、PM_{10}、SO_2、NO_2 等	学生居住区及教学区等
校园环境噪声监测	校园环境噪声、交通噪声	学生居住区、教学区、交通干线两侧
农用土壤污染监测	重金属(铜、镉、铅、锌)、有机污染物(六六六、滴滴涕)等	农业生产用地

在各实训项目中,学生首先制订出监测方案,具体监测项目不局限于表中所列项目,学生可以按照自己对现场的调查结果,选择监测方案中所确定项目。

四、实训要求

1.要求学生理论联系实际,实地调查,每个学生都要独立制订实训项目监测方案,设计分析操作过程,处理实训数据,并写出实训报告;

2.选择的项目要能够反映出监测区水环境质量、空气环境质量、声环境质量及土壤环境质量,选择的采样、分析监测方法要科学、合理;

3.实事求是地报出监测数据,实训结果准确可靠。

五、实训时间安排

实训时间一般为两周(各学校可根据教学计划安排实训进度)。

前半周:制订水、空气、噪声及土壤环境监测方案。

后一周半:实施水、空气、噪声及土壤环境分析与监测,获得结果,并写出环境实训报告。

任务一　校园水环境监测综合实训

一、实训目的

1.通过实训,掌握水环境监测方案的制订方法;

2.通过实训,使学生巩固课本所学知识,进一步掌握水环境监测中各环境污染因子的水样采集与分析方法、误差分析、数据处理等技能;

3.通过对校园地表水、饮用水和污水的水质监测,掌握校园内的水环境质量现状,初步具有依据监测结果进行水环境现状评价能力;

4.培养学生的团队协作精神和实践操作技能,以及综合分析问题的能力。

二、监测资料的收集

水环境现状调查和资料收集,除调查收集校园内水体污染物排放情况外,还须了解校园所在地区有关水污染源及有关受纳水体的情况等。一般主要包括以下几个方面：

　　1.调查学校食堂用水的组成部分,各部分水中所含物质的大致情况,每天用水量等；

　　2.调查校园中各实验室的污水去向、排水量等；

　　3.调查生活污水(学生宿舍、办公楼、教学楼等)的排水量；

　　4.调查校园内自来水用水量。

实表 11-2　水污染源调查

污染源名称	用水量/(t/h)	排水量/(t/h)	排放的主要污染物	废水排放去向
		.		
...				
废水总排放口				

三、水环境监测方案

1.采样断面(点)的布设

采样断面和采样点的设置应根据监测目的和监测项目,并结合水域类型、水文、气象、环境等自然特征,综合多方面因素提出优化方案,在研究和论证的基础上确定。

校园水监测点布设：

(1)校园废水包括食堂污水、医务室废水、实训室废水、生活污水等,在各自排污口设置采样点(如有污水处理设施,在处理设施单元的排口设置采样点)。如果校园污水不是直接排入河流、湖泊,而是排入城市下水道,可以在校园污水总排放口设置一个采样点,以了解其排水水质和处理效果。

(2)校园内湖泊(或人工湖)不同的水域,如进水区、出水区、深水区、浅水区、湖心区、岸边区,按水体类别设置监测垂线,若湖泊(或人工湖)无明显功能区别,可用网格法均匀设置监测垂线。监测垂线上采样点的布设一般与河流的规定相同。

(3)生活饮用水采样可直接在实训室自来水管中采取。

采样后要立即填写标签和采样记录表,水样采样记录表参考格式见实表 11-3 和实表 11-4。

实表 11-3　水质采样记录表

编号	湖泊名称	采样日期	采样					气象参数					流量(m³/s)	流速(m/s)	现场测定项目					
			断面号	垂线号	点位号	水深	气温(℃)	气压	风向	风速	相对湿度			水温	pH	溶解氧	透明度	电导率	感官指标描述

采样人员：　　　　　　　　　记录人员：

实表 11-4　污水采样记录表

编号	污染源名称	采样口位置	采样口流量/(m³/s)	采样时间	pH	温度	颜色	嗅
...								

现场情况描述：　　　　　　　治理设施运行状况：

采样人员：　　　　　企业接待人员：'　　　　　记录人员：

2.监测项目和分析方法的确定

水环境监测项目包括水质监测项目和水文监测项目。校园水环境监测项目可以只开展水质监测项目。对于地表水,水质监测项目可分为水质常规项目、特征污染物和水域敏感参数。水质常规项目可根据国家《地表水环境质量标准》(GB 3858—2002)和环境监测技术规范选取;特征污染物可根据校园内实训室、医务室、生活区等排放的污染物来选取;敏感水质参数可选择受纳水域敏感的或曾出现过超标而要求控制的污染物。

湖水、污水和生活饮用水的监测与分析方法按《环境监测技术规范》国家环境保护总局编制的《水和废水分析方法》(第四版)、《生活饮用水标准检验方法》(GB/T 5750—2006)中规定的分析方法进行。监测项目及分析方法可列于实表 11-5 中。

实表 11-5　监测项目的分析方法及最低检出限

序号	监测项目	保存剂用量	预处理方法	分析方法	方法来源	检出下限(mg/L)
1						
2						
3						
4						
5						
...						

3.采样时间和采样方法

依据不同的水体功能、水文要素和污染源排放等实际情况,力求以最低的采样频次取得最有时间代表性的样品,既要满足能反映水体状况的要求,又要切实可行。通常监测目的和水体不同,监测的频率往往也不相同。对地表水(湖泊或人工湖)的水质,至少应有 2～3d 对已选定的水域进行连续采样分析,一般情况下每天每个水质参数只采 1 个水样。对校园废水总排口,可每隔 2～3h 采样 1 次。污水源采样周期及频率与生产周期同步,至少监测 1 个生产周期内的污水状况。

根据监测项目确定是混合采样还是单独采样。采样器需事先用洗涤剂、自来水、10%硝酸或盐酸和蒸馏水洗涤干净、沥干,采样前用被采集的水样洗涤 2～3 次。采样时应避免激烈搅动水体和漂浮物进入采样器,需加保存剂时应在现场加入。对于特殊监测项目采样,要注意特殊要求,如应用碘量法测定水中溶解氧,需防止曝气或残存气泡的干扰等(实表 11-6)。

实表 11-6　水样的保存、采样体积和容器的洗涤

序号	监测项目	采样容器	保存技术	保存期	采样量/mL	容器的洗涤
1						
2						
3						
4						
5						
6						
···						

4. 样品的保存和运输

各种水质的水样,从采集到分析这段时间里,由于物理的、化学的和生物的作用,样品的成分可能发生变化,因此如不能及时运输和分析测定的水样,需采取适当的方法保存。各监测项目的水样保存应按国家环保总局发布的《地表水和污水监测技术规范》、《水和废水监测分析方法》(第四版)、《生活饮用水标准检验方法》(GB/T 5750—2006)中的有关规定进行。

采取的水样除一部分现场测定使用外,大部分要运送到实训室进行分析测试。在运输过程中,为继续保证水样的完整性、代表性,使之不受污染,不被损坏和丢失,必须遵守各项保证措施。根据水样采样记录清点样品,塑料容器要塞紧内塞、旋紧外塞,玻璃瓶要塞紧磨口塞,然后用细绳将瓶塞与瓶颈栓紧,必要时用封口胶、石蜡封口(测油类的水样不能用石蜡封口)。需冷藏的样品,配备专门的隔热容器,放冷却剂。冬季运送样品,应采取保温措施,以免冻裂样瓶。

四、数据处理

监测结果的原始数据要根据有效数字的保留规则正确书写,监测数据的运算要遵循运算规则。在数据处理中,对出现的可疑数据,首先从技术上查明原因,然后再用统计检验处理,经验证后属离群数据应予剔除,以使测定结果更符合实际。按实表 11-7 对水质监测结果进行统计。

实表 11-7　水质监测结果统计表

水质类别	采样点	评价标准	水质监测结果					
			pH	SS （mg/L）	DO （mg/L）	COD_{cr} （mg/L）	BOD_5 （mg/L）	…
湖水	进水区	GB 3838—2002 Ⅴ类						
	出水区							
	…							
污水	食堂污水	GB 8978—1996 三级标准						
	总排污口水							
	…							
饮用水	实训室自来水	GB 5749—2006						

五、监测结果分析与评价

各实训小组要在对水质监测结果统计的基础上,对照有关水质标准对监测水体各监测项目进行评价,结果分析可列于表中。目前我国颁布的水质标准主要有:《地表水环境质量标准》、《生活饮用水卫生标准》、《污水综合排放标准》等。全班同学在一起对水及污水监测结果进行讨论,对照相关标准,对校园水进行分析和评价,判断水质属于几级,推断污染物的来源,对污染物的种类进行分类,分析校园水及污水水质现状,预测未来两年内的校园水及校园周边水环境,提出改善校园水及校园周边水环境的建议及措施。

表 11-8　水质监测结果分析

监测项目	PH	SS （mg/L）	DO （mg/L）	COD_{Cr} （mg/L）	BOD_5 （mg/L）	…
样品数						
检出率						
浓度范围						
最大单项污染指数 P_{max}						

任务二　校园环境空气监测综合实训

一、实训目的

1. 通过实训,掌握制订大气环境监测方案的方法;

2. 掌握空气环境监测中主要污染因子的采样方法、分析方法、误差分析及数据处理等方法和技能;

3. 通过对校园的大气环境中主要污染物进行定期或连续监测,评价校园的环境空气质量,同时为校园环境污染的治理提供依据;

4.培养学生的团队协作精神和实践操作技能,以及综合分析与处理问题的能力。

二、校园大气环境影响因素识别

大气污染受气象、季节、地形、地貌等因素的强烈影响而随时间变化,因此应对校园内各种空气污染源、空气污染物排放状况及自然与社会环境特征进行调查,并对大气污染物排放作初步估算。

1.校园空气污染源调查

主要调查校园空气污染物的排放源、数量、燃料种类和排放的主要污染物及排放方式、排放量等,为空气环境监测项目的选择提供依据,可按实表 11-9 的方式进行调查。

实表 11-9　校园空气污染源情况调查

序号	污染源名称	数量	燃料种类	污染物名称	污染物治理措施	污染物排放方式
1						
2						
3						
4						
5						
6						
…						

2.校园周边大气污染源调查

校园一般位于交通干线旁,因此校园周边的大气污染源主要调查汽车尾气排放情况,汽车尾气中主要含有 NO_x、CO、烟尘等污染物。调查形式如实表 11-10 所示。

实表 11-10　学校周边车流量情况调查

路　段					…
车流量/(辆/h)	大型车				
	中型车				
	小型车				

3.气象资料收集

主要收集校园所在地气象站(台)近年的气象数据,包括风向、风速、气温、气压、降水量、相对湿度等,具体调查内容如实表 11-11 所示。

实表 11-11　气象资料调查

项目	调 查 内 容
风向	主导风向、次主导风向及频率等
风速	年平均风速、最大风速、最小风速、年静风频率等
气温	年平均气温、最高气温、最低气温等
降水量	平均年降水量、每日最大降水量等
相对湿度	年平均相对湿度

三、大气监测方案

1.采样点的布设

根据对整个校区污染源的调查,校园的功能区划分比较明显,采用功能区布点法。各监测点名称及相对校园中心点的方位和直线距离可按实表 11-12 列出,各采样点具体位置应在总平面布置图上注明。

实表 11-12　采样点名称及相对方位

采样点编号	采样点名称	采样点方位	到校园中心点距离/m
1			
2			
3			
4			
...			

2.监测项目和分析方法的确定

根据国家环境空气质量标准和校园及其周边的大气污染物排放情况来筛选监测项目,高校一般无特征污染物排放,结合大气污染源调查结果,可选 TSP、PM_{10}、SO_2、NO_2 等作为大气环境监测项目。

对确定的监测项目,按照《空气和废气监测分析方法》、《环境监测技术规范》和《环境空气质量标准》所规定的采样和分析方法执行,具体监测项目和分析方法列于实表 11-13。

实表 11-13　环境空气监测项目及分析方法

监测项目	采样方法	流量/(L/min)	采气量/L	分析方法	检出下限(mg/m³)
TSP					
PM_{10}					
SO_2					
NO_2					
...					

3. 采样时间和频次

采用间歇性采样方法,连续监测 3～5d,每天采样频次根据实际情况而定,SO_2、NO_2 等每隔 2～3h 采样一次;TSP、PM_{10} 每天采样一次,连续采样。气体每次采样 1h 左右,TSP、PM_{10} 采样 10h。采样时应同时记录气温、气压、风向、风速、阴晴等气象因素。

四、数据处理

监测结果的原始数据记录要实事求是,根据有效数字的保留规则正确书写,监测数据的运算要遵循运算规则。在数据处理中,对出现的可疑数据,首先从技术上查明原因,然后再用统计检验处理,经检验验证属离群数据应予剔除,以使测定结果更符合实际。监测结果记录于实表 11-14。

实表 11-14　环境空气监测结果

采样日期	采样点	TSP、PM_{10}（mg/m^3）			SO_2（mg/m^3）			NO_2（mg/m^3）		
		上午	中午	下午	上午	中午	下午	上午	中午	下午
	1									
	2									
	3									
	…									

注:TSP、PM_{10} 不同的实训小组选择其中一个项目。

五、监测结果分析与评价

将各监测项目的监测结果按样品数、检出率、浓度范围进行统计并制成表格,可按实表 11-15 统计分析结果。

实表 11-15　环境空气监测结果统计

编号	测点名称	样品数	检出率/%	小时平均值		日均值	
				浓度范围	超标率%	浓度范围	超标率%
1							
2							
…							
标准值:GB 3095—1996 二级标准							

将校园的环境空气质量与国家相应标准比较得出结论,分析校园大气环境质量现状,对超标的监测项目,找出超标原因,并提出改善校园环境空气质量的建议及措施。

任务三　校园环境噪声监测综合实训

一、实训目的

1. 掌握城市区域环境噪声及道路交通噪声的监测方法；

2. 掌握对噪声监测数据的统计及评价方法。通过对校园生活区、教学区不同功能区及校园周边交通噪声污染的评价，为校园及周边噪声污染控制和治理提供依据；

3. 熟悉声级计的使用方法。

二、噪声监测项目及范围

1. 噪声监测项目

校园区域环境噪声监测、道路交通噪声监测。

2. 监测范围

监测区域包括整个校园及校园周边交通干线。

三、噪声测量前的准备工作

1. 校园及周边噪声污染源调查

监测前对校园进行实地踏勘调研，对照校园地图，找出校园及周边主要噪声污染源。同时在地图上按网格布点法标出校园测点位置，同时标出校园周边交通干线测点位置。

2. 测量仪器的准备

测量仪器精度为Ⅱ型及其以上的普通声级计、精密声级计或同类型的其他噪声测量系统，其性能符合《声级计的电、声性能及测试方法》(GB 3785—83)的要求。测量前后均需使用声级校准器校准测量仪器，要求测量前后示数偏差不大于 2dB，否则测量结果无效。

四、采样点的选择

校园区域采样点的选择：先将全校以 250m×250m(或自定)为一网格，测量点在每个网格中心，若中心点的位置不易测量(如树木、污沟等)，可移到旁边能够测量的位置。

校园周边交通噪声采样点的选择：在每个交通路口之间的交通线上选择一个测点，测点在马路边人行道上，离马路 20cm，这样的点可代表两个路口之间的该段道路的交通噪声。

五、噪声监测

1. 校园区域噪声监测

测量时一般选在无雨、无雪时(特殊情况例外)，声级计应加风罩，以避免风声干扰，同时也可保持传声器膜片清洁。四级以上大风天气应停止测量。

在规定的测量时间内，每次每个测点测量 10min 的等效声级。仪器的动态特性选择快响应。时间分为白天(6：00—22：00)和夜间(22：00—6：00)两部分。白天测量一般选在 8：00—12：00 或 14：00—18：00，夜间一般选择在 22：00—5：00。

同时记录噪声主要来源(如社会生活、交通、施工、工厂噪声等)。

2.校园周边交通噪声监测

在规定的测量时间段内,各测点每次取样测量 20min 的等效 A 声级,以及累积百分声级 L_5、L_{50}、L_{95},同时记录车流量(辆/h)。仪器的动态特性选择快响应,测量时每隔 5s 记一个瞬时 A 声级(慢响应),连续读取 200 个数据。

六、数据处理

1.校园区域环境噪声数据处理

按上述规定在每一个测量点白天和夜间分别测量,监测结果记录于实表 11-16。

实表 11-16　校园区域环境噪声监测数据记录

方法依据:　　　监测日期:　　　天气状况:　　　　声级计型号:　　　风速:　　　m/s

序号	网格编号	监测点位置	功能区类别	监测时间	监测结果/dB(A)			
					L_{eq}	L_{90}	L_{50}	L_{10}
...								
声级计校准	校准器编号:		监测前校准值:		监测后校准值:			

2.校园周边交通噪声数据处理

各路段道路交通噪声评价值可用该路段测点测得的等效 A 声级 L_{eq} 及累计百分声级 L_{10} 表示。监测结果记录于实表 11-17。

将 200 个数据从小到大排列,第 20 个数为 L_{90},第 100 个数为 L_{50},第 190 个数为 L_{10}。并计算 L_{eq},因为交通噪声基本符合正态分布,故可用:

$$L_{eq} \approx L_{50} + d^2/60, d = L_{10} - L_{90}$$

实表 11-17　校园周边交通噪声监测数据记录

方法依据:　　　监测日期:　　　天气状况:　　　　声级计型号:　　　风速:　　　m/s

编号	监测路段名称	监测时间	监测结果/dB(A)				车流量(辆 h/)		
			L_{eq}	L_{90}	L_{50}	L_{10}	大车	小车	摩托车
...	声级计校准		校准器编号:		监测前校准值:			监测后校准值:	

七、校园噪声评价

校园区域内噪声评价:由于环境噪声是随时间而起伏的无规律噪声,因此测量数据用统计值或等效连续声级表示,即将测定数据按有关公式计算 L_{10}、L_{50}、L_{90}、L_{eq} 的算术平均值 L 和最大值以及标准偏差 σ。测量结果用区域噪声污染图来表示,以 L_{eq} 值每 5dB 为一等级(如 55～60;61～65;66～70……),白天和夜间可分别绘制,也可以昼夜等效声级绘制。

周边交通噪声评价量为 L_{eq} 或 L_{10},将每个测点 L_{10} 按 5dB 一档分级(方法同前),以不同颜色或颜色深浅对比划出每段马路的噪声值,即得到校园周边交通噪声污染分布图;用数据平均法,即将各路段交通噪声级 L_{eq}、L_5,按路段长度加权算术平均的方法,来计算全市的道路交通噪声平均值为评价值。

将校园区域环境噪声监测结果与城市区域环境噪声标准比较得出结论,分析校园噪声环境质量现状,对超标的区域,找出超标原因,并提出改善校园环境质量的建议与措施。

任务四　农田土壤环境监测综合实训

一、实训目的

1.通过实训,初步掌握土壤样品监测方案的制订;

2.掌握土壤样品的采集和制备方法,以及土壤环境中污染因子(主要是金属元素、有机农药)分析测试、监测数据处理技能;

3.通过对农用土壤的监测分析,掌握农用土壤环境质量现状,并判断土壤环境质量是否符合国家有关环境标准的要求。

二、土壤监测方案的制订

1.调查研究和资料收集

一般情况下,土壤监测中采样误差对监测结果的影响往往大于分析误差,为使所采集的样品具有代表性,监测结果能表征土壤的实际情况,应把采样误差降到最低。在实施监测方案时,首先必须对监测区域进行调查研究。主要调研内容包括以下几方面。

(1)监测区的自然条件,包括母质、地形、植被、水文、气候等;

(2)监测区的农业生产情况,包括土地利用情况、作物生长与产量情况等;

(3)监测区的土壤性状如土壤类型、层次特征、分布及农业生产特性等;

(4)监测区污染历史及现状,包括监测区域工农业生产排污、污灌、化肥农药施用情况等资料。

2.监测项目和频次

监测项目分常规项目、特定项目和选测项目;监测频次与其相应。实表 11-18 为土壤监测项目与监测频次。

实表 11-18　土壤监测项目与监测频次

项目类型		监测项目	监测频次
常规项目	基本项目	pH、阳离子交换量	每3年一次,在农田夏收或秋收后采样
	重点项目	镉、铬、汞、砷、铅、铜、锌、镍、六六六、滴滴涕	
特定项目(污染事故)		特征项目	及时采样,根据污染物变化趋势决定监测频次
选测项目	影响产量项目	全盐量、硼、氟、氮、磷、钾等	每3年监测一次,在农田夏收或秋收后采样
	污水灌溉项目	氰化物、六价铬、挥发酚、烷基汞、苯并[a]芘、有机质、硫化物、石油类等	
	POPs与高毒类农药	苯、挥发性卤代烃、有机磷农药、PCB、PAH等	
	其他项目	结合态铝(酸雨区)、硒、钒、氧化稀土总量、钼、铁、锰、镁、钙、钠、铝、硅、放射性比活度等	

结合实训情况,本次实训选择常规项目中的铜、锌、铬、六六六、滴滴涕作为监测项目,采样时间为实训当天,采样 1 次。

3.农田土壤采样

(1)布点

根据调查目的、调查精度和调查区域环境状况等因素确定监测单元。

大气污染型土壤监测单元和固体废物堆污染型土壤监测单元以污染源为中心放射状布点,在主导风向和地表水的径流方向适当增加采样点(离污染源的距离远于其他点);灌溉水污染监测单元、农用固体废物污染型土壤监测单元和农用化学物质污染型土壤监测单元采用均匀布点;灌溉水污染监测单元采用按水流方向带状布点,采样点自纳污口起由密渐疏;综合污染型土壤监测单元布点采用综合放射状、均匀、带状布点法。

(2)样品采集

土壤样品的采集根据分析目的的不同而有差异,可采混合样或剖面样。

①混合样。一般农田土壤环境采集耕作层土样,种植一般农作物的土壤采样深度 0～20cm,种植果林类农作物的土壤采 0～60cm。为了保证样品的代表性,采取采集混合样的方案。每个土壤单元设 3～7 个采样区,单个采样区可以是自然分割的一个田块,也可以由多个田块所构成,其范围以 200m×200m 左右为宜。每个采样区的样品为农田土壤混合样。混合样的采集主要有四种方法(见实表 11-19)。各分点混匀后用四分法取 1kg 土样装入样品袋,多余部分弃去。现场采样情况记录于实表 11-20。

实表 11-19　混合样采集方法

采样方法	适用条件	布点数量
对角线法	适用于污灌农田土壤	对角线分为 5 等级，以等分点为采样分点
梅花点法	适用于面积较小，地势平坦，土壤组成和受污染程度相对比较均匀的地块	设分点 5 个左右
棋盘式法	适宜中等面积、地势平坦、土壤不够均匀的地块	设分点 10 个左右 受污泥、垃圾等固体废物污染的土壤，分点应在 20 个以上
蛇形法	适宜于较大面积、土壤不够均匀且地势不平坦的地块，多用于农业污染型土壤	设分点 15 个左右

实表 11-20　土壤现场记录表

采样地点		东经		北纬	
样品编号		采样日期			
样品类别		采样人员			
采样层次		采样深度/cm			
样品描述	土壤颜色		植物根系		
	土壤质地		沙砾含量		
	土壤湿度		其他异物		
采样点示意图		自下而上植被描述			

注：土壤颜色可采用门塞尔比色卡比色，也可按土壤颜色三角表进行描述，颜色描述可采用双名法，主色在前，副色在后，如黄棕、灰棕等。颜色深浅还可以冠以暗、淡等形容词，如浅棕、暗灰等。

②剖面样。特殊要求的监测（土壤背景、环评、污染事故等）必要时选择部分采样点采集剖面样品。剖面的规格一般为长 1.5m，宽 0.8m，深 1.2m。挖掘土壤剖面要使观察面向阳，表土和底土分两侧放置，须按土壤发生层次采样，深度要求达到母质，用小土铲在最有代表性的均匀层次部位，自下而上逐层取样。

4.样品制备

（1）土样的风干

将采样现场采集的土壤样品全部倒在塑料薄膜或瓷盘内，进行风干，摊成 2～3cm 的薄层，适时地压碎、翻动，拣出碎石、沙砾、植物残体。

（2）磨碎与过筛

在磨样室将风干的样品倒在有机玻璃板上，用木锤敲打，用木滚、木棒、有机玻璃棒再次压碎，拣出杂质，混匀，并用四分法取压碎样，过孔径 1mm(20 目)尼龙筛。过筛后的样品全部置无色聚乙烯薄膜上，并充分搅拌混匀，再采用四分法取其两份，一份交样品库存放；另一份作样品的细磨用。粗磨样可直接用于土壤 pH、阳离子交换量、元素有效态含量等项目的分析。

用于细磨的样品再用四分法分成两份，一份研磨到全部过孔径 0.20mm(60 目)筛，用于农药或土壤有机质、土壤全氮量等项目分析；另一份研磨到全部过孔径 0.15mm（100 目）筛，用于土壤元素全量分析。

研磨混匀后的样品，分别装于样品瓶或样品袋，填写土壤标签一式两份，瓶内或袋内一份，瓶外或袋外贴一份。

5.样品保存

风干土样存放于干燥、通风、无阳光直射、无污染的样品库内，保存期通常为半年至一年。用于测定挥发性和不稳定组分需要用新鲜样品的土样，采集后可用密封的聚乙烯或玻璃容器在 4℃ 以下避光保存，样品要充满容器。测定有机污染物用的土壤样品要选用玻璃容器保存。

6.分析方法

按土壤环境质量标准中选配的分析方法选择土壤各监测项目分析方法，列于实表 11-21 中。

实表 11-21　监测项目的分析方法及最低检出限

序号	监测项目	预处理方法	分析方法	方法来源	检出下限(mg/L)
1					
2					
3					
4					
5					
...					

三、数据处理

监测结果的原始数据要根据有效数字的保留规则正确书写，监测数据的运算要遵循运算规则。在数据处理中，对出现的可疑数据，首先从技术上查明原因，然后再用统计检验处理，经检验验证属离群数据应予剔除，以使测定结果更符合实际。在实表 11-22 中对监测结果进行统计。

实表 11-22　土壤监测结果统计表　　　　　　　（单位：mg/kg）

采样地点	土壤监测结果					
	铜	锌	铬	六六六	滴滴涕	...
...						

四、农田土壤环境质量评价

目前，我国颁布的土壤标准主要有：《土壤环境质量标准》（GB 15618—1995）。标准按土壤应用功能、保护目标和土壤主要性质,规定了土壤中污染物的最高允许浓度指标值及相应的监测方法,本标准适用于农田、蔬菜地、茶园、果园、牧场、林地、自然保护区等地的土壤。对农用土壤监测结果进行讨论分析(实表 11-23),对照土壤环境质量标准,对农用土壤环境进行评价,主要评价因子包括重金属及类重金属和有机污染物(六六六、滴滴涕),判断土壤属于几级。推断污染物的来源,对污染物的种类进行分类,分析农用土壤现状;预测未来几年内农用土壤的环境;提出改善农用土壤环境的建议及措施。

实表 11-23　土壤监测结果分析　　　　　　（单位:mg/kg）

监测项目	铜	锌	铬	六六六	滴滴涕	...
样品数						
检出率						
浓度范围						
土壤单项污染指数						

参考文献

[1]奚旦立,孙裕生,刘秀英.环境监测[M].北京:高等教育出版社,2004

[2]王英健,杨永红.环境监测[M].北京:化学工业出版社,2004

[3]王怀宇,姚运先.环境监测[M].北京:高等教育出版社,2007

[4]崔树军.环境监测[M].北京:中国环境科学出版社,2008

[5]谢炜平.环境监测实训指导[M].北京:中国环境科学出版社,2008

[6]国家环境保护局,《水和废水监测分析方法》编委会编.水和废水监测分析方法(第四版增补版).北京:中国环境科学出版社,2006

[7]国家环境保护总局,《空气和废气监测分析方法》编委会编.空气和废气监测分析方法(第四版).北京:中国环境科学出版社,2003

[8]杨若明,金军.环境监测[M].北京:化学工业出版社,2009

[9]蒋云霞.分析化学[M].北京:中国环境科学出版社,2007

[10]方惠群,于俊生,史坚.仪器分析[M].北京:科学出版社,2002

[11]苏少林.仪器分析[M].北京:中国环境科学出版社,2007

[12]李国刚.空气和土壤中持久性有机污染物监测分析方法[M].北京:中国环境科学出版社,2008

[13]邓益群,彭凤仙,周敏.固体废物及土壤监测[M].北京:化学工业出版社,2006

[14]宋广生.室内环境监测及评价手册[M].北京:机械工业出版社,2002

[15]姚运先.室内环境污染控制[M].北京:中国环境科学出版社,2007

[16]张弛.噪声污染控制技术[M].北京:中国环境科学出版社,2007

[17]王焕校.污染生态学[M].北京:高等教育出版社,2000

[18]盛连喜.环境生态学[M].北京:高等教育出版社,2004

[19]陈玲,赵建夫.环境监测[M].北京:化学工业出版社,2004

[20]吴忠标.环境监测[M].北京:化学工业出版社,2003

[21]梁红.环境监测[M].武汉:武汉理工大学出版社,2003

[22]曾凡刚.大气环境监测[M].北京:化学工业出版社,2003

[23]刘惠玲.环境噪声控制[M].哈尔滨:哈尔滨工业大学出版社,2002

[24]张俊秀.环境监测[M].北京:中国轻工业出版社,2003

[25]李青山,李怡庭.水环境监测实用手册[M].北京:中国水利水电出版社,2003